자기주도학습 체크리스트

날짜	강의명		확인	날짜	강의명		확인
	강				강		
	강				강		
	강				강		
	강				강		
	강				강		
	강				강		
	강				강		
	강				강		
	강				강		
	강				강		
	강				강		
	강				강		
	강				강		
	강				강		
	강				강		
	강				강		
	강				강		
	강				강		
	강				강		
	강				강		
	강				강		
	강				강		
	강				강		
	강				강		

자기주도학습 체크리스트로 공부의 기쁨이 차곡차곡 쌓일 것입니다.

우리 아이 문해력 수준, 어느 정도일까?

제1회 문해력 등급 평가
초4

밑줄 친 부분이 알맞게 쓰인 것은 무엇인가요? (   )

1 ① 그냥 나가라고만 하니 어이없다.
   ② 왜일인지 아침에 일찍 눈이 떠졌다.
   ③ 동생은 요새 부쩍 키가 큰 것 같다.

초 | 등 | 부 | 터 EBS

EBS
📱 인터넷·모바일·TV
📺 무료 강의 제공

내 문해력은 4학년 상위 몇 %일까?

문해력 등급 평가

등 급 으 로 확 인 하 는 진 짜 문 해 력 수 준

초등 1학년 ~ 중학 1학년
(학년별 3회분 평가 수록)

《 문해력 등급 평가 》

문해력 전 영역 수록	정확한 수준 확인	평가 결과표 양식 제공
어휘, 쓰기, 독해부터 디지털독해까지 종합 평가	문해력 수준을 수능과 동일한 9등급제로 확인	부족한 부분은 스스로 진단하고 친절한 해설로 보충 학습

문해력 본학습 전에 수준을 진단하거나 본학습 후에 평가하는 용도로 활용해 보세요.

EBS

EBS 초등

인터넷·모바일·TV
무료 강의 제공

초 | 등 | 부 | 터 EBS

만점왕

수학 6-1

예습, 복습, 숙제까지 해결되는
교과서 완전 학습서

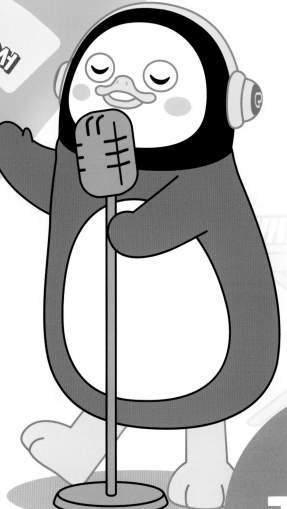

BOOK 1
개념책

개념책

BOOK 1 개념책으로
교과서에 담긴 **학습 개념**을
꼼꼼하게 공부하세요!

⬇ 해설책은 EBS 초등사이트(primary.ebs.co.kr)에서 내려받으실 수 있습니다.

교 재
내 용 교재 내용 문의는 EBS 초등사이트
문 의 (primary.ebs.co.kr)의 교재 Q&A
서비스를 활용하시기 바랍니다.

교 재 발행 이후 발견된 정오 사항을 EBS 초등사이트
정오표 정오표 코너에서 알려 드립니다.
공 지 교재 검색 ▶ 교재 선택 ▶ 정오표

교 재 공지된 정오 내용 외에 발견된 정오 사항이
정 정 있다면 EBS 초등사이트를 통해 알려 주세요.
신 청 교재 검색 ▶ 교재 선택 ▶ 교재 Q&A

BOOK1
개념책

만점왕 수학
6-1

이 책의 구성과 특징

BOOK 1

개념책

1 | 단원 도입

단원을 시작할 때마다 도입 그림을 눈으로 확인하며 안내 글을 읽으면, 공부할 내용에 대해 흥미를 갖게 됩니다.

2 | 개념 확인 학습

본격적인 학습에 돌입하는 단계입니다. 자세한 개념 설명과 그림으로 제시한 예시를 통해 핵심 개념을 분명하게 파악할 수 있습니다.

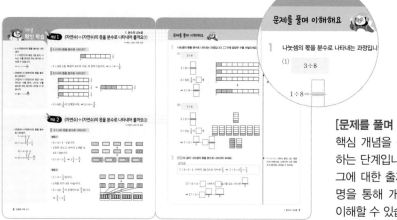

[문제를 풀며 이해해요]
핵심 개념을 심층적으로 학습하는 단계입니다. 개념 문제와 그에 대한 출제 의도, 보조 설명을 통해 개념을 보다 깊이 이해할 수 있습니다.

3 | 교과서 내용 학습

교과서 핵심 집중 탐구로 공부한 내용을 문제를 통해 하나하나 꼼꼼하게 살펴보며 교과서에 담긴 내용을 빈틈없이 학습할 수 있습니다.

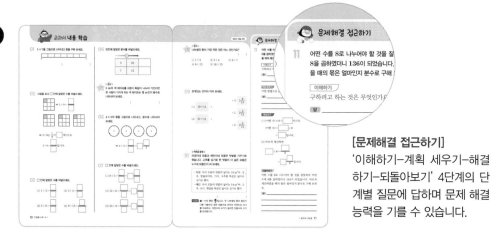

[문제해결 접근하기]
'이해하기-계획 세우기-해결하기-되돌아보기' 4단계의 단계별 질문에 답하며 문제 해결 능력을 기를 수 있습니다.

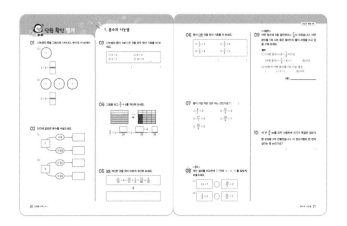

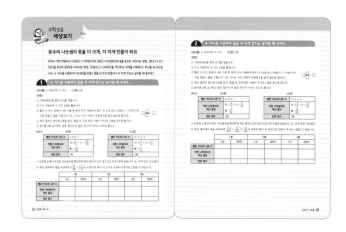

4 | 단원 확인 평가

평가를 통해 단원 학습을 마무리하고, 자신이 보완해야 할 점을
파악할 수 있습니다.

5 | 수학으로 세상보기

실생활 속 수학 이야기와 활동을 통해 단원에서 학습한 개념을
다양한 상황에 적용하고 수학에 대한 흥미를 키울 수 있습니다.

BOOK

2

실전책

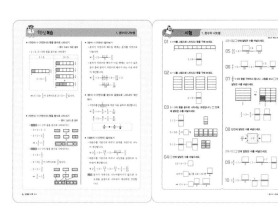

1 | 핵심 복습 + 쪽지 시험

핵심 정리를 통해 학습한 내용을
복습하고, 간단한 쪽지 시험을 통
해 자신의 학습 상태를 확인할 수
있습니다.

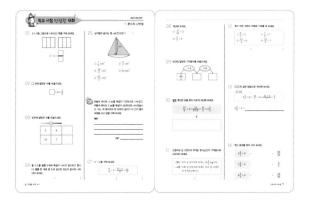

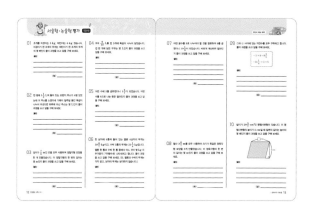

2 | 학교 시험 만점왕

앞서 학습한 내용을 바탕으로 보다 다양한 문제를 경험
하여 단원별 평가를 대비할 수 있습니다.

3 | 서술형·논술형 평가

학생들이 고민하는 수행 평가를 대단원 별로 구성하였습니
다. 선생님께서 직접 출제하신 문제를 통해 수행 평가를 꼼
꼼히 준비할 수 있습니다.

자기 주도 활용 방법

BOOK 1 개념책

평상 시 진도 공부는

교재(북1 개념책)로 공부하기

만점왕 북1 개념책으로 진도에 따라 공부해 보세요.

개념책에는 학습 개념이 자세히 설명되어 있어요.

따라서 학교 진도에 맞춰 만점왕을 풀어 보면

혼자서도 쉽게 공부할 수 있습니다.

TV(인터넷) 강의로 공부하기

개념책으로 혼자 공부했는데, 잘 모르는 부분이 있나요?

더 알고 싶은 부분도 있다고요?

만점왕 강의가 있으니 걱정 마세요.

만점왕 강의는 TV를 통해 방송됩니다.

방송 강의를 보지 못했거나 다시 듣고 싶은 부분이 있다면

인터넷(EBS 초등사이트)을 이용하면 됩니다.

이 부분은 잘 모르겠으니 인터넷으로 다시 봐야겠어.

만점왕 방송 시간: EBS홈페이지 편성표 참조

EBS 초등사이트: primary.ebs.co.kr

시험 대비 공부는 북2 실전책으로! (북2 2쪽 자기 주도 활용 방법을 읽어 보세요.)

이 책의 **차례**

CONTENTS

BOOK
1

개념책

1 단원

분수의 나눗셈

미경이네 반에서는 생태전환교육으로 학교 텃밭에 여러 가지 채소를 심어 가꾸고 있어요. 미경이네 모둠에서는 텃밭에 상추, 방울토마토, 가지, 고추 모종을, 제민이네 모둠에서는 고추, 오이, 깻잎 모종을 똑같은 넓이로 심어 가꾸고 있어요. 미경이는 채소들이 심어진 텃밭의 넓이를 보면서 분수의 나눗셈을 알아보려고 합니다.

이번 1단원에서는 (자연수)÷(자연수)와 (분수)÷(자연수)의 몫을 분수로 나타내는 방법, (분수)÷(자연수)를 분수의 곱셈으로 나타내는 방법, (대분수)÷(자연수)를 계산하는 방법에 대해 배울 거예요.

단원 학습 목표

1. 몫이 1보다 작은 (자연수)÷(자연수)의 몫을 분수로 나타낼 수 있습니다.
2. 몫이 1보다 큰 (자연수)÷(자연수)의 몫을 분수로 나타낼 수 있습니다.
3. (분수)÷(자연수)의 몫을 분수로 나타낼 수 있습니다.
4. (분수)÷(자연수)를 (분수)$\times\dfrac{1}{(자연수)}$로 나타내어 계산할 수 있습니다.
5. (대분수)÷(자연수)를 계산할 수 있습니다.

단원 진도 체크

회차	구성		진도 체크
1차	**개념 1** (자연수)÷(자연수)의 몫을 분수로 나타내어 볼까요(1) **개념 2** (자연수)÷(자연수)의 몫을 분수로 나타내어 볼까요(2)	개념 확인 학습 + 문제 / 교과서 내용 학습	✓
2차	**개념 3** (분수)÷(자연수)를 알아볼까요 **개념 4** (분수)÷(자연수)를 분수의 곱셈으로 나타내어 볼까요	개념 확인 학습 + 문제 / 교과서 내용 학습	✓
3차	**개념 5** (대분수)÷(자연수)를 알아볼까요	개념 확인 학습 + 문제 / 교과서 내용 학습	✓
4차	단원 확인 평가		✓
5차	수학으로 세상보기		✓

해당 부분을 공부한 후 ✓표를 하세요.

개념 1 (자연수)÷(자연수)의 몫을 분수로 나타내어 볼까요(1)

— 몫이 1보다 작은 경우

• **1÷(자연수)의 몫을 분수로 나타내기**
1÷(자연수)의 몫은 1을 분자, 나누는 수를 분모로 하는 분수로 나타낼 수 있습니다.

➡ $1 \div ★ = \dfrac{1}{★}$

• **(자연수)÷(자연수)의 몫을 분수로 나타내기**
(자연수)÷(자연수)의 몫은 나누어지는 수를 분자, 나누는 수를 분모로 하는 분수로 나타낼 수 있습니다.

➡ $■ \div ★ = \dfrac{■}{★}$

1÷6의 몫을 분수로 나타내기

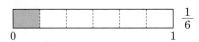

• 1÷6은 1을 똑같이 6으로 나눈 것 중의 1입니다. ➡ $1 \div 6 = \dfrac{1}{6}$

3÷6의 몫을 분수로 나타내기

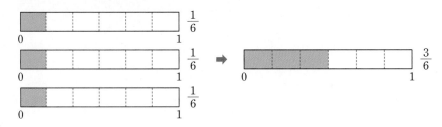

• 3÷6은 $\dfrac{1}{6}$이 3개입니다. ➡ $3 \div 6 = \dfrac{3}{6}$

개념 2 (자연수)÷(자연수)의 몫을 분수로 나타내어 볼까요(2)

— 몫이 1보다 큰 경우

• **(자연수)÷(자연수)의 몫을 분수로 나타내기**

$7 \div 4 = 1 \cdots 3$

➡ $7 \div 4 = 1\dfrac{3}{4} = \dfrac{7}{4}$

$15 \div 4 = 3 \cdots 3$

➡ $15 \div 4 = 3\dfrac{3}{4} = \dfrac{15}{4}$

5÷4의 몫을 분수로 나타내기

방법 1

• 5÷4=1…1입니다.

• 1개씩 나누고 나머지 1개를 또 4로 나눕니다.

• $5 \div 4 = 1\dfrac{1}{4}$ ➡ $1\dfrac{1}{4} = \dfrac{5}{4}$

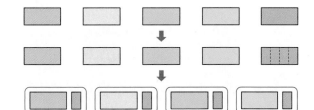

방법 2

• $1 \div 4 = \dfrac{1}{4}$입니다.

• 5개를 각각 4로 나눕니다.

• 5÷4는 $\dfrac{1}{4}$이 5개이므로 $\dfrac{5}{4}$입니다.

➡ $\dfrac{5}{4} = 1\dfrac{1}{4}$

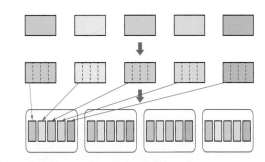

1 나눗셈의 몫을 분수로 나타내는 과정입니다. □ 안에 알맞은 수를 써넣으세요.

(자연수)÷(자연수)의 몫을 분수로 나타내는 방법을 알고 있는지 묻는 문제예요.

$1 \div ★$ 의 몫은 $\dfrac{1}{★}$ 이고,

$■ \div ★$ 의 몫은 $\dfrac{■}{★}$ 예요.

(1)

$$3 \div 8$$

$1 \div 8 = \dfrac{\Box}{\Box}$

$3 \div 8$ 은 $\dfrac{1}{8}$ 이 $\Box$ 개

➡ $3 \div 8 = \dfrac{\Box}{\Box}$

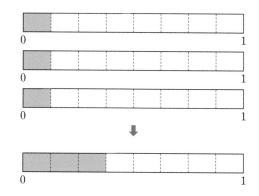

(2)

$$7 \div 5$$

$1 \div 5 = \dfrac{\Box}{\Box}$

$7 \div 5$ 는 $\dfrac{1}{5}$ 이 $\Box$ 개

➡ $7 \div 5 = \dfrac{\Box}{5} = \Box\dfrac{\Box}{\Box}$

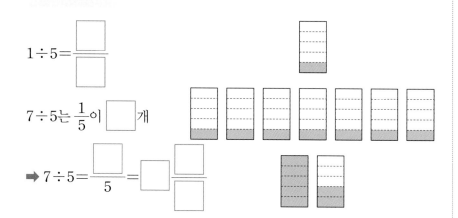

2 보기 와 같이 나눗셈의 몫을 분수로 나타내어 보세요.

보기

$7 \div 3 = 2 \cdots 1$, 나머지 1을 3으로 나누면 $\dfrac{1}{3}$ ➡ $7 \div 3 = 2\dfrac{1}{3} = \dfrac{7}{3}$

$7 \div 3 = 2 \cdots 1$ 에서 몫인 2는 대분수의 자연수로, 나머지인 1은 대분수의 분자로 나타낼 수 있어요.

$17 \div 5 = 3 \cdots \Box$, 나머지 $\Box$ 을/를 5로 나누면 $\dfrac{\Box}{5}$

➡ $17 \div 5 = \Box\dfrac{\Box}{5} = \dfrac{\Box}{5}$

01 $1 \div 7$을 그림으로 나타내고 몫을 구해 보세요.

(   )

02 그림을 보고 □ 안에 알맞은 수를 써넣으세요.

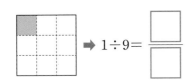 ➡ $1 \div 9 = \dfrac{\Box}{\Box}$

➡ $3 \div 9$는 $\dfrac{1}{9}$이 □ 개이므로

$3 \div 9 = \dfrac{\Box}{\Box}$입니다.

03 □ 안에 알맞은 수를 써넣으세요.

(1) $1 \div 3 = \dfrac{\Box}{\Box}$ (2) $3 \div 4 = \dfrac{\Box}{\Box}$

(3) $5 \div 8 = \dfrac{\Box}{\Box}$ (4) $9 \div 13 = \dfrac{\Box}{\Box}$

04 빈칸에 알맞은 분수를 써넣으세요.

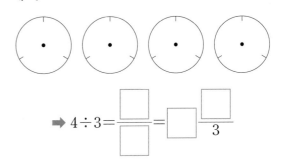

05 _{ㄷ중요ㄱ}
5 m의 색 테이프를 6명이 똑같이 나누어 가진다면 한 사람이 가지게 되는 색 테이프는 몇 m인지 분수로 나타내어 보세요.

(   )

06 $4 \div 3$의 몫을 그림으로 나타내고, 분수로 나타내어 보세요.

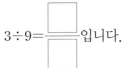

➡ $4 \div 3 = \dfrac{\Box}{\Box} = \Box \dfrac{\Box}{3}$

07 □ 안에 알맞은 수를 써넣으세요.

(1) $8 \div 5 = \dfrac{\Box}{\Box} = \Box \dfrac{\Box}{\Box}$

(2) $15 \div 8 = \dfrac{\Box}{\Box} = \Box \dfrac{\Box}{\Box}$

(3) $23 \div 9 = \dfrac{\Box}{\Box} = \Box \dfrac{\Box}{\Box}$

<중요>

08 나눗셈의 몫이 가장 작은 것은 어느 것인가요?

( )

① $1 \div 2$ ② $3 \div 4$ ③ $8 \div 7$

④ $6 \div 13$ ⑤ $16 \div 15$

09 관계있는 것끼리 이어 보세요.

(1) $19 \div 11$ •

(2) $27 \div 11$ •

• ㉠ $1\frac{8}{11}$

• ㉡ $2\frac{3}{11}$

• ㉢ $2\frac{5}{11}$

<어려운 문제>

10 미경이네 모둠과 제민이네 모둠은 텃밭을 가꾸기로 했습니다. 고추를 심기로 한 텃밭이 더 넓은 모둠은 누구네 모둠인지 써 보세요.

> • 미경: 우리 모둠의 텃밭의 넓이는 19 m^2야. 상추, 방울토마토, 가지, 고추를 똑같은 넓이로 심기로 했어.
> • 제민: 우리 모둠의 텃밭의 넓이는 14 m^2야. 고추, 오이, 깻잎을 똑같은 넓이로 심기로 했어.

( )

도움말 ■÷★의 몫은 $\frac{■}{★}$입니다. 두 나눗셈의 몫이 분모가 다른 가분수인 경우 대분수로 바꾸어 자연수의 크기를 비교하고, 자연수의 크기가 같으면 진분수의 크기를 비교합니다.

문제해결 접근하기

11 어떤 수를 8로 나누어야 할 것을 잘못하여 어떤 수에 8을 곱하였더니 136이 되었습니다. 바르게 계산하였을 때의 몫은 얼마인지 분수로 구해 보세요.

이해하기

구하려고 하는 것은 무엇인가요?

답 _____

_____

계획 세우기

어떤 방법으로 문제를 해결하면 좋을까요?

답 _____

_____

_____

해결하기

(1) (어떤 수) $\times 8 = \boxed{}$ 이므로

(어떤 수) $= \boxed{} \div 8$

$= \boxed{}$ 입니다.

(2) 바르게 계산하면

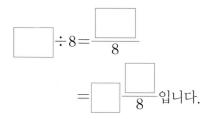

되돌아보기

어떤 수를 9로 나누어야 할 것을 잘못하여 어떤 수에 9를 곱하였더니 144가 되었습니다. 바르게 계산하였을 때의 몫은 얼마인지 분수로 구해 보세요.

답 _____

_____

_____

_____

개념 확인 학습

개념 3 (분수)÷(자연수)를 알아볼까요

• (분수)÷(자연수)를 계산하는 방법

– 분자가 자연수의 배수일 때에는 분자를 자연수로 나눕니다.

➡ $\dfrac{8}{9} \div 4 = \dfrac{8 \div 4}{9} = \dfrac{2}{9}$

– 분자가 자연수의 배수가 아닐 때에는 크기가 같은 분수 중에서 분자가 자연수의 배수가 되는 수로 바꾸어 계산합니다.

➡ $\dfrac{8}{9} \div 3 = \dfrac{8 \times 3}{9 \times 3} \div 3$

$= \dfrac{24}{27} \div 3$

$= \dfrac{24 \div 3}{27}$

$= \dfrac{8}{27}$

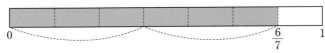

$\dfrac{6}{7} \div 2$ 계산하기 —— 분자가 자연수의 배수인 (분수)÷(자연수)

• $\dfrac{6}{7}$ 을 똑같이 둘로 나누면 $\dfrac{3}{7}$ 입니다.

• $\dfrac{6}{7}$ 은 $\dfrac{1}{7}$ 이 6개이므로 $\dfrac{6}{7} \div 2$ 는 $\dfrac{1}{7}$ 이 3개입니다.

➡ $\dfrac{6}{7} \div 2 = \dfrac{6 \div 2}{7} = \dfrac{3}{7}$

$\dfrac{7}{8} \div 2$ 계산하기 —— 분자가 자연수의 배수가 아닌 (분수)÷(자연수)

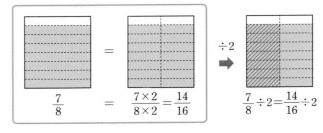

$\dfrac{7}{8}$ = $\dfrac{7 \times 2}{8 \times 2} = \dfrac{14}{16}$ $\dfrac{7}{8} \div 2 = \dfrac{14}{16} \div 2$

➡ $\dfrac{7}{8} \div 2 = \dfrac{14}{16} \div 2 = \dfrac{14 \div 2}{16} = \dfrac{7}{16}$

개념 4 (분수)÷(자연수)를 분수의 곱셈으로 나타내어 볼까요

• (가분수)÷(자연수)를 분수의 곱셈으로 나타내어 계산하는 방법

자연수를 $\dfrac{1}{(자연수)}$ 로 바꾼 다음 곱하여 계산합니다.

➡ $\dfrac{6}{5} \div 3 = \dfrac{6}{5} \times \dfrac{1}{3}$

$= \dfrac{2}{5} \left(= \dfrac{6}{15} \right)$

• $\dfrac{\bigstar}{\blacksquare} \div \bullet = \dfrac{\bigstar}{\blacksquare} \times \dfrac{1}{\bullet}$

$\dfrac{4}{5} \div 3$ 계산하기

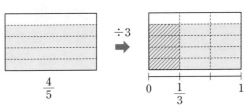

$\dfrac{4}{5} \div 3$ 의 몫은 $\dfrac{4}{5}$ 를 3등분한 것 중의 하나입니다.

이것은 $\dfrac{4}{5}$ 의 $\dfrac{1}{3}$ 이므로 $\dfrac{4}{5} \times \dfrac{1}{3}$ 입니다.

➡ $\dfrac{4}{5} \div 3 = \dfrac{4}{5} \times \dfrac{1}{3} = \dfrac{4}{15}$

1 $\dfrac{6}{7} \div 3$의 몫을 수직선을 이용하여 구해 보세요.

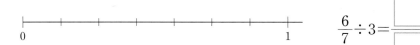

$\dfrac{6}{7} \div 3 = \dfrac{\boxed{}}{\boxed{}}$

■ (분수)÷(자연수)를 계산하는 방법을 알고 있는지 묻는 문제예요.

2 그림을 보고 □ 안에 알맞은 수를 써넣으세요.

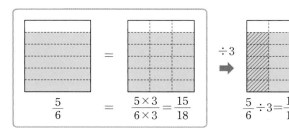

$\dfrac{5}{6} = \dfrac{5 \times 3}{6 \times 3} = \dfrac{15}{18}$ ÷3 $\dfrac{5}{6} \div 3 = \dfrac{15}{18} \div 3$

$\dfrac{5}{6} \div 3 = \dfrac{\boxed{}}{18} \div 3 = \dfrac{\boxed{} \div 3}{18} = \dfrac{\boxed{}}{\boxed{}}$

■ $\dfrac{5}{6}$의 분자가 3으로 나누어떨어지도록 분모와 분자에 각각 3을 곱해요.

3 그림을 보고 □ 안에 알맞은 수를 써넣으세요.

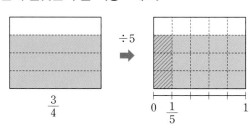

$\dfrac{3}{4}$ ÷5   0 $\dfrac{1}{5}$ 1

■ 빗금 친 부분은 세로가 $\dfrac{3}{4}$, 가로가 $\dfrac{1}{5}$이에요.

$\dfrac{3}{4} \div 5$의 몫은 $\dfrac{3}{4}$을 5등분한 것 중의 하나입니다.

이것은 $\dfrac{3}{4}$의 $\dfrac{1}{\boxed{}}$이므로 $\dfrac{3}{4} \times \dfrac{1}{\boxed{}}$입니다.

➡ $\dfrac{3}{4} \div 5 = \dfrac{3}{4} \times \dfrac{1}{\boxed{}} = \dfrac{\boxed{}}{\boxed{}}$

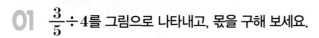

01 $\frac{3}{5} \div 4$를 그림으로 나타내고, 몫을 구해 보세요.

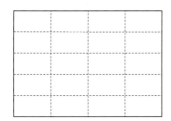

$$\frac{3}{5} \div 4 = \frac{\boxed{}}{\boxed{}}$$

02 □ 안에 알맞은 수를 써넣으세요.

(1) $\dfrac{9}{12} \div 3 = \dfrac{\boxed{} \div 3}{12} = \dfrac{\boxed{}}{12}$

(2) $\dfrac{8}{9} \div 5 = \dfrac{\boxed{}}{45} \div 5 = \dfrac{\boxed{} \div 5}{45} = \dfrac{\boxed{}}{45}$

03 빈칸에 알맞은 분수를 써넣으세요.

	$\div$	
$\frac{5}{6}$	7	
$\frac{15}{16}$	5	

04 $\frac{7}{13} \div 6$의 몫을 구하려고 합니다. □ 안에 알맞은 수를 써넣으세요.

$\dfrac{7}{13} \div 6$의 몫은 $\dfrac{7}{13}$ 을 6등분한 것 중의 하나입니다. 이것은 $\dfrac{7}{13}$의 $\dfrac{1}{\boxed{}}$이므로 $\dfrac{7}{13} \times \dfrac{1}{\boxed{}}$입니다.

$\rightarrow \dfrac{7}{13} \div 6 = \dfrac{7}{13} \times \dfrac{1}{\boxed{}} = \dfrac{\boxed{}}{\boxed{}}$

05 □ 안에 알맞은 수를 써넣으세요.

(1) $\dfrac{5}{9} \div 2 = \dfrac{5}{9} \times \dfrac{\boxed{}}{\boxed{}} = \dfrac{\boxed{}}{\boxed{}}$

(2) $\dfrac{8}{13} \div 4 = \dfrac{8}{13} \times \dfrac{\boxed{}}{\boxed{}} = \dfrac{8}{\boxed{}} = \dfrac{\boxed{}}{13}$

(3) $\dfrac{13}{8} \div 9 = \dfrac{13}{8} \times \dfrac{\boxed{}}{\boxed{}} = \dfrac{\boxed{}}{\boxed{}}$

06 ⌐중요⌐
잘못 계산한 곳을 찾아 바르게 계산해 보세요.

$$\frac{13}{10} \div 5 = \frac{13}{10 \div 5} = \frac{13}{2}$$

$\downarrow$

07 ㉠ー㉡을 구해 보세요.

$$\frac{5}{8} \div 4 = \frac{㉡}{㉠}$$

( )

ᄃ중요ᄀ

08 나눗셈의 몫의 크기를 비교하여 ○ 안에 >, =, < 를 알맞게 써넣으세요.

$$\frac{8}{9} \div 7 \quad \bigcirc \quad \frac{15}{7} \div 9$$

09 미경이는 $\frac{9}{10}$ L의 우유를 4일 동안 똑같이 나누어 마셨습니다. 미경이가 하루에 마신 우유의 양은 몇 L 인지 식을 쓰고 답을 구해 보세요.

식 _____

답 _____

ᄃ어려운 문제ᄀ

10 수 카드 3장을 모두 사용하여 계산 결과가 가장 큰 나눗셈식을 두 가지 만들고 계산해 보세요.

$$\boxed{2} \quad \boxed{5} \quad \boxed{9}$$

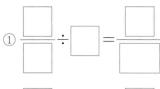

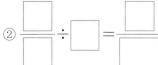

도움말 $\blacksquare \div \bullet = \dfrac{\bigstar}{\blacksquare} \times \dfrac{1}{\bullet}$ 이므로 $\blacksquare \times \bullet$ 의 값이 가장 작아 지는 경우를 알아봅니다.

 문제해결 접근하기

11 1부터 9까지의 수 중에서 ★에 알맞은 수는 모두 몇 개인지 구해 보세요.

$$\frac{\bigstar}{15} > \frac{7}{3} \div 5$$

이해하기

구하려고 하는 것은 무엇인가요?

답 _____

_____

계획 세우기

어떤 방법으로 문제를 해결하면 좋을까요?

답 _____

_____

해결하기

(1) $\dfrac{7}{3} \div 5 = \dfrac{7}{3} \times \dfrac{1}{\boxed{}} = \dfrac{7}{\boxed{}}$

(2) $\dfrac{\bigstar}{15} > \dfrac{\boxed{}}{15}$ 이므로 ★은 $\boxed{}$ 보다 큰 수이어야 합니다.

(3) ★에 알맞은 수는 $\boxed{}$, $\boxed{}$ (으)로 모두 $\boxed{}$ 개입니다.

되돌아보기

내가 푼 방법이 맞는지 검토해 보세요.

답 _____

_____

_____

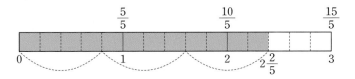 **개념 5** **(대분수)÷(자연수)를 알아볼까요**

• (대분수)÷(자연수)의 계산 방법
 – 대분수를 가분수로 바꾸어 계산합니다.

 – 분자가 자연수로 나누어떨어질 때에는 분자를 자연수로 나누어 계산하면 간단합니다.

 ➡ $2\dfrac{2}{3}÷4=\dfrac{8}{3}÷4$
 $\qquad =\dfrac{8÷4}{3}=\dfrac{2}{3}$

 – 분자가 자연수로 나누어떨어지지 않을 때에는 나눗셈을 곱셈으로 나타내어 계산합니다.

 ➡ $2\dfrac{1}{3}÷5=\dfrac{7}{3}÷5$
 $\qquad =\dfrac{7}{3}×\dfrac{1}{5}$
 $\qquad =\dfrac{7}{15}$

$2\dfrac{2}{5}÷3$ 계산하기

• 색칠된 부분은 $\dfrac{1}{5}$이 12칸입니다. 3으로 나누면 4칸이 됩니다.

 $2\dfrac{2}{5}÷3$의 몫은 $\dfrac{4}{5}$입니다.

• $2\dfrac{2}{5}$를 $\dfrac{12}{5}$로 바꾸고 $\dfrac{12}{5}$는 $\dfrac{1}{5}$이 12개이므로 12를 3으로 나누어 계산합니다.

 ➡ $2\dfrac{2}{5}÷3=\dfrac{12}{5}÷3=\dfrac{12÷3}{5}=\dfrac{4}{5}$

$3\dfrac{3}{7}÷8$ 계산하기

[방법 1] $3\dfrac{3}{7}$을 $\dfrac{24}{7}$로 바꾸고 분수의 분자를 자연수로 나누어 계산합니다.

 $3\dfrac{3}{7}÷8=\dfrac{24}{7}÷8=\dfrac{24÷8}{7}=\dfrac{3}{7}$

[방법 2] $3\dfrac{3}{7}$을 $\dfrac{24}{7}$로 바꾸고 나눗셈을 곱셈으로 나타내어 계산합니다.

 $3\dfrac{3}{7}÷8=\dfrac{24}{7}÷8=\dfrac{24}{7}×\dfrac{1}{8}=\dfrac{24}{56}=\dfrac{3}{7}$

$2\dfrac{3}{4}÷2$ 계산하기

[방법 1] $2\dfrac{3}{4}$을 $\dfrac{11}{4}$로 바꾸고 분자 11을 2의 배수로 바꾸어 계산합니다.

 $2\dfrac{3}{4}÷2=\dfrac{11}{4}÷2=\dfrac{11×2}{4×2}÷2=\dfrac{22}{8}÷2=\dfrac{22÷2}{8}=\dfrac{11}{8}=1\dfrac{3}{8}$

[방법 2] $2\dfrac{3}{4}$을 $\dfrac{11}{4}$로 바꾸고 나눗셈을 곱셈으로 나타내어 계산합니다.

 $2\dfrac{3}{4}÷2=\dfrac{11}{4}÷2=\dfrac{11}{4}×\dfrac{1}{2}=\dfrac{11}{8}=1\dfrac{3}{8}$

1 $1\frac{3}{7} \div 2$를 두 가지 방법으로 계산하려고 합니다. □ 안에 알맞은 수를 써넣으세요.

(대분수)÷(자연수)를 계산하는 방법을 알고 있는지 묻는 문제예요.

방법 1 $1\frac{3}{7} \div 2 = \dfrac{\boxed{}}{7} \div 2 = \dfrac{\boxed{} \div 2}{7} = \dfrac{\boxed{}}{\boxed{}}$

■ 대분수를 가분수로 바꾸어 계산해요.

방법 2 $1\frac{3}{7} \div 2 = \dfrac{\boxed{}}{7} \div 2 = \dfrac{\boxed{}}{7} \times \dfrac{1}{2} = \dfrac{\boxed{}}{14} = \dfrac{\boxed{}}{7}$

2 $2\frac{4}{5} \div 3$을 두 가지 방법으로 계산하려고 합니다. □ 안에 알맞은 수를 써넣으세요.

■ 대분수를 가분수로 바꾸고 분수의 분자를 자연수의 배수로 바꾸어 계산해요.
나눗셈을 곱셈으로 나타내어 계산할 수도 있어요.

방법 1 $2\frac{4}{5} \div 3 = \dfrac{\boxed{}}{5} \div 3 = \dfrac{\boxed{} \times 3}{5 \times 3} \div 3 = \dfrac{\boxed{} \div 3}{15} = \dfrac{\boxed{}}{\boxed{}}$

방법 2 $2\frac{4}{5} \div 3 = \dfrac{\boxed{}}{5} \div 3 = \dfrac{\boxed{}}{5} \times \dfrac{1}{3} = \dfrac{\boxed{}}{\boxed{}}$

3 □ 안에 알맞은 수를 써넣으세요.

■ 분자가 자연수로 나누어떨어질 때에는 분자를 자연수로 나누어 계산할 수 있어요.
분자가 자연수로 나누어떨어지지 않을 때에는 나눗셈을 곱셈으로 나타내어 계산해요.

(1) $3\frac{5}{9} \div 4 = \dfrac{\boxed{}}{9} \div 4 = \dfrac{\boxed{} \div 4}{9} = \dfrac{\boxed{}}{\boxed{}}$

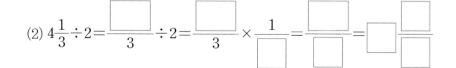

(2) $4\frac{1}{3} \div 2 = \dfrac{\boxed{}}{3} \div 2 = \dfrac{\boxed{}}{3} \times \dfrac{1}{\boxed{}} = \dfrac{\boxed{}}{\boxed{}} = \boxed{}\dfrac{\boxed{}}{\boxed{}}$

교과서 내용 학습

01 보기 와 같은 방법으로 계산해 보세요.

보기

$$2\frac{1}{7} \div 3 = \frac{15}{7} \div 3 = \frac{15 \div 3}{7} = \frac{5}{7}$$

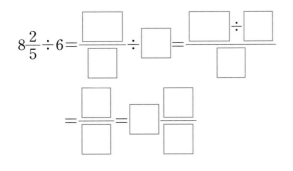

$$8\frac{2}{5} \div 6 = \frac{\square}{\square} \div \square = \frac{\square \div \square}{\square}$$

$$= \frac{\square}{\square} = \square \frac{\square}{\square}$$

02 $1\frac{4}{6} \div 5$의 몫을 구하려고 합니다. 그림을 보고 □ 안에 알맞은 수를 써넣으세요.

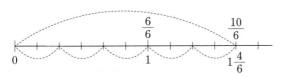

$$1\frac{4}{6} \div 5 = \frac{\square}{6}$$

03 빈칸에 알맞은 분수를 써넣으세요.

(1)
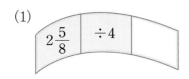

(2)
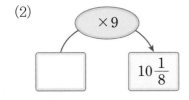

04 $2\frac{2}{5} \div 3$을 두 가지 방법으로 계산해 보세요.

방법 1 _____

_____

방법 2 _____

_____

05 계산해 보세요.

(1) $5\frac{1}{4} \div 7$

(2) $9\frac{2}{5} \div 8$

06 잘못 계산한 곳을 찾아 바르게 계산해 보세요.

$$6\frac{7}{9} \div 7 = 6\frac{7 \div 7}{9} = 6\frac{1}{9}$$

↓

07 계산 결과를 비교하여 ○ 안에 ＞, ＝, ＜를 알맞게 써넣으세요.

$$3\frac{2}{3} \div 4 \quad \bigcirc \quad 4\frac{3}{4} \div 5$$

08 빈칸에 알맞은 기약분수를 써넣으세요.

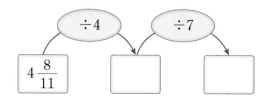

09 ⊏중요⊐

□ 안에 들어갈 수 있는 자연수는 모두 몇 개인가요?

$$3\frac{5}{9} \div 4 > \frac{\square}{9}$$

(   )

10 ⊏어려운 문제⊐

어떤 분수를 5로 나누어야 할 것을 잘못하여 곱했더니 $7\frac{6}{7}$이 되었습니다. 바르게 계산했을 때의 몫을 분수로 나타내어 보세요.

(   )

[도움말] 어떤 분수를 □라고 하면 □×5=$7\frac{6}{7}$입니다.

🙆 문제해결 접근하기

11 4장의 수 카드 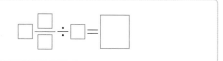 를 한 번씩만 사용하여 (대분수)÷(자연수)의 나눗셈식을 만들려고 합니다. 몫이 가장 큰 나눗셈식을 만들고, 몫을 구해 보세요.

$$\frac{\square}{\square} \div \square = \square$$

[이해하기]

구하려고 하는 것은 무엇인가요?

답 _____

_____

[계획 세우기]

어떤 방법으로 문제를 해결하면 좋을까요?

답 _____

_____

[해결하기]

(1) 만들 수 있는 가장 큰 대분수는

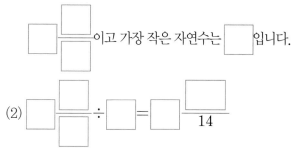 이고 가장 작은 자연수는 □ 입니다.

(2) $\dfrac{\square}{\square} \div \square = \dfrac{\square}{14}$

[되돌아보기]

몫이 가장 작은 나눗셈식을 만들고, 몫을 구해 보세요.

답 _____

_____

_____

_____

1. 분수의 나눗셈

01 나눗셈의 몫을 그림으로 나타내고, 분수로 써 보세요.

(1)

$1 \div 4 = \dfrac{\square}{\square}$

(2)

$3 \div 4 = \dfrac{\square}{\square}$

02 빈칸에 알맞은 분수를 써넣으세요.

(1)

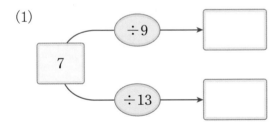

7   ÷9 →

    ÷13 →

(2)

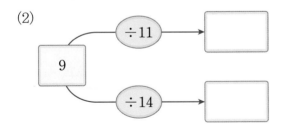

9   ÷11 →

    ÷14 →

03 나눗셈의 몫이 1보다 큰 것을 모두 찾아 기호를 써 보세요.

㉠ $2 \div 3$ ㉡ $8 \div 5$
㉢ $4 \div 7$ ㉣ $10 \div 9$

(   )

04 그림을 보고 $\dfrac{5}{7} \div 4$를 계산해 보세요.

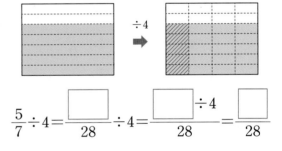

$\dfrac{5}{7} \div 4 = \dfrac{\square}{28} \div 4 = \dfrac{\square \div 4}{28} = \dfrac{\square}{28}$

05 잘못 계산한 곳을 찾아 바르게 계산해 보세요.

$$\frac{11}{15} \div 6 = \frac{15}{11} \times \frac{1}{6} = \frac{15}{66} = \frac{5}{22}$$

↓

06 몫이 <u>다른</u> 것을 찾아 기호를 써 보세요.

$$
\begin{array}{ll}
\text{㉠ } \dfrac{1}{2} \div 2 & \text{㉡ } \dfrac{3}{2} \div 6 \\[3mm]
\text{㉢ } \dfrac{2}{3} \div 4 & \text{㉣ } \dfrac{3}{4} \div 3
\end{array}
$$

(   )

07 몫이 가장 작은 것은 어느 것인가요? (   )

① $\dfrac{9}{2} \div 3$ ② $\dfrac{21}{4} \div 3$

③ $\dfrac{27}{7} \div 9$ ④ $\dfrac{28}{8} \div 7$

⑤ $\dfrac{55}{9} \div 5$

ㄷ중요ㄱ

08 계산 결과를 비교하여 ○ 안에 >, =, <를 알맞게 써넣으세요.

(1) $\boxed{13 \div 7}$ ○ $\boxed{\dfrac{16}{5} \div 2}$

(2) $\boxed{\dfrac{5}{6} \div 3}$ ○ $\boxed{\dfrac{21}{8} \div 7}$

ㄷ서술형ㄱ

09 어떤 분수에 8을 곱하였더니 $\dfrac{7}{9}$이 되었습니다. 어떤 분수를 7로 나눈 몫은 얼마인지 풀이 과정을 쓰고 답을 구해 보세요.

풀이

(1) (어떤 분수)$\times 8 = \dfrac{7}{9}$이므로

(어떤 분수)$= \dfrac{7}{9} \div 8 = ($ $)$입니다.

(2) 따라서 어떤 분수를 7로 나눈 몫은

(   )$\div 7 = ($ $)$입니다.

답 _____

10 색 끈 $\dfrac{5}{6}$ m를 모두 사용하여 크기가 똑같은 정오각형 모양을 3개 만들었습니다. 이 정오각형의 한 변의 길이는 몇 m인가요?

(   )

11 빈칸에 알맞은 기약분수를 써넣으세요.

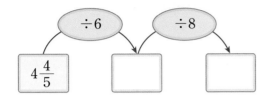

12 $5\frac{2}{8} \div 6$을 두 가지 방법으로 계산해 보세요.

방법 1 _____

_____

방법 2 _____

_____

13 큰 수를 작은 수로 나눈 몫을 기약분수로 나타내어 빈 칸에 써넣으세요.

(1)
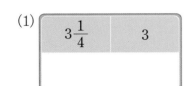

(2)
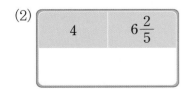

14 페인트 5통으로 벽면 $10\frac{5}{8}$ m²를 칠했습니다. 페인트 한 통으로 칠한 벽면의 넓이는 몇 m²인지 기약분수로 나타내어 보세요. (단, 페인트는 모든 벽면에 일정한 양으로 칠했습니다.)

(   )

15 제민이는 수 카드 4장을 한 번씩만 사용하여 몫이 가장 작은 (대분수)÷(자연수)의 식을 만들었습니다. 제민이가 만든 나눗셈식을 쓰고 몫을 구해 보세요.

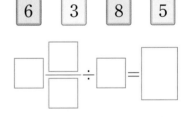

16 □ 안에 알맞은 수를 기약분수로 나타내어 보세요.

$$4\frac{2}{7} \div 5 = \boxed{} \times 3$$

(   )

17 크기와 무게가 똑같은 연필 7자루의 무게가 $43\frac{2}{5}$ g 이고 색연필 9자루의 무게가 $58\frac{1}{2}$ g입니다. 연필과 색연필 중에서 한 자루의 무게가 더 무거운 것은 어느 것일까요?

(   )

18 ⊏중요⊐
밑변의 길이가 **7 cm**이고 넓이가 $8\frac{5}{9}$ **cm²**인 삼각형이 있습니다. 이 삼각형의 높이는 몇 **cm**인지 기약분수로 나타내어 보세요.

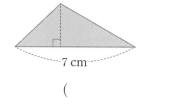

7 cm

(   )

19 ⊏서술형⊐
콩 $6\frac{1}{4}$ **kg**을 5개의 통에 똑같이 나누어 담고 한 통에 담긴 콩을 일주일 동안 매일 같은 양씩 나누어 먹었습니다. 하루에 몇 **kg**씩 먹었는지 풀이 과정을 쓰고 답을 기약분수로 나타내어 보세요.

풀이

(1) 한 통에 담긴 콩의 무게는
(전체 콩의 무게)÷(통의 수)
$=6\frac{1}{4}÷5=($ $)$(kg)입니다.

(2) 따라서 하루에 먹은 콩의 무게는
(한 통에 담긴 콩의 무게)÷(먹은 날의 수)
$=($ $)÷($ $)=($ $)$(kg)
입니다.

답 _____

20 ⊏어려운 문제⊐
㉠과 ㉡ 사이에 있는 자연수를 모두 써 보세요.

- $8\frac{2}{3}÷㉠=3$
- $㉡×2=9\frac{1}{4}$

(   )

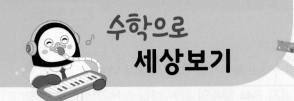
분수의 나눗셈의 몫을 더 크게, 더 작게 만들어 봐요

우리는 이번 단원에서 (자연수)÷(자연수)와 (분수)÷(자연수)의 몫을 분수로 나타내는 방법, (분수)÷(자연수)를 분수의 곱셈으로 나타내는 방법, (대분수)÷(자연수)를 계산하는 방법을 이해하고 계산을 해 보았습니다. 수 카드를 사용하여 나눗셈식을 만들고 몫을 더 크게 만들거나 더 작게 만드는 놀이를 해 볼까요?

1 수 카드를 사용하여 몫을 더 크게 만드는 놀이를 해 보세요.

〈준비물〉 1~9까지의 수 카드   〈인원〉 2명

〈방법〉

① 가위바위보를 해서 순서를 정합니다.

② 이긴 사람부터 수 카드 4장을 뽑습니다.

③ 뽑은 수 카드 중에서 나온 수를 한 번씩 모두 사용하여 몫이 더 크게 되는 (대분수)÷(자연수)의
식을 만들고 몫을 구합니다. (단, 나누는 수인 자연수 부분에 1을 놓지 않도록 합니다.)

④ 계산 결과가 맞으면 1점을 얻고, 몫을 더 크게 만든 사람이 추가로 1점을 얻도록 합니다.

⑤ 놀이를 3회 실시하고 얻은 점수가 더 높은 친구가 이기는 것으로 합니다.

(예시)

〈민호〉

뽑은 카드에 나온 수	4, 5, 6, 1
만든 나눗셈식의 계산 결과	식: $6\frac{1}{5} \div 4 = 1\frac{11}{20}$ 몫: $1\frac{11}{20}$
얻은 점수	1점

〈소영〉

뽑은 카드에 나온 수	3, 2, 4, 5
만든 나눗셈식의 계산 결과	식: $5\frac{3}{4} \div 2 = 2\frac{7}{8}$ 몫: $2\frac{7}{8}$
얻은 점수	2점

※ 민호와 소영이가 만든 나눗셈식을 확인하면 계산 결과가 모두 맞으므로 각각 1점씩 얻습니다. 또, 각자 만든 나눗셈식의 계산 결과에서 몫을 비교하면 $1\frac{11}{20} < 2\frac{7}{8}$로 소영이의 몫이 더 크므로 소영이가 추가로 1점을 더 얻습니다.

	1회		2회		3회	
	〈나〉	〈친구〉	〈나〉	〈친구〉	〈나〉	〈친구〉
뽑은 카드에 나온 수						
만든 나눗셈식의 계산 결과						
얻은 점수						

2 수 카드를 사용하여 몫을 더 작게 만드는 놀이를 해 보세요.

〈준비물〉 1~9까지의 수 카드 　　〈인원〉 2명

〈방법〉

① 가위바위보를 해서 순서를 정합니다.

② 이긴 사람부터 수 카드 4장을 뽑습니다.

③ 뽑은 수 카드 중에서 나온 수를 한 번씩 모두 사용하여 몫이 더 작게 되는 (대분수)÷(자연수)의

　 식을 만들고 몫을 구합니다. (단, 나누는 수인 자연수 부분에 1을 놓지 않도록 합니다.)

④ 계산 결과가 맞으면 1점을 얻고, 몫을 더 작게 만든 사람이 추가로 1점을 얻도록 합니다.

⑤ 놀이를 3회 실시하고 얻은 점수가 더 높은 친구가 이기는 것으로 합니다.

(예시)　　　　　〈민호〉　　　　　　　　　　　　　　　　〈소영〉

뽑은 카드에 나온 수	4, 5, 6, 1
만든 나눗셈식의 계산 결과	식: $1\dfrac{4}{5} \div 6 = \dfrac{3}{10}$ 몫: $\dfrac{3}{10}$
얻은 점수	2점

뽑은 카드에 나온 수	3, 2, 4, 5
만든 나눗셈식의 계산 결과	식: $2\dfrac{3}{4} \div 5 = \dfrac{11}{20}$ 몫: $\dfrac{11}{20}$
얻은 점수	1점

※ 민호와 소영이가 만든 나눗셈식을 확인하면 계산 결과가 모두 맞으므로 각각 1점씩 얻습니다. 또, 각자 만든 나눗셈식의 계산 결과에서 몫을 비교하면 $\dfrac{3}{10}\left(=\dfrac{6}{20}\right) < \dfrac{11}{20}$로 민호의 몫이 더 작으므로 민호가 추가로 1점을 더 얻습니다.

	1회		2회		3회	
	〈나〉	〈친구〉	〈나〉	〈친구〉	〈나〉	〈친구〉
뽑은 카드에 나온 수						
만든 나눗셈식의 계산 결과						
얻은 점수						

2단원

각기둥과 각뿔

보빈이네 반에서는 현장체험학습으로 세계 건축물 박람회에 갔어요. 세계 건축물 중에서 미국의 엠파이어 스테이트 빌딩과 사우디아라비아의 아브라즈 알 바이트 타워는 기둥 모양이었고, 이집트의 피라미드와 독일의 쾰른 대성당의 지붕은 뾰족한 뿔 모양이었어요. 보빈이는 세계 건축물을 보면서 각기둥과 각뿔에 대해 알아볼 수 있었어요.

이번 2단원에서는 각기둥과 각뿔, 각기둥의 전개도에 대해 배워 보고, 각기둥의 전개도를 그려 볼 거예요.

단원 학습 목표

1. 각기둥을 이해하고, 각기둥의 구성 요소와 성질을 이해할 수 있습니다.
2. 각기둥의 전개도를 이해하고 여러 가지 방법으로 그릴 수 있습니다.
3. 각뿔을 이해하고, 각뿔의 구성 요소와 성질을 이해할 수 있습니다.

단원 진도 체크

회차	구성		진도 체크
1차	**개념 1** 각기둥을 알아볼까요(1)	개념 확인 학습 + 문제 / 교과서 내용 학습	✓
2차	**개념 2** 각기둥을 알아볼까요(2)	개념 확인 학습 + 문제 / 교과서 내용 학습	✓
3차	**개념 3** 각기둥의 전개도를 알아볼까요 **개념 4** 각기둥의 전개도를 그려 볼까요	개념 확인 학습 + 문제 / 교과서 내용 학습	✓
4차	**개념 5** 각뿔을 알아볼까요(1)	개념 확인 학습 + 문제 / 교과서 내용 학습	✓
5차	**개념 6** 각뿔을 알아볼까요(2)	개념 확인 학습 + 문제 / 교과서 내용 학습	✓
6차	단원 확인 평가		✓
7차	수학으로 세상보기		✓

해당 부분을 공부한 후 ✓표를 하세요.

개념 1 **각기둥을 알아볼까요(1)**

입체도형 알아보기

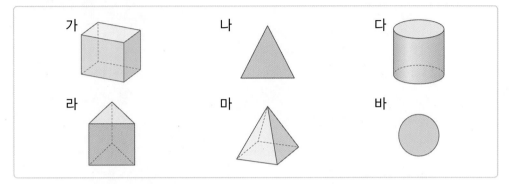

• 평면도형은 나, 바입니다.

• 입체도형은 가, 다, 라, 마입니다.

• 입체도형 중 모든 면이 평면인 것은 가, 라, 마입니다.

각기둥 알아보기

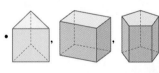 , , 등과 같이 두 면이 서로 평행하고 합동인 다각형으로 이루

어진 기둥 모양의 입체도형을 각기둥이라고 합니다.

• 각기둥은 서로 평행한 두 면이 있고, 이 두 면은 합동인 다각형입니다.

각기둥의 밑면과 옆면 알아보기

• 각기둥에서 서로 평행하고 합동인 두 면을 밑면이라 하고, 두 밑면과 만나는 면을 옆면 이라고 합니다.

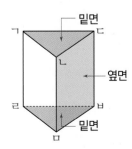

• 각기둥의 두 밑면은 옆면과 모두 수직으로 만납니다.

• 각기둥의 옆면은 모두 직사각형입니다.

• 밑면: 면 ㄱㄴㄷ, 면 ㄹㅁㅂ

• 옆면: 면 ㄱㄹㅁㄴ, 면 ㄴㅁㅂㄷ, 면 ㄷㅂㄹㄱ

• 각기둥 찾아보기

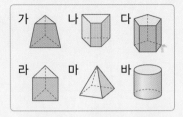

– 모든 면이 평면인 입체도형: 가, 나, 다, 라, 마
– 두 면이 서로 평행하고 합동인 다각형으로 이루어진 기둥 모양의 입체도형: 나, 다, 라
➡ 각기둥: 나, 다, 라

• 각기둥의 겨냥도 그리기

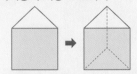

각기둥의 겨냥도를 그릴 때에는 보이는 모서리는 실선으로, 보이지 않는 모서리는 점선으로 나타냅니다.

• 각기둥의 밑면과 옆면의 수
(각기둥의 밑면의 수)=2개
(각기둥의 옆면의 수)
=(한 밑면의 변의 수)

1 도형을 보고 □ 안에 알맞은 기호나 말을 써넣으세요.

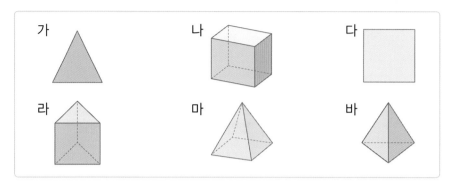

가 나 다

라 마 바

(1) 평면도형은 [ ], [ ]입니다.

(2) 입체도형은 [ ], [ ], [ ], [ ]입니다.

(3) 두 면이 서로 평행하고 합동인 다각형으로 이루어진 기둥 모양의 입체
도형은 [ ], [ ]입니다.

(4) 두 면이 서로 평행하고 합동인 다각형으로 이루어진 기둥 모양의 입체
도형을 [ ](이)라고 합니다.

각기둥을 이해하고, 각기둥의 밑면과 옆면을 알고 있는지 묻는 문제예요.

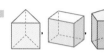 등과 같은

입체도형을 각기둥이라고 해요.

2 각기둥을 보고 □ 안에 알맞은 말을 써넣으세요.

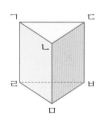

ㄱ ㄷ
ㄴ
ㄹ ㅂ
ㅁ

(1) 각기둥에서 면 ㄱㄴㄷ과 면 ㄹㅁㅂ과 같이 서로 평행하고 합동인 두 면
을 [ ](이)라고 합니다.

(2) 각기둥에서 면 ㄱㄹㅁㄴ, 면 ㄴㅁㅂㄷ, 면 ㄷㅂㄹㄱ과 같이 두 밑면과
만나는 면을 [ ](이)라고 합니다.

각기둥에서 서로 평행하고 합동인 두 면을 밑면이라 하고, 두 밑면과 만나는 면을 옆면이라고 해요.

[01~02] 도형을 보고 물음에 답하세요.

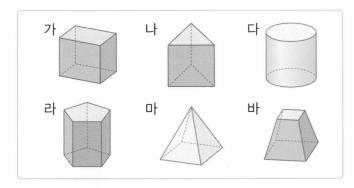

01 서로 평행한 두 면이 있는 입체도형을 모두 찾아 기호를 써 보세요.

( )

02 두 면이 서로 평행하고 합동인 다각형으로 이루어진 기둥 모양의 입체도형을 모두 찾아 기호를 써 보세요.

( )

03 각기둥은 어느 것인가요? ( )

[04~06] 각기둥을 보고 물음에 답하세요.

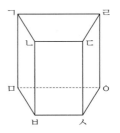

04 밑면을 모두 찾아 색칠해 보세요.

05 밑면에 수직인 면은 모두 몇 개인가요?

( )

06 옆면을 모두 찾아 써 보세요.

_____

_____

_____

07 면 ㅁㅂㅅㅇ을 밑면이라고 할 때 옆면이 **아닌** 것은 어느 것인가요? ( )

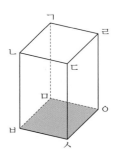

① 면 ㄱㄴㄷㄹ   ② 면 ㄴㅂㅅㄷ
③ 면 ㄷㅅㅇㄹ   ④ 면 ㄹㅇㅁㄱ
⑤ 면 ㄱㅁㅂㄴ

[08~09] 각기둥을 보고 물음에 답하세요.

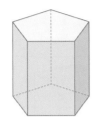

⊏**중요**⊐
08 각기둥에서 옆면은 어떤 모양인가요?

( )

09 밑면과 옆면은 각각 몇 개인가요?

밑면 ( )
옆면 ( )

⊏**어려운 문제**⊐
10 각기둥의 특징을 잘못 말한 친구를 찾아 이름을 쓰고, 바르게 고쳐 보세요.

- 미경: 각기둥은 밑면이 2개야.
- 보빈: 두 밑면은 다각형이야.
- 제민: 두 밑면은 서로 수직으로 만나.
- 민호: 옆면은 모두 직사각형이야.
- 영미: 옆면의 수는 한 밑면의 변의 수와 같아.

( )

바르게 고치기 _____

_____

도움말 각기둥에서 서로 평행하고 합동인 두 면을 밑면이라 하고, 두 밑면과 만나는 면을 옆면이라고 합니다. 각기둥의 두 밑면은 옆면과 모두 수직으로 만납니다.

 문제해결 접근하기

11 입체도형 중 각기둥은 모두 몇 개인지 구해 보세요.

가 나 다 라

마 바 사 아

이해하기
구하려고 하는 것은 무엇인가요?

답 _____

_____

계획 세우기
어떤 방법으로 문제를 해결하면 좋을까요?

답 _____

_____

_____

해결하기
(1) 각기둥은 두 밑면이 서로 [ ]하고 합동인 다각형으로 이루어진 기둥 모양의 입체도형입니다.
(2) 각기둥은 나, [ ], [ ], [ ]로 모두 [ ] 개입니다.

되돌아보기
문제를 해결한 방법을 설명해 보세요.

답 _____

_____

_____

개념 2 **각기둥을 알아볼까요(2)**

• 각기둥의 이름

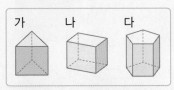

각기둥	가	나	다
밑면의 모양	삼각형	사각형	오각형
옆면의 모양	직사각형	직사각형	직사각형
각기둥의 이름	삼각기둥	사각기둥	오각기둥

각기둥의 이름 알아보기

각기둥			
밑면의 모양	삼각형	사각형	오각형
각기둥의 이름	삼각기둥	사각기둥	오각기둥

• 각기둥은 밑면의 모양이 삼각형, 사각형, 오각형, …일 때 삼각기둥, 사각기둥, 오각기둥, …이라고 합니다.

➡ 밑면의 모양이 ★각형인 각기둥의 이름은 ★각기둥입니다.

• 각기둥의 옆면의 모양은 직사각형입니다.

• 각기둥의 모서리와 꼭짓점

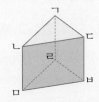

[모서리] 모서리 ㄱㄴ, 모서리 ㄴㄷ,
　　　　모서리 ㄷㄱ, 모서리 ㄴㅁ,
　　　　모서리 ㄷㅂ, 모서리 ㄱㄹ,
　　　　모서리 ㄹㅁ, 모서리 ㅁㅂ,
　　　　모서리 ㅂㄹ
[꼭짓점] 꼭짓점 ㄱ, 꼭짓점 ㄴ,
　　　　꼭짓점 ㄷ, 꼭짓점 ㄹ,
　　　　꼭짓점 ㅁ, 꼭짓점 ㅂ

각기둥의 구성 요소 알아보기

• 각기둥에서 면과 면이 만나는 선분을 모서리라 하고, 모서리와 모서리가 만나는 점을 꼭짓점이라고 합니다. 또, 두 밑면 사이의 거리를 높이라고 합니다.

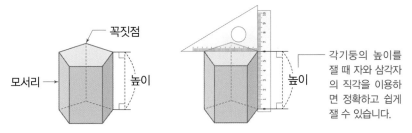

각기둥의 높이를 잴 때 자와 삼각자의 직각을 이용하면 정확하고 쉽게 잴 수 있습니다.

• 각기둥의 높이는 옆면끼리 만나서 생긴 모서리의 길이와 같습니다.
• 각기둥의 면, 모서리, 꼭짓점의 수

　- (각기둥의 면의 수)=(한 밑면의 변의 수)+2

　- (각기둥의 모서리의 수)=(한 밑면의 변의 수)×3

　- (각기둥의 꼭짓점의 수)=(한 밑면의 변의 수)×2

1 각기둥을 보고 빈칸에 알맞은 말을 써넣으세요.

각기둥				
밑면의 모양				
옆면의 모양				
각기둥의 이름				

각기둥의 이름과 구성 요소를 알고 있는지 묻는 문제예요.

■ 밑면의 모양이 ★각형인 각기둥의 이름은 ★각기둥이에요.

2 보기 에서 알맞은 말을 골라 □ 안에 써넣으세요.

보기

모서리   꼭짓점   높이

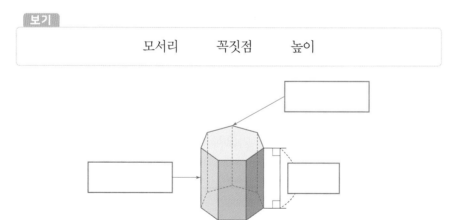

■ 각기둥에서 면과 면이 만나는 선분을 모서리라 하고, 모서리와 모서리가 만나는 점을 꼭짓점이라고 해요. 또, 두 밑면 사이의 거리를 높이라고 해요.

01 각기둥의 이름을 써 보세요.

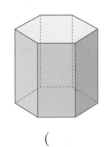

( )

[04~06] 각기둥을 보고 물음에 답하세요.

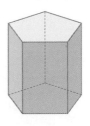

04 각기둥의 꼭짓점은 몇 개인가요?

( )

ㄷ중요ㄱ
02 밑면의 모양이 다음과 같은 각기둥의 이름을 써 보세요.

( )

05 각기둥의 모서리는 몇 개인가요?

( )

06 각기둥에서 높이를 잴 수 있는 모서리는 모두 몇 개인가요?

( )

03 도형을 보고 모서리와 꼭짓점을 찾아 기호를 써 보세요.

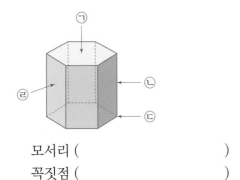

모서리 ( )
꼭짓점 ( )

07 밑면의 모양과 옆면의 모양이 같은 각기둥의 이름을 써 보세요.

( )

정답과 해설 8쪽

ㄷ중요ㄱ

08 각기둥을 보고 표를 완성해 보세요.

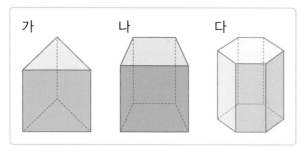

가   나   다

도형	가	나	다
한 밑면의 변의 수(개)			
면의 수 (개)			
모서리의 수 (개)			
꼭짓점의 수 (개)			

09 각기둥에 대한 설명을 보고 옳은 것에 ○표, 틀린 것에 ×표 하세요.

(1) 육각기둥의 옆면은 6개입니다.   (   )
(2) 구각기둥의 꼭짓점은 27개입니다.   (   )
(3) 십각기둥의 모서리는 30개입니다.   (   )

ㄷ어려운 문제ㄱ

10 면이 9개인 각기둥의 꼭짓점은 몇 개인가요?

(   )

도움말 (각기둥의 면의 수)＝(한 밑면의 변의 수)＋2이고, (각기둥의 꼭짓점의 수)＝(한 밑면의 변의 수)×2입니다.

 문제해결 접근하기

11 밑면의 모양이 오른쪽과 같은 각기둥의 모서리의 수와 꼭짓점의 수의 합은 몇 개인지 구해 보세요.

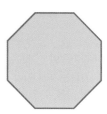

이해하기
구하려고 하는 것은 무엇인가요?

답 _____

_____

계획 세우기
어떤 방법으로 문제를 해결하면 좋을까요?

답 _____

_____

해결하기
(1) 팔각기둥의 한 밑면의 변의 수는 ☐ 개입니다.
(2) (팔각기둥의 모서리의 수)
　＝8× ☐ ＝ ☐ (개)
　(팔각기둥의 꼭짓점의 수)
　＝8× ☐ ＝ ☐ (개)
(3) 팔각기둥의 모서리의 수와 꼭짓점의 수의 합은
　☐ ＋ ☐ ＝ ☐ (개)입니다.

되돌아보기
밑면의 모양이 다음과 같은 각기둥의 모서리의 수와 꼭짓점의 수의 합을 구해 보세요.

답 _____

_____

_____

개념 확인 학습

개념 3 각기둥의 전개도를 알아볼까요

• 각기둥의 전개도는 어느 모서리를 자르는가에 따라 여러 가지 모양이 나올 수 있습니다.

각기둥의 전개도 알아보기

• 각기둥의 모서리를 잘라서 펼쳐 놓은 그림을 각기둥의 전개도라고 합니다.

• 삼각기둥의 전개도

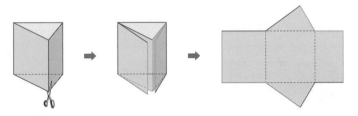

– 각기둥의 전개도를 접을 때 맞닿는 선분의 길이는 같습니다.

개념 4 각기둥의 전개도를 그려 볼까요

• 각기둥의 전개도를 그리는 방법
 – 잘린 모서리는 실선으로, 잘리지 않은 모서리는 점선으로 그립니다.
 – 전개도를 접었을 때 맞닿은 선분의 길이는 같게 그립니다.
 – 전개도를 접었을 때 서로 겹치는 면이 없게 그립니다.
 – 두 밑면은 합동이 되도록 그립니다.
 – 옆면은 직사각형 모양으로 그립니다.

각기둥의 전개도 그리기

• 각기둥에서 어느 부분을 잘라서 펼치는가에 따라 각기둥의 전개도를 다양하게 그릴 수 있습니다.

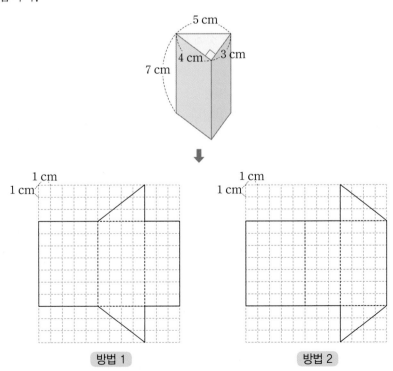

정답과 해설 9쪽

1 그림을 보고 ☐ 안에 알맞은 말을 써넣으세요.

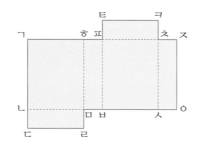

각기둥의 전개도를 알고 그릴 수 있는지 묻는 문제예요.

■ 전개도에서 밑면의 모양을 살펴보면 각기둥의 이름을 알 수 있어요.

(1) 위와 같이 각기둥의 모서리를 잘라서 펼쳐 놓은 그림을 각기둥의

☐ (이)라고 합니다.

(2) 전개도를 접었을 때 만들어지는 각기둥의 이름은 ☐ 입니다.

(3) 전개도를 접었을 때 선분 ㄱㄴ과 맞닿는 선분은 선분 ☐ 입니다.

(4) 전개도를 접었을 때 선분 ㄹㅁ과 맞닿는 선분은 선분 ☐ 입니다.

2 삼각기둥의 전개도를 완성해 보세요.

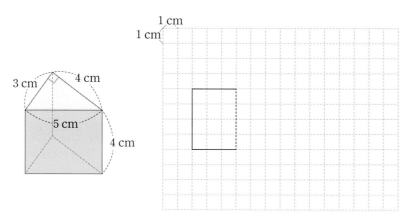

■ 삼각기둥은 밑면이 2개, 옆면이 3개인 것을 생각하며 전개도를 그려요.

[01~03] 각기둥의 전개도를 보고 물음에 답하세요.

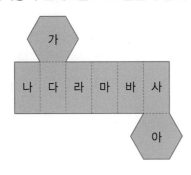

01 밑면을 모두 찾아 써 보세요.

( )

02 전개도를 접었을 때 면 아와 만나는 면을 모두 찾아 써 보세요.

_____

_____

⊏**중요**⊐
03 전개도를 접었을 때 만들어지는 각기둥의 이름을 써 보세요.

( )

[04~06] 각기둥의 전개도를 보고 물음에 답하세요.

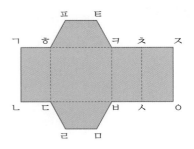

04 전개도를 접었을 때 선분 ㄹㅁ과 맞닿는 선분을 찾아 써 보세요.

( )

05 전개도를 접었을 때 면 ㅎㄷㅂㅋ과 마주 보는 면을 찾아 써 보세요.

( )

06 전개도를 접었을 때 면 ㄷㄹㅁㅂ과 만나는 면은 모두 몇 개인가요?

( )

⊏**중요**⊐
07 전개도를 접어서 각기둥을 만들었습니다. □ 안에 알맞은 수를 써넣으세요.

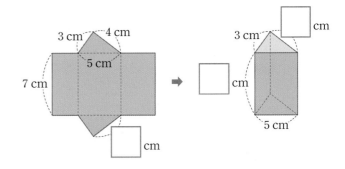

⊏중요⊐

08 오른쪽 사각기둥의 전개도를 그려 보세요.

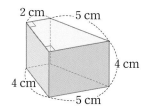

11 다음은 밑면의 모양이 정육각형인 각기둥의 전개도입니다. 이 전개도를 접어서 만든 각기둥의 모든 모서리의 길이의 합을 구해 보세요.

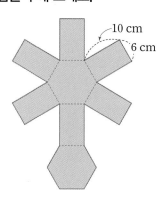

이해하기

구하려고 하는 것은 무엇인가요?

답 _____

_____

계획 세우기

어떤 방법으로 문제를 해결하면 좋을까요?

답 _____

_____

_____

09 소영이가 어떤 각기둥의 전개도의 옆면만 그린 것입니다. 이 각기둥의 밑면의 모양은 어떤 도형인가요?

( )

해결하기

(1) 밑면의 모양이 정육각형이므로 한 밑면의 둘레는

$6 \times \boxed{} = \boxed{}$ (cm)입니다.

(2) (모든 모서리의 길이의 합)

$= \boxed{} \times 2 + \boxed{} \times 6$

$= \boxed{}$ (cm)입니다.

⊏어려운 문제⊐

10 위 **09**의 전개도를 완성하여 접어서 만든 각기둥의 높이는 **7 cm**입니다. 다음을 만족할 때 밑면의 한 변의 길이는 몇 **cm**인가요?

- 각기둥의 옆면은 모두 합동인 직사각형입니다.
- 각기둥의 모든 모서리의 길이의 합은 95 cm입니다.

( )

도움말 각기둥의 옆면이 모두 합동이므로 밑면의 변의 길이는 모두 같습니다.

되돌아보기

문제를 해결한 방법을 설명해 보세요.

답 _____

_____

_____

개념 5 각뿔을 알아볼까요(1)

• **각뿔 찾아보기**

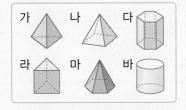

– 밑면이 다각형인 입체도형:
  가, 나, 다, 라, 마
– 옆면이 모두 삼각형인 입체도형:
  가, 나, 마
– 밑면이 다각형이고 옆면이 모
  두 삼각형인 입체도형:
  가, 나, 마
➡ 각뿔: 가, 나, 마

각뿔 알아보기

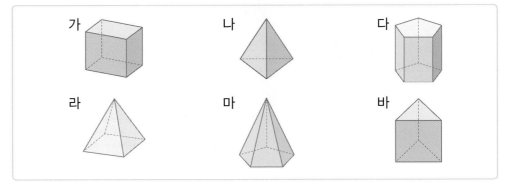

• 각기둥은 가, 다, 바입니다.

• 각기둥이 아닌 입체도형은 나, 라, 마입니다.

• 각기둥이 아닌 입체도형은 뿔 모양이고, 옆으로 둘러싼 면이 모두 삼각형입니다.

•  등과 같이 한 면이 다각형이고 다른 면이 모두 삼각형인

입체도형을 각뿔이라고 합니다.

• 각뿔은 옆으로 둘러싼 면이 모두 삼각형이고 한 점에서 만납니다.

• **각뿔의 밑면과 옆면의 수**
  – (각뿔의 밑면의 수)=1개
  – (각뿔의 옆면의 수)
    =(밑면의 변의 수)

각뿔의 밑면과 옆면 알아보기

• 각뿔에서 면 ㄴㄷㄹㅁ과 같은 면을 밑면이라 하고, 면 ㄱㄴㄷ과 같이 밑면과 만나는
  면을 옆면이라고 합니다.

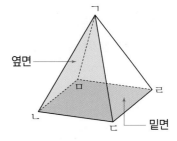

• 각뿔의 옆면은 모두 삼각형입니다.

• 밑면: 면 ㄴㄷㄹㅁ

• 옆면: 면 ㄱㄴㄷ, 면 ㄱㄷㄹ, 면 ㄱㄹㅁ, 면 ㄱㅁㄴ

1 도형을 보고 □ 안에 알맞은 기호나 말을 써넣으세요.

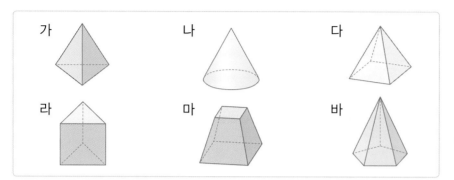

각뿔을 이해하고, 각뿔의 밑면과 옆면을 알고 있는지 묻는 문제예요.

 , , 등과 같은 입체도형을 각뿔이라고 해요.

(1) 밑에 놓인 면이 다각형인 입체도형은 □, □, □, □, □ 입니다.

(2) 옆으로 둘러싼 면이 모두 삼각형인 입체도형은 □, □, □ 입니다.

(3) 한 면이 다각형이고 다른 면이 모두 삼각형인 입체도형은 □, □, □ 입니다.

(4) 한 면이 다각형이고 다른 면이 모두 삼각형인 입체도형을 □ (이)라고 합니다.

2 각뿔을 보고 □ 안에 알맞은 말을 써넣으세요.

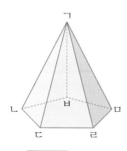

각뿔에서 밑에 놓인 면을 밑면이라 하고, 밑면과 만나는 면을 옆면이라고 해요.

(1) 각뿔에서 면 ㄴㄷㄹㅁㅂ을 □ (이)라고 합니다.

(2) 각뿔에서 면 ㄱㄴㄷ, 면 ㄱㄷㄹ, 면 ㄱㄹㅁ, 면 ㄱㅁㅂ, 면 ㄱㅂㄴ을 □ (이)라고 합니다.

[01~02] 도형을 보고 물음에 답하세요.

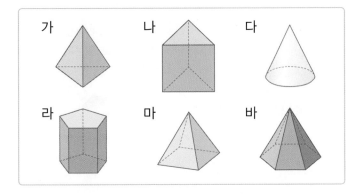

가 나 다 라 마 바

01 밑면이 다각형인 도형을 모두 찾아 기호를 써 보세요.

( )

02 한 면이 다각형이고 다른 면이 모두 삼각형인 입체도형을 모두 찾아 기호를 써 보세요.

( )

ㄷ중요ㄱ
03 각뿔은 어느 것인가요? ( )

 ① ② ③

 ④ ⑤

[04~05] 각뿔을 보고 물음에 답하세요.

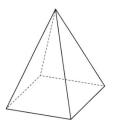

04 밑면을 찾아 색칠해 보세요.

05 밑면과 만나는 면은 몇 개인가요?

( )

[06~07] 각뿔을 보고 물음에 답하세요.

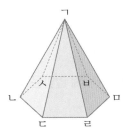

06 밑면을 찾아 써 보세요.

( )

07 옆면을 모두 찾아 써 보세요.

_____

_____

문제해결 접근하기

08 다음 각뿔에서 밑면과 옆면은 각각 몇 개인가요?

밑면 (   )
옆면 (   )

11 입체도형 중 각뿔은 모두 몇 개인지 구해 보세요.

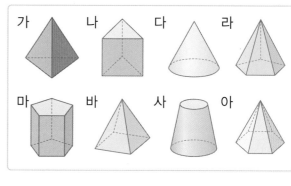

가   나   다   라

마   바   사   아

이해하기

구하려고 하는 것은 무엇인가요?

답 _____

_____

09 입체도형에 대한 설명으로 옳은 것을 모두 고르세요.

(   )

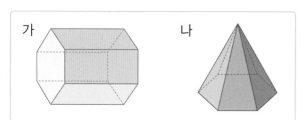

가   나

① 가의 옆면의 모양은 육각형입니다.
② 나의 밑면의 모양은 삼각형입니다.
③ 가는 나보다 밑면의 수가 더 많습니다.
④ 나는 밑면과 옆면이 수직으로 만납니다.
⑤ 가와 나의 밑면의 모양은 모두 육각형입니다.

계획 세우기

어떤 방법으로 문제를 해결하면 좋을까요?

답 _____

_____

_____

_____

해결하기

(1) 각뿔은 한 면이 [   ]이고 다른 면이 모두

[   ]인 입체도형입니다.

(2) 각뿔은 가, [   ], [   ], [   ]로 모두 [   ]

개입니다.

되돌아보기

문제를 해결한 방법을 설명해 보세요.

답 _____

_____

_____

⌐**어려운 문제**⌐
10 각뿔이 만들어지려면 옆면이 적어도 몇 개 있어야 하나요?

(   )

도움말 각뿔에서 밑면의 수는 1개이고, 옆면의 수는 밑면의 변의 수와 같습니다.

개념 6 **각뿔을 알아볼까요(2)**

• 각뿔의 이름

각뿔	가	나	다
밑면의 모양	삼각형	사각형	오각형
옆면의 모양	삼각형	삼각형	삼각형
각뿔의 이름	삼각뿔	사각뿔	오각뿔

각뿔의 이름 알아보기

각뿔			
밑면의 모양	삼각형	사각형	오각형
각뿔의 이름	삼각뿔	사각뿔	오각뿔

• 각뿔은 밑면의 모양이 삼각형, 사각형, 오각형, ...일 때 삼각뿔, 사각뿔, 오각뿔, ...이라고 합니다.

➡ 밑면의 모양이 ★각형인 각뿔의 이름은 ★각뿔입니다.

• 각뿔의 옆면의 모양은 삼각형입니다.

• 각뿔에서 각뿔의 꼭짓점은 1개입니다.

➡ 각뿔의 꼭짓점은 꼭짓점 ㄱ입니다.

각뿔의 구성 요소 알아보기

• 각뿔에서 면과 면이 만나는 선분을 모서리라 하고, 모서리와 모서리가 만나는 점을 꼭짓점이라고 합니다. 꼭짓점 중에서 옆면이 모두 만나는 점을 각뿔의 꼭짓점이라 하고, 각뿔의 꼭짓점에서 밑면에 수직으로 그은 선분의 길이를 높이라고 합니다.

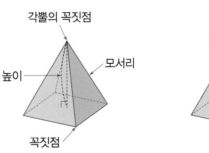

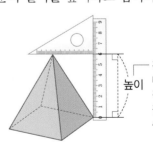

각뿔의 높이를 잴 때 자와 삼각자의 직각을 이용하면 정확하고 쉽게 잴 수 있습니다.

• 각뿔의 면, 모서리, 꼭짓점의 수
  - (각뿔의 면의 수)=(밑면의 변의 수)+1
  - (각뿔의 모서리의 수)=(밑면의 변의 수)×2
  - (각뿔의 꼭짓점의 수)=(밑면의 변의 수)+1

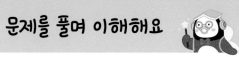
1 각뿔을 보고 빈칸에 알맞은 말을 써넣으세요.

각뿔				
밑면의 모양				
옆면의 모양				
각뿔의 이름				

각뿔의 이름과 구성 요소를 알고 있는지 묻는 문제예요.

■ 밑면의 모양이 ★각형인 각뿔의 이름은 ★각뿔이에요.

2 보기 에서 알맞은 말을 골라 ☐ 안에 써넣으세요.

보기

모서리   꼭짓점   각뿔의 꼭짓점   높이

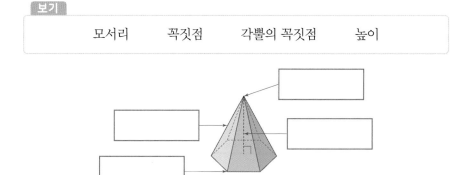

■ 각뿔에서 면과 면이 만나는 선분을 모서리라 하고, 모서리와 모서리가 만나는 점을 꼭짓점이라고 해요. 꼭짓점 중에서 옆면이 모두 만나는 점을 각뿔의 꼭짓점이라 하고, 각뿔의 꼭짓점에서 밑면에 수직으로 그은 선분의 길이를 높이라고 해요.

01 각뿔의 이름을 써 보세요.

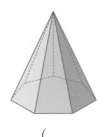

(   )

⌐**중요**⌐
02 밑면의 모양이 다음과 같은 각뿔의 이름을 써 보세요.

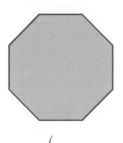

(   )

03 도형을 보고 각뿔의 꼭짓점과 높이를 찾아 기호를 써 보세요.

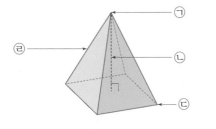

각뿔의 꼭짓점 (   )

높이 (   )

[04~06] 각뿔을 보고 물음에 답하세요.

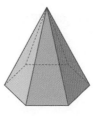

04 각뿔에서 면은 몇 개인가요?

(   )

05 각뿔에서 모서리는 몇 개인가요?

(   )

06 각뿔에서 꼭짓점은 몇 개인가요?

(   )

07 오각기둥과 오각뿔에서 같은 것을 모두 찾아 기호를 써 보세요.

㉠ 모서리의 수	㉡ 밑면의 모양
㉢ 밑면의 수	㉣ 옆면의 수

(   )

ㄷ중요ㄱ

08 각뿔을 보고 표를 완성해 보세요.

 문제해결 접근하기

도형	가	나	다
밑면의 변의 수(개)			
면의 수(개)			
모서리의 수(개)			
꼭짓점의 수(개)			

09 각뿔에 대한 설명을 보고 옳은 것에 ○표, 틀린 것에 ×표 하세요.

(1) 각뿔의 밑면은 1개입니다. ( )
(2) 각뿔의 옆면은 모두 직사각형입니다. ( )
(3) 각뿔에서 모서리와 모서리가 만나는 점은 꼭 짓점입니다. ( )

ㄷ어려운 문제ㄱ

10 면이 **10개**인 각뿔의 모서리는 몇 개인가요?

( )

도움말 (각뿔의 면의 수)=(밑면의 변의 수)＋1이고, (각뿔의 모서리의 수)=(밑면의 변의 수)×2입니다.

11 밑면의 모양이 다음과 같은 각뿔의 면의 수와 모서리의 수와 꼭짓점의 수의 합은 몇 개인지 구해 보세요.

이해하기

구하려고 하는 것은 무엇인가요?

답 _____

계획 세우기

어떤 방법으로 문제를 해결하면 좋을까요?

답 _____
_____

해결하기

(1) (팔각뿔의 면의 수)

＝8＋□＝□(개)

(팔각뿔의 모서리의 수)

＝8×□＝□(개)

(팔각뿔의 꼭짓점의 수)

＝8＋□＝□(개)

(2) □＋□＋□＝□(개)

되돌아보기

밑면의 모양이 오른쪽과 같은 각뿔의 면의 수와 모서리의 수와 꼭짓점의 수의 합은 몇 개인지 구해 보세요.

답 _____
_____
_____

[01~02] 도형을 보고 물음에 답하세요.

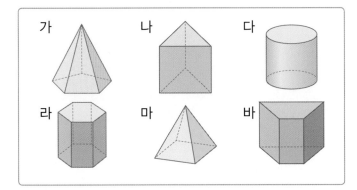

가　나　다

라　마　바

01 각기둥을 모두 찾아 기호를 써 보세요.

（　　　　　　　　）

02 도형 다가 각기둥이 <u>아닌</u> 이유를 써 보세요.

이유 _____

_____

_____

03 입체도형의 이름을 써 보세요.

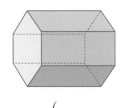

（　　　　　　　　）

[04~05] 각기둥을 보고 물음에 답하세요.

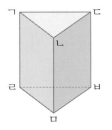

04 밑면을 모두 찾아 써 보세요.

_____

05 밑면에 수직인 면을 모두 찾아 써 보세요.

_____

_____

06 각기둥의 높이는 몇 cm인가요?

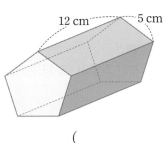

12 cm　　5 cm

（　　　　　　　　）

07 밑면과 옆면이 다음과 같은 입체도형이 있습니다. 이 입체도형의 꼭짓점은 몇 개인가요?

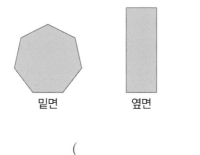

밑면   옆면

(   )

⊂서술형⊃

08 꼭짓점이 18개인 각기둥의 모서리는 몇 개인지 풀이 과정을 쓰고 답을 구해 보세요.

풀이

(1) (각기둥의 꼭짓점의 수)
=(한 밑면의 변의 수)×(   )이고 꼭짓점이 18개이므로 각기둥의 한 밑면의 변은 (   )개입니다.

(2) 밑면의 모양이 (   )이므로 각기둥의 이름은 (   )입니다.

(3) (각기둥의 모서리의 수)
=(한 밑면의 변의 수)×(   )이므로 이 각기둥의 모서리는
(   )×(   )=(   )(개)입니다.

답 _____

[09~10] 사각기둥의 전개도를 보고 물음에 답하세요.

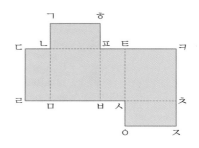

09 전개도를 접었을 때 면 ㄱㄴㅍㅎ과 평행한 면을 찾아써 보세요.

(   )

10 전개도를 접었을 때 선분 ㅊㅈ과 맞닿는 선분을 찾아써 보세요.

(   )

11 삼각기둥의 전개도를 보고 □ 안에 알맞은 수를 써넣으세요.

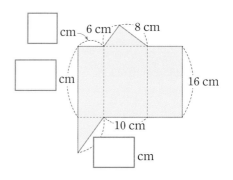

12 밑면이 아래 그림과 같고, 높이가 **6 cm**인 삼각기둥의 전개도를 그려 보세요.

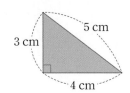

5 cm

3 cm

4 cm

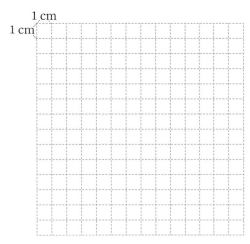

1 cm

1 cm

14 각뿔을 모두 고르세요. (   )

①

②

③

④

⑤

⊂서술형⊃

13 전개도를 접었을 때 만들어지는 입체도형의 꼭짓점은 몇 개인지 풀이 과정을 쓰고 답을 구해 보세요.

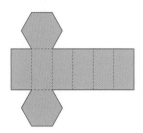

풀이

(1) 밑면의 모양이 (   )이고, 옆면의 모양이 (   )이므로 전개도를 접었을 때 만들어지는 입체도형의 이름은 (   )입니다.

(2) 한 밑면의 변이 (   )개이므로 꼭짓점은 (   ) × (   ) = (   )(개)입니다.

답 _____

15 각뿔의 구성 요소 중에서 밑면과 모서리를 찾아 기호를 써 보세요.

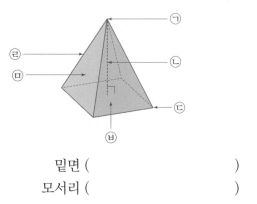

밑면 (   )

모서리 (   )

16 주어진 조건을 모두 만족하는 입체도형의 이름을 써 보세요.

> • 옆면의 모양은 삼각형입니다.
> • 모서리는 20개입니다.
> • 밑면은 1개입니다.

(   )

17 밑면의 모양이 다음과 같은 각뿔에 대한 설명으로 잘못된 것은 어느 것인가요? (   )

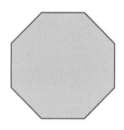

① 밑면이 1개입니다.
② 옆면이 8개입니다.
③ 꼭짓점이 8개입니다.
④ 모서리가 16개입니다.
⑤ 밑면의 변이 8개입니다.

⊏중요⊐
18 칠각기둥과 칠각뿔에서 같은 것을 모두 고르세요.

(   )

① 밑면의 수   ② 옆면의 수
③ 모서리의 수   ④ 밑면의 모양
⑤ 옆면의 모양

19 꼭짓점이 10개인 각뿔이 있습니다. 이 각뿔의 면의 수와 모서리의 수의 합은 몇 개인가요?

(   )

⊏어려운 문제⊐
20 수의 크기를 비교하여 수가 큰 것부터 차례로 기호를 써 보세요.

> ㉠ 오각기둥의 면의 수
> ㉡ 오각뿔의 꼭짓점의 수
> ㉢ 사각기둥의 모서리의 수
> ㉣ 사각뿔의 꼭짓점의 수와 모서리의 수의 합

(   )

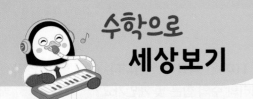
각기둥과 각뿔의 이름 카드를 보고 겨냥도를 찾아봐요

우리는 이번 단원에서 각기둥과 각뿔, 각기둥의 전개도에 대해 알아보고 각기둥의 전개도를 그려 보았습니다.

각기둥과 각뿔의 이름 카드를 보고 겨냥도를 찾는 놀이를 해 볼까요?

1 각기둥과 각뿔의 이름 카드를 보고 겨냥도 카드를 찾아봐요.

〈준비물〉 이름 카드 8장(삼각기둥, 사각기둥, 오각기둥, 육각기둥, 삼각뿔, 사각뿔, 오각뿔, 육각뿔),

겨냥도 카드 8장(삼각기둥, 사각기둥, 오각기둥, 육각기둥, 삼각뿔, 사각뿔, 오각뿔, 육각뿔)

〈인원〉 2명

〈방법〉

① 이름 카드 더미와 겨냥도 카드 더미를 따로 쌓아 두고, 먼저 겨냥도 카드 8장을 책상 위에 펼쳐 놓습니다.

② 가위바위보를 해서 이긴 사람부터 이름 카드 한 장을 뽑습니다.

③ 뽑은 이름 카드에 맞는 겨냥도 카드를 뽑습니다.

④ 이름 카드에 맞는 겨냥도 카드를 뽑으면 이름 카드와 겨냥도 카드 2장을 모두 가져가고 1점을 얻습니다.

만약 이름 카드에 맞는 겨냥도 카드를 뽑지 못할 경우 친구가 뽑을 수 있도록 기회를 제공합니다.

⑤ 이름 카드 뽑기를 4회 실시하고 얻은 점수가 더 높은 친구가 이기는 것으로 합니다.

(예시)

〈미경〉	
뽑은 이름 카드	삼각기둥
뽑은 겨냥도 카드	
얻은 점수	1점

〈보빈〉	
뽑은 이름 카드	사각뿔
뽑은 겨냥도 카드	
얻은 점수	1점

※ 만약 미경이가 삼각기둥 이름 카드를 뽑고 나서 삼각기둥 겨냥도 카드를 잘못 뽑았을 경우, 보빈이는 미경이가 카드를 잘못 뽑았다고 말한 다음 삼각기둥 겨냥도 카드를 바르게 뽑으면 보빈이가 삼각기둥 이름 카드와 겨냥도 카드를 가져가고 1점을 얻습니다.

	1회		2회		3회		4회	
	〈나〉	〈친구〉	〈나〉	〈친구〉	〈나〉	〈친구〉	〈나〉	〈친구〉
뽑은 이름 카드								
뽑은 겨냥도 카드								
추가 점수								
얻은 점수								

2 각기둥과 각뿔의 설명 카드를 보고 이름 카드와 겨냥도 카드를 찾아봐요.

〈준비물〉 각기둥과 각뿔 설명 카드 16장, 이름 카드 8장(삼각기둥, 사각기둥, 오각기둥, 육각기둥, 삼각뿔, 사각뿔, 오각뿔, 육각뿔), 겨냥도 카드 8장(삼각기둥, 사각기둥, 오각기둥, 육각기둥, 삼각뿔, 사각뿔, 오각뿔, 육각뿔)

〈인원〉 2명

〈방법〉

① 이름 카드 더미와 겨냥도 카드 더미를 모두 책상 위에 펼쳐 놓습니다.

② 가위바위보를 해서 이긴 사람부터 설명 카드 한 장을 뽑습니다.

③ 뽑은 설명 카드에 맞는 이름 카드와 겨냥도 카드를 뽑습니다.

④ 설명 카드에 맞는 이름 카드와 겨냥도 카드를 뽑으면 이름 카드와 겨냥도 카드 2장을 모두 가져가고 카드당 1점씩 얻습니다. 설명 카드에 맞는 이름 카드나 겨냥도 카드 중 1장만 뽑은 경우 1점만 얻고, 뽑지 못한 이름 카드나 겨냥도 카드를 친구가 뽑을 수 있도록 기회를 제공합니다.

⑤ 설명 카드 뽑기를 3회 실시하고 얻은 점수가 더 높은 친구가 이기는 것으로 합니다.

(예시)

〈미경〉

뽑은 설명 카드	꼭짓점이 6개인 기둥 모양입니다.
뽑은 이름 카드와 겨냥도 카드	삼각기둥 /
얻은 점수	2점

〈보빈〉

뽑은 설명 카드	밑면이 사각형인 뿔 모양입니다.
뽑은 이름 카드와 겨냥도 카드	사각뿔 /
얻은 점수	2점

※ 만약 미경이가 뽑은 설명 카드(예: 삼각기둥)를 보고 삼각기둥 이름 카드를 뽑고 삼각기둥 겨냥도 카드를 뽑지 못했을 경우, 보빈이는 겨냥도 카드를 잘못 뽑았다고 말한 다음 겨냥도 카드를 바르게 뽑으면 미경이는 뽑은 설명 카드는 두고 이름 카드만 가져갑니다. 이때 보빈이는 겨냥도 카드를 가져가고 미경이와 보빈이는 각각 1점을 얻습니다.

	1회		2회		3회	
	〈나〉	〈친구〉	〈나〉	〈친구〉	〈나〉	〈친구〉
뽑은 설명 카드						
뽑은 이름 카드와 겨냥도 카드						
추가 점수						
얻은 점수						

3 단원

소수의 나눗셈

명호네 가족이 자동차 매장에 갔어요. 더 빨리 달릴 수 있는 자동차를 사려고 해요. 두 대의 멋진 자동차가 진열되어 있고, 일정한 빠르기로 한 대는 5시간에 427.6 km를 갈 수 있고 다른 한 대는 4시간에 360.8 km 갈 수 있다고 적혀 있네요. 어느 자동차가 한 시간 동안 더 빨리 달릴 수 있을까요?

이번 3단원에서는 소수를 자연수로 나누는 방법을 배울 거예요. 그리고 소수의 나눗셈의 몫을 어림해 볼 거예요.

단원 학습 목표

1. 자연수의 나눗셈을 이용하여 (소수)÷(자연수)의 계산을 할 수 있습니다.
2. 각 자리에서 나누어떨어지지 않는 (소수)÷(자연수)의 계산을 할 수 있습니다.
3. 몫이 1보다 작은 소수인 (소수)÷(자연수)의 계산을 할 수 있습니다.
4. 소수점 아래 0을 내려 계산해야 하는 (소수)÷(자연수)의 계산을 할 수 있습니다.
5. 몫의 소수 첫째 자리에 0이 있는 (소수)÷(자연수)의 계산을 할 수 있습니다.
6. (자연수)÷(자연수)의 몫을 소수로 나타낼 수 있습니다.
7. 어림하여 몫의 소수점 위치를 확인할 수 있습니다.

단원 진도 체크

회차	구성		진도 체크
1차	개념 1 (소수)÷(자연수)를 알아볼까요(1)	개념 확인 학습 + 문제 / 교과서 내용 학습	✓
2차	개념 2 (소수)÷(자연수)를 알아볼까요(2)	개념 확인 학습 + 문제 / 교과서 내용 학습	✓
3차	개념 3 (소수)÷(자연수)를 알아볼까요(3)	개념 확인 학습 + 문제 / 교과서 내용 학습	✓
4차	개념 4 (소수)÷(자연수)를 알아볼까요(4) 개념 5 (소수)÷(자연수)를 알아볼까요(5)	개념 확인 학습 + 문제 / 교과서 내용 학습	✓
5차	개념 6 (자연수)÷(자연수)의 몫을 소수로 나타내어 볼까요 개념 7 몫의 소수점 위치를 확인해 볼까요	개념 확인 학습 + 문제 / 교과서 내용 학습	✓
6차	단원 확인 평가		✓
7차	수학으로 세상보기		✓

해당 부분을 공부한 후 ✓표를 하세요.

개념
확인 학습 **개념 1** **(소수)÷(자연수)를 알아볼까요(1)**

— 자연수의 나눗셈 이용하기

• 나누는 수가 같고 나누어지는 수가 $\frac{1}{10}$배가 되면 몫도 $\frac{1}{10}$배가 되므로 소수점을 기준으로 숫자가 오른쪽으로 한 칸 이동합니다.

39.3÷3 계산하기

끈 39.3 cm를 3명에게 똑같이 나누어 주려고 합니다.

⑴ 1 cm는 10 mm이므로 39.3 cm는 393 mm입니다.

⑵ 393÷3＝131, 즉 한 명이 가질 수 있는 끈의 길이는 131 mm입니다.

⑶ 131 mm는 13.1 cm입니다.

$$\frac{1}{10}배$$

$$393÷3＝\boxed{131} \quad ➡ \quad 39.3÷3＝\boxed{13.1}$$

$$\frac{1}{10}배$$

• 나누는 수가 같고 나누어지는 수가 $\frac{1}{100}$배가 되면 몫도 $\frac{1}{100}$배가 되므로 소수점을 기준으로 숫자가 오른쪽으로 두 칸 이동합니다.

3.93÷3 계산하기

끈 3.93 m를 3명에게 똑같이 나누어 주려고 합니다.

⑴ 1 m는 100 cm이므로 3.93 m는 393 cm입니다.

⑵ 393÷3＝131, 즉 한 명이 가질 수 있는 끈의 길이는 131 cm입니다.

⑶ 131 cm는 1.31 m입니다.

$$\frac{1}{100}배$$

$$393÷3＝\boxed{131} \quad ➡ \quad 3.93÷3＝\boxed{1.31}$$

$$\frac{1}{100}배$$

자연수의 나눗셈을 이용하여 소수의 나눗셈 계산하기

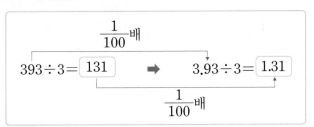

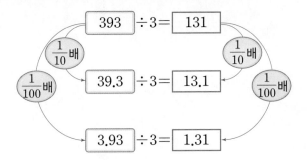

$$\boxed{393}÷3＝\boxed{131}$$

$$\boxed{39.3}÷3＝\boxed{13.1}$$

$$\boxed{3.93}÷3＝\boxed{1.31}$$

➡ 나누어지는 수가 $\frac{1}{10}$배, $\frac{1}{100}$배가 되면 몫도 $\frac{1}{10}$배, $\frac{1}{100}$배가 되므로 소수점을 기준으로 숫자가 오른쪽으로 한 칸, 두 칸 이동합니다.

정답과 해설 14쪽

[1~2] ☐ 안에 알맞은 수를 써넣으세요.

1

끈 39.6 cm를 3명에게 똑같이 나누어 주려고 합니다.

1 cm=10 mm이므로 39.6 cm=396 mm입니다.

396÷3= ☐

한 명이 갖게 되는 끈은 ☐ mm이므로 ☐ cm입니다.

$$396÷3= \boxed{} \Rightarrow 39.6÷3= \boxed{}$$

자연수의 나눗셈을 이용하여 소수의 나눗셈을 할 수 있는지 묻는 문제예요.

■ 나누는 수가 3으로 같고, 나누어지는 수가 396에서 39.6으로 $\frac{1}{10}$배가 되면 몫도 $\frac{1}{10}$배가 되므로 소수점을 기준으로 숫자가 오른쪽으로 한 칸 이동해요.

2

리본 2.48 m를 2명에게 똑같이 나누어 주려고 합니다.

1 m=100 cm이므로 2.48 m=248 cm입니다.

248÷2= ☐

한 명이 가질 수 있는 리본은 ☐ cm이므로 ☐ m입니다.

$$248÷2= \boxed{} \Rightarrow 2.48÷2= \boxed{}$$

■ 나누는 수가 2로 같고, 나누어지는 수가 248에서 2.48로 $\frac{1}{100}$배가 되면 몫도 $\frac{1}{100}$배가 되므로 소수점을 기준으로 숫자가 오른쪽으로 두 칸 이동해요.

[01~02] 길이가 **1 m**인 리본 **6**묶음과 **0.1 m**인 리본 **4**묶음을 두 명에게 똑같이 나누어 주려고 합니다. 물음에 답하세요.

01 **1 m**인 리본 **6**묶음과 **0.1 m**인 리본 **4**묶음을 두 개의 바구니 안에 똑같이 나누어 담아 보세요.

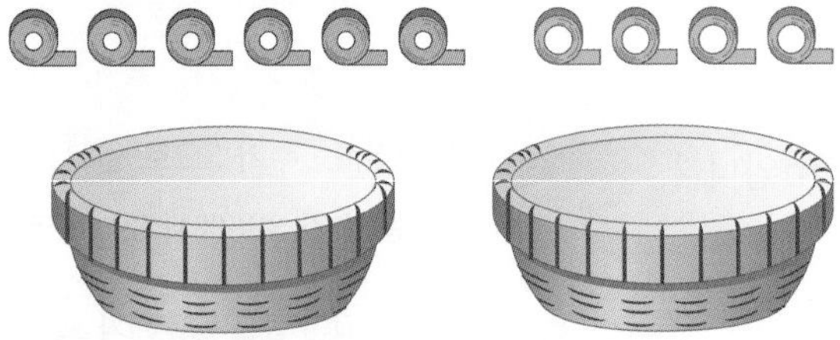

02 바구니 한 개에 담긴 리본의 길이는 몇 **m**인지 알아보려고 합니다. □ 안에 알맞은 수를 써넣으세요.

$$6.4 \div 2 = \boxed{} \text{(m)}$$

03 ᴄ**중요**�
□ 안에 알맞은 수를 써넣으세요.

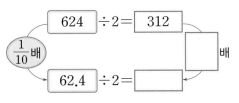

[04~05] 자연수의 나눗셈을 이용하여 소수의 나눗셈을 해 보세요.

04
$$693 \div 3 = 231$$
$$69.3 \div 3 = \boxed{}$$
$$6.93 \div 3 = \boxed{}$$

05
$$488 \div 2 = 244$$
$$4.88 \div 2 = \boxed{}$$

06 나눗셈의 몫을 구해 보세요.

$$48.4 \div 4$$

(   )

07 몫이 같은 나눗셈끼리 연결해 보세요.

$63.3 \div 3$ •		• $22.4 \div 2$
$33.6 \div 3$ •		• $84.4 \div 4$

08 빈칸에 알맞은 수를 써넣으세요.

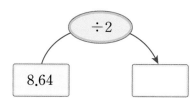

```
        ÷2
8.64  ───────→  [      ]
```

11

정삼각형 모양의 액자와 정사각형 모양의 액자가 있습니다. 정삼각형 모양 액자의 한 변의 길이와 정사각형 모양 액자의 한 변의 길이가 같고, 정삼각형 모양 액자의 둘레가 99.6 cm일 때 정사각형 모양 액자의 둘레는 몇 cm인지 구해 보세요.

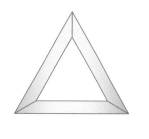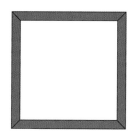

이해하기

구하려고 하는 것은 무엇인가요?

답 _____

_____

계획 세우기

어떤 방법으로 문제를 해결하면 좋을까요?

답 _____

_____

해결하기

(1) 정삼각형 모양 액자의 한 변의 길이는

99.6 ÷ [   ] = [   ] (cm)입니다.

(2) 정사각형 모양 액자의 한 변의 길이는

[   ] cm입니다.

(3) 정사각형 모양 액자의 둘레는 [   ] cm
입니다.

되돌아보기

문제를 해결한 방법을 설명해 보세요.

답 _____

_____

_____

09 ⌐중요⌐

둘레가 36.9 cm인 정삼각형의 한 변의 길이는 몇 cm인가요?

(   )

10 ⌐어려운 문제⌐

다음 수 카드를 한 번씩만 사용하여 만들 수 있는 가장 큰 소수 두 자리 수를 남은 카드의 수로 나누면 몫은 얼마인가요?

| 2 | 4 | 6 | 8 |

(   )

도움말 가장 큰 수부터 차례대로 3장을 골라 소수 두 자리 수를 만듭니다.

개념 2 (소수)÷(자연수)를 알아볼까요(2)

── 각 자리에서 나누어떨어지지 않는 (소수)÷(자연수)

• 소수를 분수로 고칠 때, 소수 한 자리 수는 분모가 10인 분수로, 소수 두 자리 수는 분모가 100인 분수로 고쳐서 계산합니다.

8.75÷5 계산하기

방법 1 분수의 나눗셈으로 바꾸어 계산하기

$$8.75 \div 5 = \frac{875}{100} \div 5 = \frac{875 \div 5}{100} = \frac{175}{100} = 1.75$$

방법 2 자연수의 나눗셈을 이용하여 계산하기

$$\frac{1}{100}\text{배}$$

$$875 \div 5 = \boxed{175} \quad \Rightarrow \quad 8.75 \div 5 = \boxed{1.75}$$

$$\frac{1}{100}\text{배}$$

8.75는 875의 $\frac{1}{100}$배이므로 8.75÷5의 몫은 175의 $\frac{1}{100}$배인 1.75가 됩니다.

• 나누어지는 수의 소수점 위치에 맞춰 결괏값에 소수점을 올려 찍습니다.

방법 3 세로로 계산하기

```
      1 7 5
  5) 8 7 5
     5
     3 7
     3 5
       2 5
       2 5
         0
```

```
      1.7 5
  5) 8.7 5
     5
     3 7
     3 5
       2 5
       2 5
         0
```

(소수)÷(자연수)를 세로로 계산하려면
① 자연수의 나눗셈과 같은 방법으로 계산하고
② 몫의 소수점은 나누어지는 수의 소수점 위치에 맞춰 올려 찍으면 돼.

[1~2] 보기 를 보고 □ 안에 알맞은 수를 써넣으세요.

보기

$$25.4 \div 2 = \frac{254}{10} \div 2 = \frac{254 \div 2}{10} = \frac{127}{10} = 12.7$$

각 자리에서 나누어떨어지지 않는 (소수)÷(자연수)의 계산 방법을 알고 있는지 묻는 문제예요.

1 $35.4 \div 2 = \dfrac{\boxed{}}{10} \div 2 = \dfrac{\boxed{} \div 2}{10} = \dfrac{\boxed{}}{10} = \boxed{}$

■ 소수를 분수로 나타낸 후 분자를 자연수로 나누어 계산해요.

2 $72.96 \div 3 = \dfrac{\boxed{}}{100} \div 3 = \dfrac{\boxed{} \div 3}{100} = \dfrac{\boxed{}}{100}$

$= \boxed{}$

3 □ 안에 알맞은 수를 써넣으세요.

```
        □ . □ □
   8 ) 4  4 . 9  6
       □  □
       ─────
          4  9
          □  □
          ─────
             1  6
             □  □
             ─────
                 0
```

■ 나누어지는 수의 소수점 위치에 맞춰 결괏값에 소수점을 올려 찍어요.

[01~02] □ 안에 알맞은 수를 써넣으세요.

01 $23.4 \div 2 = \dfrac{\boxed{}}{10} \div 2 = \dfrac{\boxed{} \div 2}{10}$

$= \dfrac{\boxed{}}{10} = \boxed{}$

02 $20.76 \div 6 = \dfrac{\boxed{}}{100} \div 6 = \dfrac{\boxed{} \div 6}{100}$

$= \dfrac{\boxed{}}{100} = \boxed{}$

03 계산해 보세요.

(1) $6\overline{)2\,1.5\,4}$

(2) $3\overline{)1\,3.4\,4}$

┌중요┐

04 자연수의 나눗셈을 계산한 몫을 보고 □ 안에 알맞은 수를 써넣으세요.

$5\overline{)2\,3\,4\,5}$ 에서 몫 469 ➡ $5\overline{)2\,3.4\,5}$ 에 $\boxed{}$

05 큰 수를 작은 수로 나눈 몫을 소수로 나타내어 보세요.

62.4	4

06 계산 결과가 18.1인 것을 모두 찾아 기호를 써 보세요.

| ㉠ $72.4 \div 4$ | ㉡ $54.3 \div 3$ | ㉢ $73.2 \div 4$ |

( )

07 계산 결과를 비교하여 ○ 안에 >, =, <를 알맞게 써넣으세요.

| $5.28 \div 4$ | ○ | $7.25 \div 5$ |

┌중요┐

08 둘레가 93.68 cm인 정사각형 모양의 공책이 있습니다. 이 공책의 한 변의 길이는 몇 cm인가요?

( )

정답과 해설 15쪽

09 채린이는 7.2 L의 물을 6일 동안 똑같이 나누어 마셨고, 하은이는 4.56 L의 물을 4일 동안 똑같이 나누어 마셨습니다. 하루 동안 마신 물의 양이 더 많은 사람은 누구이고, 얼마나 더 많이 마셨는지 구해 보세요.

➡ (   )이가 (   ) 더 많이 마셨습니다.

⌐어려운 문제⌐

10 다음 수 카드 중 3장을 골라 만들 수 있는 두 번째로 큰 소수 두 자리 수를 4로 나눈 몫을 구해 보세요.

| 4 | 5 | 6 | 9 |

(   )

도움말 큰 수부터 차례대로 3장을 골라 가장 큰 소수 두 자리 수를 만들 수 있고, 소수 둘째 자리 숫자를 바꾸어 두 번째로 큰 소수 두 자리 수를 만들 수 있습니다.

 문제해결 접근하기

11 펭수초등학교에서는 가로가 3.8 m, 세로가 1.2 m인 학교 벽면을 4명이 똑같이 나누어서 꾸몄습니다. 학생 1명이 꾸민 벽면의 넓이는 몇 m²인지 구해 보세요.

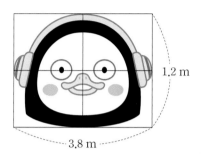

1.2 m

3.8 m

이해하기
구하려고 하는 것은 무엇인가요?

답 _____

_____

계획 세우기
어떤 방법으로 문제를 해결하면 좋을까요?

답 _____

_____

해결하기
(1) 벽면의 전체 넓이는

3.8 × ☐ = ☐ (m²)입니다.

(2) 벽면을 4등분한 넓이는

☐ ÷ 4 = ☐ (m²)입니다.

되돌아보기
이 벽면을 3명이 똑같이 나누어 꾸민다면 학생 1명이 몇 m²을 꾸며야 하는지 구해 보세요.

답 _____

_____

_____

개념 확인 학습

개념 **3** **(소수)÷(자연수)를 알아볼까요(3)**

— 몫이 1보다 작은 소수인 (소수)÷(자연수)

6.24÷8 계산하기

방법 1 분수의 나눗셈으로 바꾸어 계산하기

$$6.24 \div 8 = \frac{624}{100} \div 8 = \frac{624 \div 8}{100} = \frac{78}{100} = 0.78$$

• 432÷8을 이용하여 4.32÷8을 계산하려면 432÷8을 계산한 몫을 $\frac{1}{100}$배 합니다.

방법 2 자연수의 나눗셈을 이용하여 계산하기

$\frac{1}{100}$배

$$624 \div 8 = \boxed{78} \quad \Rightarrow \quad 6.24 \div 8 = \boxed{0.78}$$

$\frac{1}{100}$배

6.24는 624의 $\frac{1}{100}$배이므로 6.24÷8의 몫은 78의 $\frac{1}{100}$배인 0.78이 됩니다.

• 소수의 나눗셈을 세로셈으로 계산할 때 자연수가 비어 있을 경우 일의 자리에 0을 씁니다.

방법 3 세로로 계산하기

몫이 1보다 작으면 몫의 자연수 부분에 0을 씁니다.

```
        7 8                    0 . 7 8
  8 ) 6 2 4            8 ) 6 . 2 4
      5 6                    5 6
        6 4                    6 4
        6 4                    6 4
          0                      0
```

(소수)÷(자연수)에서 (소수)<(자연수)이면 몫이 1보다 작아요.
① 몫의 소수점은 나누어지는 수의 소수점을 그대로 올려 찍고
② 비어 있는 자연수 부분에 0을 쓰면 돼.

정답과 해설 15쪽

[1~2] 보기 를 보고 □ 안에 알맞은 수를 써넣으세요.

보기

$$4.32 \div 8 = \frac{432}{100} \div 8 = \frac{432 \div 8}{100} = \frac{54}{100} = 0.54$$

몫이 1보다 작은 소수인 (소수)÷(자연수)의 계산 방법 을 알고 있는지 묻는 문제예요.

1 $2.34 \div 3 = \dfrac{\boxed{}}{100} \div 3 = \dfrac{\boxed{} \div 3}{100} = \dfrac{\boxed{}}{100} = \boxed{}$

■ 소수를 분수로 나타낸 후 분자를 자연수로 나누어 계산해요.

2 $1.74 \div 2 = \dfrac{\boxed{}}{100} \div 2 = \dfrac{\boxed{} \div 2}{100} = \dfrac{\boxed{}}{100} = \boxed{}$

3 1.35÷3을 자연수의 나눗셈을 이용하여 구하려고 합니다. □ 안에 알맞은 수를 써넣으세요.

$$135 \div 3 = \boxed{} \ \Rightarrow \ 1.35 \div 3 = \boxed{}$$

■ 나누어지는 수가 $\dfrac{1}{100}$ 배가 되면 몫도 $\dfrac{1}{100}$ 배가 돼요.

[01~02] 다음 ☐ 안에 알맞은 수를 써넣으세요.

01 $3.32 \div 4 = \dfrac{\boxed{}}{100} \div 4 = \dfrac{\boxed{} \div 4}{100}$

$= \dfrac{\boxed{}}{100} = \boxed{}$

02 $1.38 \div 6 = \dfrac{\boxed{}}{100} \div 6 = \dfrac{\boxed{} \div 6}{100}$

$= \dfrac{\boxed{}}{100} = \boxed{}$

03 ⊏중요⊐
계산이 잘못된 곳을 찾아 바르게 계산해 보세요.

$$\begin{array}{r} 4.9 \\ 3\overline{)1.4\ 7} \\ \underline{1\ 2} \\ 2\ 7 \\ \underline{2\ 7} \\ 0 \end{array} \Rightarrow \quad 3\overline{)1.4\ 7}$$

04 계산해 보세요.

(1) $6\overline{)5.5\ 2}$ (2) $9\overline{)7.4\ 7}$

05 ☐ 안에 알맞은 수를 써넣으세요.

$207 \div 9 = 23$

$\boxed{} \div 9 = 0.23$

06 ⊏중요⊐
몫이 **1**보다 작은 것에 ○표 해 보세요.

$10.17 \div 9$ $1.44 \div 6$

07 몫이 큰 순서대로 기호를 써 보세요.

ⓐ $3.15 \div 7$ ⓑ $1.62 \div 3$ ⓒ $3.99 \div 7$

(   )

08 계산 결과를 비교하여 ○ 안에 >, =, <를 알맞게 써넣으세요.

$$5.28 \div 6 \quad \bigcirc \quad 4.25 \div 5$$

09 점토 2.52 kg을 6개 모둠에 똑같이 나누어 주려고 합니다. 한 모둠에 나누어 줄 수 있는 점토의 양은 몇 kg인가요?

(   )

⌐**어려운 문제**⌐

10 넓이가 4.75 m²인 정오각형을 다음 그림과 같이 똑같이 나누었습니다. 색칠한 부분의 넓이는 몇 m²인가요?

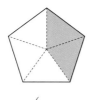

(   )

도움말 색칠한 부분은 정오각형을 똑같이 몇으로 나눈 것 중의 몇 조각인지 생각해 보세요.

문제해결 접근하기

11 길이가 5.76 m인 길에 나무 10그루를 일정한 간격으로 심으려고 합니다. 길이 시작되는 곳과 끝나는 곳에 반드시 나무를 심을 때, 나무 사이 간격은 몇 m인지 구해 보세요. (단, 나무의 굵기는 생각하지 않습니다.)

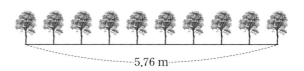

-5.76 m-

이해하기
구하려고 하는 것은 무엇인가요?

답 _____

_____

계획 세우기
어떤 방법으로 문제를 해결하면 좋을까요?

답 _____

_____

해결하기
(1) 10그루의 나무를 심을 때의 총 간격 수는 ☐ 개입니다.

(2) 5.76 ÷ (총 간격 수)

   = 5.76 ÷ ☐ = ☐ (m)

되돌아보기
이 길의 처음부터 끝까지 나무 7그루를 일정한 간격으로 심는다면, 나무 사이 간격은 몇 m인지 구해 보세요.

답 _____

_____

_____

개념 4 (소수)÷(자연수)를 알아볼까요(4)

— 소수점 아래 0을 내려 계산해야 하는 (소수)÷(자연수)

• $\dfrac{86}{10} \div 5 = \dfrac{86 \div 5}{10}$ 에서
86÷5는 나누어떨어지지 않으므로
$\dfrac{86}{10} \div 5 = \dfrac{860}{100} \div 5$
로 바꾸어 계산합니다.

8.6÷5 계산하기

방법 1 분수의 나눗셈으로 바꾸어 계산하기

$$8.6 \div 5 = \frac{86}{10} \div 5 = \frac{860}{100} \div 5 = \frac{860 \div 5}{100} = \frac{172}{100} = 1.72$$

방법 2 자연수의 나눗셈을 이용하여 계산하기

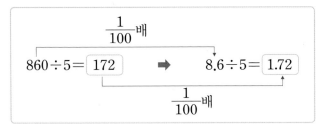

8.6은 860의 $\dfrac{1}{100}$배이므로 8.6÷5의 몫은 172의 $\dfrac{1}{100}$배인 1.72가 됩니다.

• 소수점 아래에서 나누어떨어지지 않는 경우에는 나누어지는 수의 오른쪽 끝자리에 0이 계속 있는 것으로 생각하고 0을 내려 계산합니다.

방법 3 세로로 계산하기

```
      1 7 2              1.7 2
  5) 8 6 0          5) 8.6 0
     5                   5
     3 6                 3 6
     3 5                 3 5
       1 0                 1 0
       1 0                 1 0
         0                   0
```

개념 5 (소수)÷(자연수)를 알아볼까요(5)

— 몫의 소수 첫째 자리에 0이 있는 (소수)÷(자연수)

• 세로로 계산할 때 수를 하나 내렸음에도 나누어야 할 수가 나누는 수보다 작을 경우에는 몫에 0을 쓰고 수를 하나 더 내려 계산합니다.

```
      1 0 5              1.0 5
  4) 4 2 0          4) 4.2 0
     4                   4
       2 0                 2 0
       2 0                 2 0
         0                   0
```

[1~2] 보기 를 보고 □ 안에 알맞은 수를 써넣으세요.

보기

$$12.1 \div 2 = \frac{121}{10} \div 2 = \frac{1210}{100} \div 2 = \frac{1210 \div 2}{100} = \frac{605}{100} = 6.05$$

소수점 아래 0을 내려 계산해야 하는 (소수)÷(자연수)와 몫의 소수 첫째 자리에 0이 있는 (소수)÷(자연수)의 계산 방법을 알고 있는지 묻는 문제예요.

1 $7.8 \div 4 = \dfrac{\boxed{}}{10} \div 4 = \dfrac{\boxed{}}{100} \div 4 = \dfrac{\boxed{} \div 4}{100}$

$= \dfrac{\boxed{}}{100} = \boxed{}$

■ 분모가 10인 분수에서 나누어떨어지지 않으면 분모가 100인 분수로 바꾸어 계산해요.

2 $9.3 \div 6 = \dfrac{\boxed{}}{10} \div 6 = \dfrac{\boxed{}}{100} \div 6 = \dfrac{\boxed{} \div 6}{100}$

$= \dfrac{\boxed{}}{100} = \boxed{}$

[3~4] □ 안에 알맞은 수를 써넣으세요.

■ 세로로 계산할 때 나누어야 할 수가 나누는 수보다 작을 경우에는 몫에 0을 쓰고 수를 하나 더 내려 계산해요.

3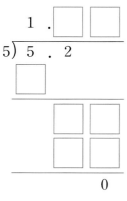

4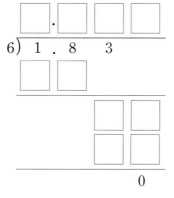

[01~02] 자연수의 나눗셈을 이용하여 다음 나눗셈의 몫을 구하려고 합니다. ☐ 안에 알맞은 수를 써넣으세요.

01 $1120 \div 5 = 224$ ➡ $11.2 \div 5 = $ ☐

02 $640 \div 5 = 128$ ➡ $6.4 \div 5 = $ ☐

ㄷ중요ㄱ
계산이 <u>잘못된</u> 곳을 찾아 바르게 계산해 보세요.

$$3)\overline{3.2\ 7}$$

$$
\begin{array}{r}
1.9 \\
3{\overline{)3.2\ 7}} \\
\underline{3} \\
2\ 7 \\
\underline{2\ 7} \\
0
\end{array}
$$
➡

04 계산해 보세요.

(1)
$$6)\overline{2\ 4.9}$$

(2)
$$5)\overline{1\ 4.4}$$

05 <u>보기</u> 와 같이 계산해 보세요.

보기
$$6.3 \div 6 = \frac{63}{10} \div 6 = \frac{630}{100} \div 6 = \frac{630 \div 6}{100}$$
$$= \frac{105}{100} = 1.05$$

$$10.2 \div 5 = \frac{\boxed{}}{10} \div 5 = \frac{\boxed{}}{100} \div 5$$
$$= \frac{\boxed{} \div 5}{100} = \frac{\boxed{}}{100}$$
$$= \boxed{}$$

ㄷ중요ㄱ
계산해 보세요.

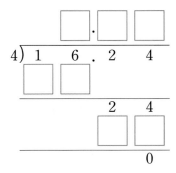

07 계산 결과를 찾아 이어 보세요.

$24.3 \div 6$ •	• 1.05
$5.25 \div 5$ •	• 4.05

정답과 해설 16쪽

08 계산 결과를 비교하여 ○ 안에 >, =, <를 알맞게 써넣으세요.

$$6.21 \div 3 \qquad \bigcirc \qquad 10.1 \div 5$$

09 무게가 같은 공책 8상자의 무게는 8.4 kg입니다. 공책 1상자의 무게는 몇 kg인가요?

(   )

⊂어려운 문제⊃
10 무게가 똑같은 설탕 6봉지가 들어 있는 상자의 무게가 18.8 kg입니다. 빈 상자가 0.5 kg이라면 설탕 1봉지는 몇 kg인가요?

(   )

도움말 (설탕만의 무게)
=(설탕이 들어 있는 상자의 무게)−(상자의 무게)

 문제해결 접근하기

11 딸기 원액 주스 0.4 L짜리 6봉지와 탄산수 1.2 L짜리 7봉지를 모두 합쳐 딸기에이드를 만들었습니다. 이 딸기에이드를 물통 8개에 똑같이 나누어 담았다면 물통 한 개에 담긴 딸기에이드는 몇 L인지 구해 보세요.

딸기 원액 주스

탄산수

이해하기
구하려고 하는 것은 무엇인가요?

답 _____

계획 세우기
어떤 방법으로 문제를 해결하면 좋을까요?

답 _____

해결하기
(1) 딸기 원액 주스 6봉지의 양은 [   ] L입니다.

(2) 탄산수 7봉지의 양은 [   ] L입니다.

(3) 딸기에이드의 양은 [   ] L입니다.

(4) 딸기에이드를 물통 8개에 똑같이 나누어 담았으므로 물통 1개에 담긴 딸기에이드의 양은 [   ] L입니다.

되돌아보기
만약 딸기에이드를 물통 10개에 나누어 담았다면 물통 1개에 담긴 딸기에이드의 양은 몇 L인지 구해 보세요.

답 _____

개념 확인 학습

개념 6 (자연수)÷(자연수)의 몫을 소수로 나타내어 볼까요

• ■ ÷ ● = $\frac{■}{●}$

7÷4 계산하기

방법 1 분수의 나눗셈으로 바꾸어 계산하기

$$7 \div 4 = \frac{7}{4} = \frac{7 \times 25}{4 \times 25} = \frac{175}{100} = 1.75$$

방법 2 자연수의 나눗셈을 이용하여 계산하기

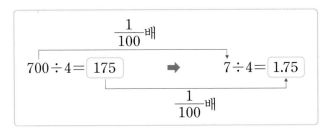

7은 700의 $\frac{1}{100}$배이므로 7÷4의 몫은 175의 $\frac{1}{100}$배인 1.75가 됩니다.

방법 3 세로로 계산하기

• 몫의 소수점은 자연수 바로 뒤에서 올려 찍고, 소수점 아래에서 받아내릴 수가 없는 경우 0을 받아내려 계산합니다.

```
        1 7 5              1.7 5
   4) 7 0 0          4) 7. 0 0
      4                   4
      3 0                 3 0
      2 8                 2 8
        2 0                 2 0
        2 0                 2 0
          0                   0
```

개념 7 몫의 소수점 위치를 확인해 볼까요

• 나누어지는 수를 간단한 자연수로 반올림하여 계산한 후 어림한 결과와 계산한 결과의 크기를 비교하여 소수점의 위치를 확인합니다.

16.72÷4의 몫 어림하기

방법 1 16.72를 소수 첫째 자리에서 반올림하면 17이므로

17÷4로 어림하여 계산합니다. ➡ 몫은 약 4입니다.

방법 2 어림셈한 후 소수점을 알맞은 위치에 찍기

[어림] 17÷4 ➡ 약 4

[몫] 4.1□8

└─ 어림한 몫이 약 4이므로 몫이 4에 가깝게 되도록 소수점을 4와 1 사이에 찍습니다.

문제를 풀여 이해해요

정답과 해설 17쪽

[1~2] 보기 를 보고 ☐ 안에 알맞은 수를 써넣으세요.

보기

$$3 \div 5 = \frac{3}{5} = \frac{6}{10} = 0.6$$

(자연수)÷(자연수)의 몫을 소수로 나타내는 방법을 알고 소수를 반올림하여 나눗셈식을 어림한 식으로 표현할 수 있는지 묻는 문제예요.

1 $11 \div 5 = \dfrac{\boxed{}}{5} = \dfrac{\boxed{}}{10} = \boxed{}$

■ (자연수)÷(자연수)에서 나누어지는 수를 분자, 나누는 수를 분모에 써서 분수로 나타내요.

2 $15 \div 4 = \dfrac{\boxed{}}{4} = \dfrac{\boxed{}}{100} = \boxed{}$

[3~4] 보기 와 같이 소수를 소수 첫째 자리에서 반올림하여 어림한 식으로 나타내려고 합니다. ☐ 안에 알맞은 수를 써넣으세요.

보기

$$4.12 \div 4 \;\Rightarrow\; 4 \div 4$$

■ 반올림할 때는 반올림하는 자리의 수가 0, 1, 2, 3, 4이면 버리고, 5, 6, 7, 8, 9이면 올려요.

3 $21.2 \div 4 \;\Rightarrow\; \boxed{} \div 4$

4 $25.7 \div 8 \;\Rightarrow\; \boxed{} \div 8$

01 나눗셈의 몫을 소수로 나타내려고 합니다. □ 안에 알맞은 수를 써넣으세요.

$$13 \div 4 = \frac{13}{4} = \frac{13 \times \boxed{}}{4 \times 25} = \frac{\boxed{}}{100}$$

$$= \boxed{}$$

02 자연수의 나눗셈을 이용하여 $9 \div 2$의 몫을 구하려고 합니다. □ 안에 알맞은 수를 써넣으세요.

$$900 \div 2 = 450 \Rightarrow 9 \div 2 = \boxed{}$$

 ㄷ**중요**ㄱ
03 □ 안에 알맞은 수를 써넣으세요.

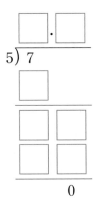

04 계산해 보세요.

(1)
$$4 \overline{)1\ 4}$$

(2)
$$5 \overline{)1\ 9}$$

ㄷ**중요**ㄱ
05 어림셈하여 몫의 소수점 위치를 찾아 소수점을 찍어 보세요.

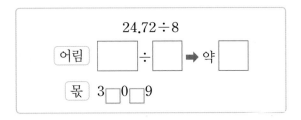

$$24.72 \div 8$$

어림 $\boxed{} \div \boxed{}$ ➡ 약 $\boxed{}$

몫 $3\boxed{}0\boxed{}9$

06 몫을 어림해 보고 올바른 식을 찾아 ○표 하세요.

$18.78 \div 6 = 0.313$	$18.78 \div 6 = 3.13$
$18.78 \div 6 = 31.3$	$18.78 \div 6 = 313$

07 몫을 어림해 보고 몫이 가장 작은 식을 찾아 ○표 하세요.

$$16.2 \div 5 \qquad 28.2 \div 6 \qquad 34.4 \div 8$$

08 몫이 **1**보다 작은 나눗셈을 모두 찾아 기호를 써 보세요.

㉠ $5.12 \div 8$	㉡ $3 \div 4$
㉢ $2.3 \div 2$	㉣ $6.2 \div 5$

( )

정답과 해설 17쪽

09 어떤 수에 5를 곱했더니 8이 되었습니다. 어떤 수를 소수로 나타내어 보세요.

(   )

ᒋ어려운 문제ᒥ

10 다음 수 카드 중 2장을 골라 (자연수)÷(자연수)의 나눗셈식을 만들려고 합니다. 몫이 가장 클 때 나눗셈의 몫을 소수로 나타내어 보세요.

5	6	9	11

(   )

도움말 나누어지는 수가 클수록, 나누는 수가 작을수록 몫은 커집니다.

문제해결 접근하기

11 다음과 같이 두 과일 바구니의 무게가 같습니다. 수박 1개가 멜론 1개보다 몇 kg 더 무거운지 구해 보세요. (단, 바구니의 무게는 1.5 kg이고 수박끼리, 멜론끼리는 각각 무게가 같습니다.)

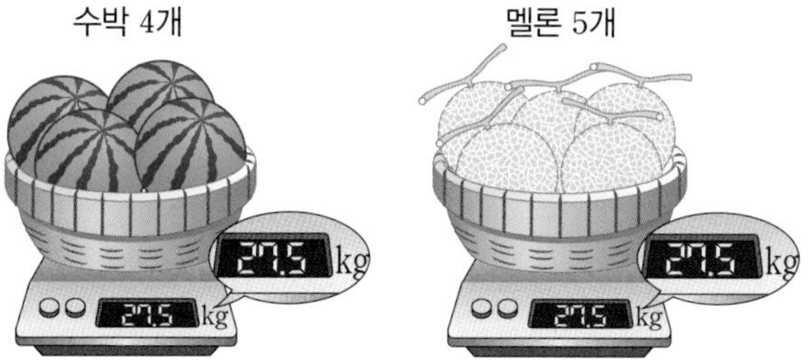

수박 4개   멜론 5개

이해하기

구하려고 하는 것은 무엇인가요?

답 _____

_____

계획 세우기

어떤 방법으로 문제를 해결하면 좋을까요?

답 _____

_____

해결하기

(1) 수박 4개의 무게는 ☐ kg입니다.

(2) 수박 1개의 무게는 ☐ kg입니다.

(3) 멜론 5개의 무게는 ☐ kg입니다.

(4) 멜론 1개의 무게는 ☐ kg입니다.

(5) 수박은 멜론보다 ☐ kg 더 무겁습니다.

되돌아보기

위의 수박이 담긴 과일 바구니의 무게와 복숭아 8개가 담긴 과일 바구니의 무게가 같을 때, 복숭아 1개의 무게는 수박 1개의 무게보다 얼마나 더 가벼운지 구해 보세요.

답 _____

_____

01 □ 안에 알맞은 수를 써넣으세요.

$$844 \div 4 = 211$$

$$84.4 \div 4 = \boxed{}$$

$$8.44 \div 4 = \boxed{}$$

02 □ 안에 알맞은 수를 써넣으세요.

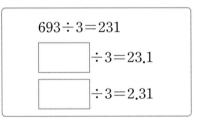

$$693 \div 3 = 231$$

$$\boxed{} \div 3 = 23.1$$

$$\boxed{} \div 3 = 2.31$$

03 □ 안에 알맞은 수를 써넣으세요.

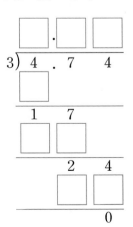

04 ○ 안에 >, =, <를 알맞게 써넣으세요.

(1) $85.2 \div 4$ ◯ $66.9 \div 3$

(2) $82.8 \div 3$ ◯ $97.6 \div 8$

05 빈칸에 큰 수를 작은 수로 나눈 몫을 써넣으세요.

7	79.1

⊏중요⊐
06 □ 안에 알맞은 수를 써넣으세요.

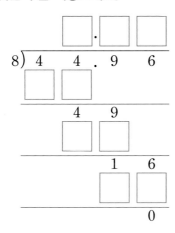

07 몫이 더 작은 것의 기호를 써 보세요.

| ㉠ 31.05÷9 | ㉡ 21.75÷5 |

(   )

08 몫의 자연수 부분이 0인 것을 모두 찾아 색칠해 보세요.

1.26÷3	2.95÷5
4.26÷3	5.36÷4
5.76÷6	7.65÷5

⊏서술형⊐
09 페인트 18.63 L를 모두 사용하여 가로 4.5 m, 세로 2 m인 직사각형 모양의 담장을 칠했습니다. 1 m²의 담장을 칠하는 데 사용한 페인트는 몇 L인지 풀이 과정을 쓰고 답을 구해 보세요.

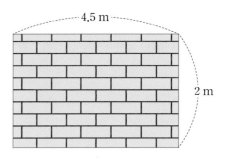

풀이

(1) 직사각형 모양의 담장의 넓이는
(   )×(   )=(   )(m²)입니다.

(2) 1 m²의 담장을 칠하는 데 사용한 페인트는
(   )÷(   )=(   )(L)입니다.

답 _____

10 □ 안에 들어갈 수 있는 자연수를 모두 구해 보세요.

| 7.4÷5<□<15.24÷3 |

(   )

⌐어려운 문제⌐

11 모서리의 길이가 모두 같은 사각뿔이 있습니다. 이 사각뿔의 모든 모서리의 길이의 합이 14.8 cm일 때 한 모서리의 길이는 몇 cm인가요?

(   )

도움말 (각뿔의 모서리 수)=(밑면의 변의 수)×2

⌐중요⌐

12 빈칸에 알맞은 소수를 써넣으세요.

÷

13	5	
20	25	

(÷ 세로 방향)

13 몫을 어림하여 몫이 4보다 큰 것을 찾아 기호를 써 보세요.

㉠ 25.13÷7	㉡ 25.38÷6

(   )

14 ☐ 안에 알맞은 수를 구해 보세요.

60.6÷☐=12

(   )

15 계산 결과가 다른 하나를 찾아 기호를 써 보세요.

㉠ 62.5÷5
㉡ 73.2÷6
㉢ 87.5÷7

(   )

16
어떤 수를 8로 나누어야 할 것을 잘못하여 8을 곱했더니 **99.2**가 되었습니다. 바르게 계산한 값을 구해 보세요.

풀이

(1) 어떤 수를 □라 하고 잘못 계산한 식을 써 보세요.

_____

(2) 어떤 수를 구해 보세요.

(   )

(3) 바르게 계산한 값을 구해 보세요.

(   )

답 _____

17 몫의 소수 첫째 자리 부분이 0인 것을 모두 찾아 색칠해 보세요.

$18.84 \div 6$	$15.75 \div 5$
$12.28 \div 4$	$12.24 \div 3$

18
가로의 길이가 **5.45 m**인 벽에 가로가 **0.5 m**인 그림 6개를 같은 간격으로 붙였습니다. 그림과 그림 사이의 간격은 몇 **m**인가요?

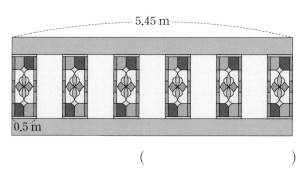

(   )

19 무게가 같은 사과가 한 봉지에 6개씩 들어 있습니다. 사과 봉지 5개의 무게가 **73.8 kg**일 때 사과 한 개의 무게는 몇 **kg**인가요?

(   )

20 넓이가 **49.6 cm²**인 삼각형이 있습니다. 이 삼각형의 밑변의 길이가 **8 cm**일 때, 높이는 몇 **cm**인가요?

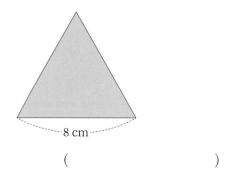

8 cm

(   )

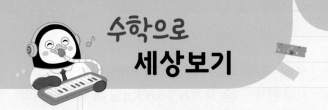

수학으로 세상보기

소수와 함께 한양도성으로 떠나 볼까요?

한양도성은 조선왕조 도읍지인 한성부의 경계를 표시하고 그 권위를 드러내며 외부의 침입으로부터 방어하기 위해 축조된 성이에요. 태조 5년(1396) 백악(북악산)·낙타(낙산)·목멱(남산)·인왕의 내사산(內四山) 능선을 따라 축조한 이후 여러 차례 개축하였지요. 평균 높이 약 5~8m, 전체 길이 약 18.6km에 이르는 한양도성은 현존하는 전 세계의 도성 중 가장 오랫동안(1396~1910, 514년) 도성 기능을 수행한 역사적인 성이랍니다.

1 친구들과 함께 한양도성의 남산 구간을 방문하다.

오늘은 한양도성의 남산 구간을 걸어보는 날! 한양도성의 남산 구간은 백범광장(남산 공원)부터 시작해서 장충체육관까지 이어지는 구간이다. 친구들과 백범광장에 모여서 한양도성 안내지도를 하나씩 받았다. 이제 출발이다. 일단 남산의 정상, N서울타워로 올라가기 시작했다. 우와~ 정말 계단이 엄청 많았다. 처음에는 사진도 찍으면서 신나게 올라갔지만 점차 힘이 들기 시작했다. 그래도 계단을 올라갈 때마다 아래로 보이는 멋진 서울의 모습에 기운을 얻어 열심히 올라가니 어느새 N서울타워까지 도착할 수 있었다. N서울타워는 270 m의 남산 정상에 위치한 높이 236.7 m의 탑이다. 역시 전망대에 올라가 보니 서울 전경이 잘 보였다.

N서울타워에서 아래를 내려다보니 남산 순환버스 정류장에 많은 사람들이 보였다. 버스를 타고 올라왔으면 계단으로 올라올 때보다 덜 힘들었겠다는 생각이 들었다. 그래도 멋진 남산의 모습을 많이 구경할 수 있어서 좋았다. 장충체육관까지는 내려가는 길이라 많이 힘들지는 않았다. 친구들과 이야기를 하면서 즐겁게 걷다 보니 어느새 장충체육관에 도착할 수 있었다. 즐거운 산행길이었다.

⑴ 백범광장부터 장충체육관까지는 4.2 km입니다. 이 구간을 4시간 동안 일정한 빠르기로 걸었다면 1시간에 몇 km 이동한 것인가요? ( )

⑵ N서울타워의 높이는 236.7 m입니다. 건물 1층의 높이를 3 m라 할 때, N서울타워의 높이는 약 몇 층 정도 되나요? (단, 몫을 소수 첫째 자리에서 반올림 하세요.) 약 ( )

백범광장~장충체육관	거리: 4.2 km / 소요시간: 약 4시간	난이도 ★★★

400 m
300 m   남산 270 m
200 m
100 m   백범광장   N서울타워   남소문 터   장충체육관

(3) 산행길 도중에 있는 소수의 나눗셈을 해결하면서 목적지까지 갔습니다. 간 길을 표시해 보세요.

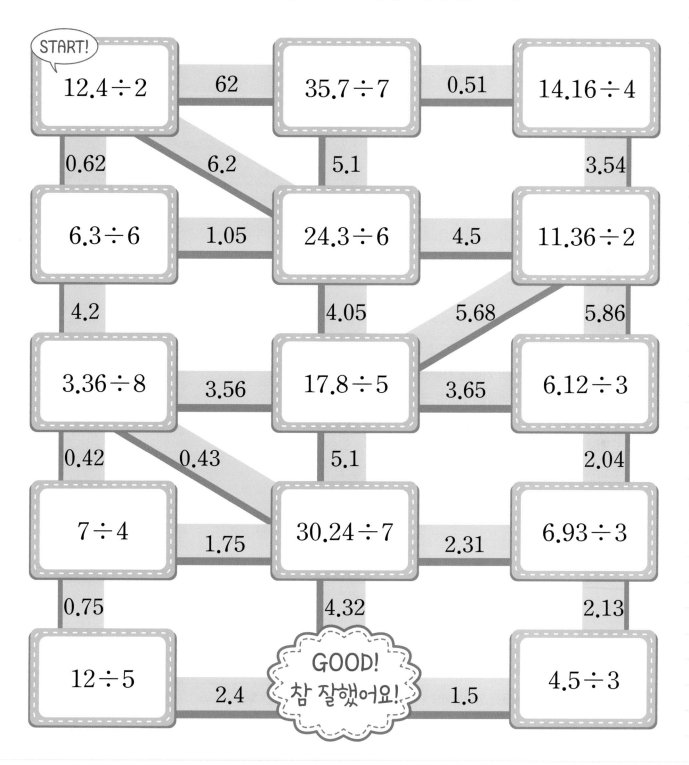

4 단원

비와 비율

명호네 가족이 마트에 가서 여름 옷들을 사려고 합니다. 윗옷 중 하나는 정가가 25000원 하는 옷인데 할인해서 20000원에 팔고 있네요. 또 다른 옷은 정가가 27000원 인데 20% 할인해서 판다고 적혀 있어요. 어떤 옷의 가격이 더 쌀까요?

이번 4단원에서는 비, 비율, 백분율을 배울 거예요. 그리고 실생활에서 어떻게 쓰이는 지에 대해 배울 거예요.

단원 학습 목표

1. 두 양의 크기를 뺄셈과 나눗셈으로 비교할 수 있습니다.
2. 비의 뜻을 알고, 비의 기호를 사용하여 나타낼 수 있습니다.
3. 비율의 뜻을 알고, 비율을 구하여 크기를 비교할 수 있습니다.
4. 실생활에서 비율이 사용되는 여러 가지 경우를 알 수 있습니다.
5. 백분율의 뜻을 알고, 비율을 백분율로 나타낼 수 있습니다.
6. 실생활에서 백분율이 사용되는 여러 가지 경우를 알 수 있습니다.

단원 진도 체크

회차	구성		진도 체크
1차	개념 1 두 수를 비교해 볼까요 개념 2 비를 알아볼까요	개념 확인 학습 + 문제 / 교과서 내용 학습	✓
2차	개념 3 비율을 알아볼까요 개념 4 비율이 사용되는 경우를 알아볼까요	개념 확인 학습 + 문제 / 교과서 내용 학습	✓
3차	개념 5 백분율을 알아볼까요	개념 확인 학습 + 문제 / 교과서 내용 학습	✓
4차	개념 6 백분율이 사용되는 경우를 알아볼까요	개념 확인 학습 + 문제 / 교과서 내용 학습	✓
5차	단원 확인 평가		✓
6차	수학으로 세상보기		✓

해당 부분을 공부한 후 ✓표를 하세요.

개념 1 두 수를 비교해 볼까요

두 수 비교하기

여학생은 5명, 남학생은 10명일 때 여학생 수와 남학생 수 비교하기

(1) 뺄셈으로 비교하기

$$10-5=5$$ ➡ 남학생이 여학생보다 5명 더 많습니다.

(2) 나눗셈으로 비교하기

$$10÷5=2$$ ➡ 남학생 수는 여학생 수의 2배입니다.

- 여학생이 남학생보다 5명 더 적습니다.

- 여학생 수는 남학생 수의 $\frac{1}{2}$배입니다.

변하는 두 양의 관계 비교하기

여학생 4명, 남학생 2명으로 한 모둠을 구성할 때 모둠 수에 따른 여학생 수와 남학생 수 비교하기

모둠 수	1	2	3	4
여학생 수(명)	4	8	12	16
남학생 수(명)	2	4	6	8

(1) 뺄셈으로 비교하기

➡ 모둠 수에 따라 여학생 수는 남학생 수보다 각각 2명, 4명, 6명, 8명 더 많습니다.

(2) 나눗셈으로 비교하기

➡ 여학생 수는 항상 남학생 수의 2배입니다.

(3) 뺄셈으로 비교한 경우에는 여학생 수와 남학생 수의 관계가 변하지만, 나눗셈으로 비교한 경우에는 여학생 수는 남학생 수의 2배로 두 수의 관계가 변하지 않습니다.

- $4-2=2$, $8-4=4$, ...
  ➡ 여학생 수가 남학생 수보다 2명, 4명, ... 더 많습니다.
- $4÷2=2$, $8÷4=2$
  ➡ 여학생 수는 남학생 수의 2배입니다.

 개념 2 비를 알아볼까요

- ● : ★
  - ●대 ★
  - ★에 대한 ●의 비
  - ●의 ★에 대한 비
  - ●와 ★의 비

비 알아보기

두 수를 나눗셈으로 비교하기 위해 기호 :을 사용하여 나타낸 것을 비라고 합니다.

두 수 4와 5를 비교할 때 4 : 5라 쓰고 4대 5라고 읽습니다. 4 : 5는 4와 5의 비, 4의 5에 대한 비, 5에 대한 4의 비라고도 읽습니다.

1 한 바구니 안에 가위 6개와 풀 3개씩을 담으려고 합니다. 물음에 답하세요.

(1) 바구니 수에 따른 가위 수와 풀 수를 써 보세요.

바구니 수(개)	1	2	3	4
가위 수(개)	6	12		
풀 수(개)	3	6		

(2) 가위 수와 풀 수를 뺄셈을 이용하여 비교해 보세요.

> 바구니 수에 따라 가위는 풀보다 각각 3개, 6개, ☐개, ☐개 더 많습니다.

(3) 가위 수와 풀 수를 나눗셈을 이용하여 비교해 보세요.

> $6 \div 3 =$ ☐ , $12 \div 6 =$ ☐ 이므로 가위 수는 항상 풀 수의 ☐배 입니다.

■ 두 수를 비교하고 비를 알 수 있는지 묻는 문제예요.

■ 두 수를 비교할 때에는 뺄셈이나 나눗셈으로 비교할 수 있어요.

■ 두 수를 뺄셈으로 비교한 경우에 는 가위 수와 풀 수의 관계가 변하 지만, 나눗셈으로 비교한 경우에는 가위 수와 풀 수의 관계가 변하지 않아요.

2 그림을 보고 ☐ 안에 알맞은 수를 써넣으세요.

☆ ☆ ☆ ☆ ☆   ○ ○ ○ ○ ○ ○

(1) 별 수와 동그라미 수의 비는 ☐ : ☐ 입니다.

(2) 별 수에 대한 동그라미 수의 비는 ☐ : ☐ 입니다.

(3) 동그라미 수에 대한 별 수의 비는 ☐ : ☐ 입니다.

■ 비에서는 기준이 되는 수가 무엇인 지 확실히 알아야 해요.
⊙에 대한 ■의 비
➡ ■ : ⊙
■에 대한 ⊙의 비
➡ ⊙ : ■

01 우리 반은 남학생이 **10명**, 여학생이 **5명**입니다. 여학생 수와 남학생 수를 뺄셈으로 비교한 사람의 이름을 써 보세요.

> 서현: 남학생 수는 여학생 수의 2배야.
> 민영: 남학생이 여학생보다 5명 더 많아.

(   )

02 검은색 별의 수와 하얀색 별의 수를 바르게 비교한 사람의 이름을 써 보세요.

> 서준: 하얀색 별의 수는 검은색 별의 수의 2배야.
> 현준: 하얀색 별의 수는 검은색 별의 수의 $\frac{1}{2}$배야.

(   )

┌중요┐
03 바구니에 자두 2개와 복숭아 4개를 담으려고 합니다. 표를 완성하고 □ 안에 알맞은 수를 써넣으세요.

바구니 수(개)	1	2	3	4
자두 수(개)	2	4		
복숭아 수(개)	4	8		

➡ 복숭아 수는 항상 자두 수의 □ 배입니다.

04 □ 안에 알맞은 수를 써넣으세요.

(1) 3 대 6 ➡ □ : □

(2) 4에 대한 3의 비 ➡ □ : □

(3) 7의 9에 대한 비 ➡ □ : □

05 5 : 14를 바르게 읽은 사람의 이름을 모두 찾아 써 보세요.

> 재우: 14대 5
> 우민: 5와 14의 비
> 민준: 14에 대한 5의 비
> 영진: 5에 대한 14의 비

(   )

06 딸기 우유 10개와 초코 우유 8개가 있습니다. 초코 우유 수에 대한 딸기 우유 수의 비를 써 보세요.

(   )

┌중요┐
07 비를 <u>잘못</u> 읽은 것은 어느 것인가요? (   )

> 4 : 10

① 4와 10의 비   ② 10에 대한 4의 비
③ 10과 4의 비   ④ 4의 10에 대한 비
⑤ 4 대 10

08 전체에 대한 색칠한 부분의 비가 2 : 5가 되도록 색칠해 보세요.

 ⊏중요⊐
09 전체에 대한 색칠한 부분의 비를 써 보세요.

(   )

⊏어려운 문제⊐
10 다음 중 옳은 것을 모두 찾아 기호를 써 보세요.

> ㉠ 2 : 3에서 기준이 되는 수는 3입니다.
> ㉡ 4 : 5와 5 : 4는 같습니다.
> ㉢ 음료수 10개 중 6개를 먹었다면 먹은 음료수와 안 먹은 음료수의 비는 6 : 4입니다.

(   )

도움말 비에서는 기준이 되는 수가 무엇인지 정확하게 알아야 합니다.

 문제해결 접근하기

11 우리 반 학생은 모두 30명이고, 안경을 쓴 학생은 13명입니다. 안경을 쓰지 않은 학생 수에 대한 안경을 쓴 학생 수의 비를 구해 보세요.

이해하기
구하려고 하는 것은 무엇인가요?

답 _____

_____

계획 세우기
어떤 방법으로 문제를 해결하면 좋을까요?

답 _____

_____

_____

해결하기
(1) 안경을 쓴 학생이 ☐ 명이므로 안경을 쓰지 않은 학생은 ☐ 명입니다.

(2) 안경을 쓰지 않은 학생 수에 대한 안경을 쓴 학생 수의 비에서 기준이 되는 수는 (안경을 쓴 학생 수 , 안경을 쓰지 않은 학생 수)입니다.

(3) 안경을 쓰지 않은 학생 수에 대한 안경을 쓴 학생 수의 비는 ☐ : ☐ 입니다.

되돌아보기
안경을 쓴 학생 수에 대한 안경을 쓰지 않은 학생 수의 비를 구해 보세요.

답 _____

_____

_____

개념 3 비율을 알아볼까요

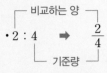

- 2 : 4 ➡ $\dfrac{2}{4}$
  - 비교하는 양 ┐
  - └ 기준량

① 분수: $\dfrac{2}{4}=\dfrac{1}{2}$

② 소수: 0.5

비율 알아보기

- 비 2 : 5에서 기호 :의 오른쪽에 있는 5는 기준량이고, 왼쪽에 있는 2는 비교하는 양입니다.

$$2 : 5$$
비교하는 양 ┘ └ 기준량

- 비율: 기준량에 대한 비교하는 양의 크기

$$(비율)=(비교하는 양)\div(기준량)=\dfrac{(비교하는 양)}{(기준량)}$$

- 비 2 : 5를 비율로 나타내기

  ① 분수 ➡ $\dfrac{2}{5}$ ② 소수 ➡ 0.4

개념 4 비율이 사용되는 경우를 알아볼까요

- 걸린 시간에 대한 간 거리의 비율이 높을수록 빠릅니다.

걸린 시간에 대한 간 거리의 비율 알아보기

> 자전거를 타고 2시간 동안 20 km를 갔습니다.

(1) 기준량: 걸린 시간 ➡ 2시간, 비교하는 양: 간 거리 ➡ 20 km

(2) 비율: $\dfrac{(간\ 거리)}{(걸린\ 시간)}=\dfrac{20}{2}=10$

- 넓이에 대한 인구 수의 비율이 높을수록 인구가 더 밀집한 곳입니다.

넓이에 대한 인구 수의 비율 알아보기

> 햇빛 마을의 인구: 4000명, 햇빛 마을의 넓이: 8 km^2

(1) 기준량: 넓이 ➡ 8 km^2, 비교하는 양: 인구 ➡ 4000명

(2) 비율: $\dfrac{(인구\ 수)}{(넓이)}=\dfrac{4000}{8}=500$

실생활에서 비율이 사용되는 경우

- 야구 선수의 타율, 지도의 축척, 용액의 진하기 등

1 비를 보고 ☐ 안에 알맞은 수를 써넣으세요.

$$4 : 9$$

➡ 기준량: ☐ , 비교하는 양: ☐

비율을 분수나 소수로 나타낼 수 있는지 묻는 문제예요.

■ :의 오른쪽에 있는 수가 기준량, 왼쪽에 있는 수가 비교하는 양이에요.

2 그림을 보고 ☐ 안에 알맞은 수를 써넣으세요.

(1) 전체에 대한 색칠한 부분의 비는 ☐ : ☐ 입니다.

(2) (1)의 비율을 분수로 나타내면 ☐/☐ 입니다.

(3) (1)의 비율을 소수로 나타내면 ☐ 입니다.

■ 비율은 $\dfrac{(비교하는\ 양)}{(기준량)}$ 으로 구해요.

3 수현이가 집에서 할머니 댁까지 자동차를 타고 가는 데 걸린 시간과 거리를 나타낸 것입니다. 걸린 시간에 대한 간 거리의 비율을 구해 보세요.

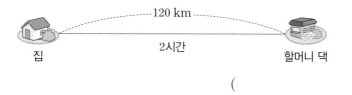

120 km

2시간

집   할머니 댁

(   )

■ 기준량은 걸린 시간이고, 비교하는 양은 간 거리이므로 걸린 시간에 대한 간 거리의 비율은 $\dfrac{(간\ 거리)}{(걸린\ 시간)}$ 이에요.

01 □ 안에 알맞은 수를 써넣으세요.

> 4 : 6에서 기준량은 □ 이고, 비교하는 양은
>
> □ 입니다.

02 기준량을 나타내는 수가 작은 것부터 순서대로 기호를 써 보세요.

> ㉠ 3과 4의 비
> ㉡ 12에 대한 2의 비
> ㉢ 2에 대한 1의 비

( )

┌중요┐
03 비를 보고 기준량과 비교하는 양을 쓰고 비율을 분수로 나타내어 보세요.

13 : 20	기준량	
	비교하는 양	
	비율	

04 7에 대한 10의 비율은 어느 것인가요? ( )

① 7   ② 10   ③ $\frac{7}{10}$

④ $\frac{10}{7}$ ⑤ 0.7

05 관계있는 것끼리 선으로 이어 보세요.

4에 대한 2의 비율	•	• $\frac{2}{4}$	•	• 0.6
3과 5의 비율	•	• $\frac{3}{5}$	•	• 0.5

[06~07] 유찬이는 100 m를 달리는 데 25초가 걸렸고, 아준이는 120 m를 달리는 데 20초가 걸렸습니다. 물음에 답하세요.

06 걸린 시간에 대한 달린 거리의 비율을 각각 구해 보세요.

유찬	
아준	

07 유찬이와 아준이 중 더 빠른 사람은 누구인가요?

( )

08 물에 포도 원액 $50\ mL$를 넣어 포도 주스 $250\ mL$를 만들었습니다. 포도 주스 양에 대한 포도 원액 양의 비율을 분수와 소수로 나타내어 보세요.

포도 주스 양(mL)	포도 원액 양(mL)
250	50

분수	소수

⌐중요⌐

09 여행을 가서 태연이네 가족 4명은 10인실을 사용했고, 도희네 가족 6명은 12인실을 사용했습니다. 어느 가족이 방을 더 넓다고 느꼈을지 써 보세요.

(   )

⌐어려운 문제⌐

10 표를 완성하고 행복시와 평화시 중 인구가 더 밀집된 지역은 어디인지 써 보세요.

지역	행복시	평화시
인구(명)	7000000	5400000
넓이(km²)	400	180
넓이에 대한 인구 수의 비율		

(   )

도움말 넓이에 대한 인구 수의 비율이 높을수록 인구가 더 밀집된 지역입니다.

문제해결 접근하기

11 지아와 민주는 흰색 물감과 검은색 물감을 섞어서 회색 물감을 만들었습니다. 누가 만든 회색 물감이 더 어두운지 구해 보세요.

지아	흰색 20 mL, 검은색 3 mL
민주	흰색 30 mL, 검은색 6 mL

이해하기

구하려고 하는 것은 무엇인가요?

답 _____

_____

계획 세우기

어떤 방법으로 문제를 해결하면 좋을까요?

답 _____

_____

_____

해결하기

(1) 지아가 만든 회색 물감에서 흰색 물감 양에 대한 검은색 물감 양의 비율은 ☐ 입니다.

(2) 민주가 만든 회색 물감에서 흰색 물감 양에 대한 검은색 물감 양의 비율은 ☐ 입니다.

(3) 더 어두운 회색을 만든 사람은 ☐ 입니다.

되돌아보기

흰색 물감 20 mL에 파란색 물감 5 mL를 섞어 하늘색 물감을 만들었습니다. 만든 하늘색 물감에서 흰색 물감 양에 대한 파란색 물감 양의 비율을 분수와 소수로 나타내어 보세요.

답 _____

_____

개념 **5** 백분율을 알아볼까요

- 백분율은 100을 기준량(분모)으로 하기 때문에 자료를 비교하기에 편리합니다.

백분율 알아보기

- 백분율: 기준량을 100으로 할 때의 비율

- 백분율은 기호 %를 사용하여 나타냅니다.

- 비율 $\dfrac{47}{100}$을 47 %라 쓰고 47퍼센트라고 읽습니다.

$$\frac{\bigstar}{100} = \bigstar\ \%$$

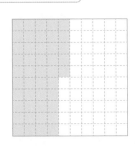

$\dfrac{1}{100}$ | 쓰기 1 % | 읽기 1퍼센트

$\dfrac{45}{100}$ | 쓰기 45 % | 읽기 45퍼센트

- 백분율을 비율로 나타내려면 기호 %를 떼고 100으로 나누면 됩니다.

예 7 %

➡ $7 \div 100 = \dfrac{7}{100}$

비율을 백분율로 나타내기

사탕 50개 중에서 3개를 먹었습니다. 전체 사탕 수에 대한 먹은 사탕 수의 비율은 몇 %인지 구해 보세요.

- 전체 사탕 수에 대한 먹은 사탕 수의 비율은 $\dfrac{3}{50}$입니다.

방법 1 $\dfrac{3}{50}$을 기준량이 100인 비율로 나타낸 후 백분율로 나타냅니다.

$$\frac{3}{50} = \frac{6}{100} = 6\ \%$$

방법 2 $\dfrac{3}{50}$에 100을 곱해서 나온 값에 % 기호를 붙입니다.

$$\frac{3}{50} \times 100 = 6\,(\%)$$

1 백분율을 읽어 보거나 백분율로 써 보세요.

백분율의 의미를 알고 비율을 백분율로 나타낼 수 있는지 묻는 문제예요.

■ 백분율은 100을 기준량으로 했을 때 비교하는 양의 크기를 말해요.

(1)
┌─────────────┐
│   32 %   │
└─────────────┘

(   )

(2)
┌─────────────┐
│   65 %   │
└─────────────┘

(   )

(3)
┌─────────────┐
│   70퍼센트   │
└─────────────┘

(   )

(4)
┌─────────────┐
│   97퍼센트   │
└─────────────┘

(   )

[2~3] 그림을 보고 전체에 대한 색칠한 부분의 비율을 백분율로 나타내어 보세요.

2

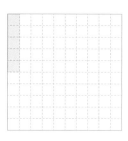

$$\frac{\boxed{}}{100} = \boxed{} \%$$

3

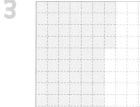

$$\frac{\boxed{}}{100} = \boxed{} \%$$

4 비율을 백분율로 나타내려고 합니다. □ 안에 알맞은 수를 써넣으세요.

■ 비율에 100을 곱하면 백분율로 나타낼 수 있어요.

(1) $\dfrac{1}{4}$ ➡ $\dfrac{1}{4} \times \boxed{} = \boxed{}$ (%)

(2) 0.24 ➡ $0.24 \times \boxed{} = \boxed{}$ (%)

01 □ 안에 알맞은 수나 말 또는 기호를 써넣으세요.

> 기준량을 100으로 할 때의 비율을 [ ] 이라고 합니다. 비율 $\frac{43}{100}$ 을 백분율로 나타내면 43 [ ] (이)라 쓰고, 43 [ ] (이)라고 읽습니다.

02 ⌐중요⌐
비율을 백분율로 나타내려고 합니다. □ 안에 알맞은 수를 써넣으세요.

(1) $\frac{3}{5}$ ➡ $\frac{3}{5} \times$ [ ] = [ ] (%)

(2) 0.68 ➡ 0.68 × [ ] = [ ] (%)

03 백분율을 분수와 소수로 나타내어 보세요.

백분율	분수	소수
57 %		

04 비율이 다른 하나를 찾아 기호를 써 보세요.

> ㉠ 4 : 5   ㉡ 8 %   ㉢ 0.8

(   )

05 백분율만큼 색칠해 보세요.

> 45 %

06 비율이 큰 것부터 차례로 기호를 써 보세요.

> ㉠ 0.23   ㉡ $\frac{23}{50}$ ㉢ 50 %

(   )

07 ⌐중요⌐
선희에게는 빨간색 색연필이 5자루, 파란색 색연필이 7자루, 노란색 색연필이 8자루 있습니다. 전체 색연필 수에 대한 파란색 색연필 수의 비율을 백분율로 나타내어 보세요.

(   )

08 학교 마라톤 대회에 참가한 학생은 50명입니다. 그중에서 32명이 제한 시간 내에 결승점을 통과했습니다. 참가한 학생 수에 대한 제한 시간 내에 결승점을 통과한 학생 수의 비율을 백분율로 나타내어 보세요.

(   )

⌐중요⌐

09 백분율에 대해 이야기한 것이 맞는지 틀린지 표시하고 틀린 부분이 있다면 바르게 고쳐 보세요.

> 비율 $\frac{1}{5}$ 을 소수로 나타내면 0.2이고 백분율로 나타내면 2 %입니다.

(맞습니다 , 틀립니다).

고쳐 보기
_____

_____

_____

⌐어려운 문제⌐

10 세 친구가 모여 축구 연습을 했습니다. 세 명 중 골 성공률이 가장 높은 친구는 누구인지 쓰고, 그 친구의 골 성공률을 백분율로 나타내어 보세요.

지후	난 공을 25번 차서 골대에 12번 넣었어.
영훈	난 공을 10번 차서 골대에 5번 넣었어.
성민	난 공을 20번 차서 골대에 9번 넣었어.

(   ), (   )

도움말 골 성공률은 공을 찬 횟수에 대한 공이 들어간 횟수의 비율입니다.

11 도서실에 파란색 의자가 25개, 빨간색 의자가 15개, 노란색 의자가 10개 있습니다. 전체 의자 수에 대한 어떤 색 의자 수의 비율이 가장 높은지 백분율로 비교해 보세요.

이해하기
구하려고 하는 것은 무엇인가요?

답 _____

계획 세우기
어떤 방법으로 문제를 해결하면 좋을까요?

답 _____

_____

해결하기

(1) 전체 의자 수에 대한 파란색 의자 수의 백분율은

$\dfrac{\boxed{}}{50} = \boxed{}$ %입니다.

(2) 전체 의자 수에 대한 빨간색 의자 수의 백분율은

$\dfrac{\boxed{}}{50} = \boxed{}$ %입니다.

(3) 전체 의자 수에 대한 노란색 의자 수의 백분율은

$\dfrac{\boxed{}}{50} = \boxed{}$ %입니다.

(4) 비율이 가장 높은 것은 $\boxed{}$ 색 의자입니다.

되돌아보기
문제를 해결한 방법을 설명해 보세요.

답 _____

_____

_____

개념 6 **백분율이 사용되는 경우를 알아볼까요**

• 백분율을 구하는 방법
 – 분모를 100으로 바꿉니다.
  예 $\frac{1}{4}=\frac{25}{100}=25\,\%$
 – 비율에 100을 곱합니다.
  예 $\frac{1}{4}\times100=25\,(\%)$

할인율

연필의 원래 가격은 1000원이고, 할인된 판매 가격은 800원일 때 할인율 구하기

방법 1 할인된 판매 가격이 원래 가격의 몇 %인지 알아본 후 전체 100 %에서 빼서 구하기

① 연필을 할인해 판매한 가격은 원래 가격의 $\frac{800}{1000}=\frac{80}{100}=80\,\%$입니다.

② 할인율은 $100-80=20$이므로 20 %입니다.

방법 2 원래 가격에 대한 할인한 금액의 비율을 이용하여 구하기

① (할인한 금액)$=1000-800=200$(원)

② 할인율은 $\frac{200}{1000}=\frac{20}{100}=20\,\%$입니다.

• (소금물의 진하기)
 $=\dfrac{(소금의\ 양)}{(소금물의\ 양)}$

소금물의 진하기

소금 30 g을 녹여서 소금물 150 g을 만들었을 때 소금물의 진하기 구하기

• 기준량: 소금물의 양, 비교하는 양: 소금의 양

➡ $\frac{30}{150}=\frac{1}{5}$이므로 소금물의 진하기를 백분율로 나타내면 $\frac{1}{5}\times100=20\,(\%)$입니다.

• (득표율)
 $=\dfrac{(득표수)}{(전체\ 투표\ 수)}$

선거에서의 득표율

전교 회장 선거에 200명이 투표를 하였고 회장 당선자의 득표수가 120표일 때 회장 당선자의 득표율 구하기

• 기준량: 전체 투표 수, 비교하는 양: 득표수

➡ $\frac{120}{200}=\frac{60}{100}$이므로 득표율은 60 %입니다.

정답과 해설 23쪽

1 물건의 원래 가격과 판매하는 가격을 보고 할인율을 구해 보세요.

물건	신발	모자
원래 가격(원)	40000	20000
판매 가격(원)	32000	18000
할인율(%)		

실생활에서 백분율이 사용되는 경우를 알고 문제를 해결할 수 있는지 묻는 문제예요.

■ 원래 가격에서 판매 가격을 빼면 할인한 금액이 되지요. 원래 가격에 대한 할인한 금액의 비율을 백분율로 구해 보아요.

[2~3] 전교 어린이 회장 선거에서 **300명**이 투표했을 때의 후보별 득표수입니다. 물음에 답하세요.

후보	1번	2번	무효표
득표 수(표)	156	135	9

■ 비율에 100을 곱하거나, 분모를 100인 분수로 나타내어 백분율을 구할 수 있어요.

2 1번 후보의 득표율은 몇 %인가요?

( )

3 무효표는 몇 %인가요?

( )

01 지수는 편의점에서 정가 5000원짜리 아이스크림을 3500원에 구매했습니다. 아이스크림의 할인율은 몇 %인가요?

( )

02 은아가 장난감을 사려고 마트에 갔습니다. 그런데 할인 행사 기간이어서 원래 가격의 70 %에 판매를 한다고 합니다. 할인율은 몇 %인가요? ( )

① 20 % ② 25 % ③ 30 %
④ 35 % ⑤ 50 %

03 꿀 20 mL를 녹여 꿀물 250 mL을 만들었습니다. □ 안에 알맞은 수를 써넣으세요.

(1) 꿀물의 진하기를 구하기 위한 기준량은

□ mL 이고, 비교하는 양은

□ mL입니다.

(2) 꿀물의 진하기를 백분율로 나타내면

$\dfrac{\boxed{}}{250} \times \boxed{} = \boxed{}$ (%)입니다.

04 소금 30 g을 녹여 소금물 300 g을 만들었습니다. 소금물 양에 대한 소금 양의 비율을 바르게 구한 것을 찾아 기호를 써 보세요.

| ㉠ 0.1 % | ㉡ 1 % | ㉢ 10 % |

( )

05 서현이네 학교 학생 150명이 투표한 전교 회장 선거 결과입니다. 표를 완성해 보세요.

후보	서현	채미	혜연
득표수(표)	75	30	45
득표율(%)			

06 영화관의 입장료 가격입니다. 청소년은 어른 입장료를 기준으로 할 때 몇 % 할인받는 것인가요?

영화관 입장료 안내
• 어른   12000원
• 청소년   9000원

( )

07 편의점에서 20 % 할인되는 음료수를 샀더니 원래 가격에서 2000원을 할인받은 것이었습니다. 음료수의 정가는 얼마인지 구해 보세요.

( )

08 지호는 60 %의 득표율로 학급 회장에 당선되었습니다. 투표한 학급 학생들의 수가 모두 25명일 때, 지호의 득표수는 몇 표인가요?

( )

09 ⸢중요⸥
펭수초등학교 야구부의 승률은 55 %라고 합니다. 이 야구부가 40경기에 출전했다면 몇 경기를 이겼나요?

( )

10 ⸢어려운 문제⸥
직사각형의 각 변의 길이를 110 %로 확대했을 때 확대한 직사각형의 넓이는 몇 cm²인가요?

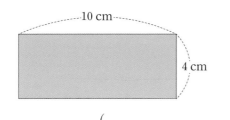

( )

도움말 $\dfrac{(늘어난\ 변의\ 길이)}{(원래\ 변의\ 길이)}=(늘어난\ 비율)$이므로
(늘어난 변의 길이)=(원래 변의 길이)×(늘어난 비율)입니다.

문제해결 접근하기

11 똑같은 색연필을 A 마트, B 마트 두 군데에서 판매합니다. 정가와 할인율이 다음과 같을 때, 판매 가격이 더 저렴한 곳은 어느 마트인지 구해 보세요.

A 마트	B 마트
정가: 4200원	정가: 4500원
할인율: 10 %	할인율: 20 %

이해하기
구하려고 하는 것은 무엇인가요?

답 _____

_____

계획 세우기
어떤 방법으로 문제를 해결하면 좋을까요?

답 _____

_____

해결하기
(1) A 마트의 판매 가격은

$4200 \times \dfrac{\boxed{}}{100} = \boxed{}$ (원)입니다.

(2) B 마트의 판매 가격은

$4500 \times \dfrac{\boxed{}}{100} = \boxed{}$ (원)입니다.

(3) A 마트와 B 마트 중 판매 가격이 더 저렴한 곳은 $\boxed{}$ 마트입니다.

되돌아보기
똑같은 색연필을 C 마트에서는 정가 5000원에서 25 % 할인해 판매한다고 합니다. A, B, C 마트 중 판매 가격이 가장 저렴한 마트는 어느 곳인지 구해 보세요.

답 _____

_____

4. 비와 비율

[01~02] 색종이 수와 종이접기 작품 수 사이의 관계를 알아보려고 합니다. 표를 완성하고 □ 안에 알맞은 수를 써넣으세요.

01 종이접기 작품 수에 따른 색종이 수를 구해 표를 완성해 보세요.

종이접기 작품(개)	1	2	3	4
빨간 색종이 수(장)	3	6		
파란 색종이 수(장)	1	2		

02 빨간 색종이 수는 파란 색종이 수의 □ 배입니다.

03 그림을 보고 □ 안에 알맞은 수를 써넣으세요.

(1) 수박 수와 복숭아 수의 비

➡ □ : □

(2) 수박 수에 대한 복숭아 수의 비

➡ □ : □

(3) 복숭아 수에 대한 수박 수의 비

➡ □ : □

04 알맞은 말에 ○표 하여 문장을 완성하고, □ 안에 알맞은 수를 써넣으세요.

> 4 : 3과 3 : 4는 (같습니다 , 다릅니다).
>
> 왜냐하면 4 : 3은 기준이 □ 이지만,
>
> 3 : 4는 기준이 □ 이기 때문입니다.

05 전체에 대한 색칠한 부분의 비가 3 : 8이 되도록 색칠해 보세요.

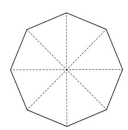

06 ⊏중요⊐ 그림을 보고 풀 수에 대한 가위 수의 비율을 분수와 소수로 각각 나타내어 보세요.

분수	소수

07 관계있는 것끼리 선으로 이어 보세요.

4 : 9	•	•	$\frac{4}{9}$
3대 10	•	•	0.2
5에 대한 1의 비	•	•	0.3

08 그림을 보고 전체에 대한 색칠한 부분의 비율을 소수로 나타내어 보세요.

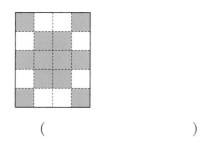

( )

09 ⊏서술형⊐ 다연이는 학교에서 국어와 수학 시험을 보았습니다. 어느 과목의 점수가 더 높은지 풀이 과정을 쓰고 답을 구해 보세요.

과목	국어	수학
전체 문항 수(개)	56	64
맞은 문항 수(개)	42	40

풀이

(1) 국어 과목의 전체 문항 수에 대한 맞은 문항 수의 비율을 분수로 나타내면 ( )입니다.

(2) 수학 과목의 전체 문항 수에 대한 맞은 문항 수의 비율을 분수로 나타내면 ( )입니다.

(3) ( ) 과목의 점수가 더 높습니다.

답 ＿＿＿＿＿＿＿＿＿＿

10 주헌이는 자전거를 타고 2시간 동안 15 km를 달렸습니다. 걸린 시간에 대한 간 거리의 비율을 분수와 소수로 나타내어 보세요.

분수	소수

4. 비와 비율 **101**

11 그림을 보고 전체에 대한 색칠한 부분의 비율을 백분율로 나타내어 보세요.

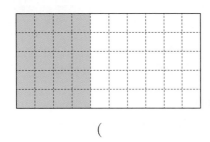

(   )

12 비율의 크기를 비교하여 ○ 안에 >, =, <를 알맞게 써넣으세요.

$$\frac{13}{25} \quad \bigcirc \quad 40\,\%$$

⊂중요⊃

13 빈칸에 알맞은 수를 써넣으세요.

기준량	비교하는 양	비율
100 kg	( ) kg	0.27
5000원	1500원	( ) %
20개	( )개	25 %

14 사과 25개 중 4개를 먹었습니다. 전체 사과 수에 대한 먹지 않은 사과 수의 비율은 몇 %인가요?

(   )

⊂서술형⊃

15 민영이네 학교 6학년 학생은 모두 180명이고 그중 남학생은 99명입니다. 민영이네 학교 6학년 여학생 수는 전체 학생 수의 몇 %인지 풀이 과정을 쓰고 답을 구해 보세요.

풀이

(1) 6학년 여학생 수는 (   ) 명입니다.

(2) 전체 학생 수에 대한 6학년 여학생 수의 비율은 (   )입니다.

(3) (2)의 비율을 백분율로 나타내면
(   )×100=(   )(%)입니다.

답 _____

16 지후네 학교 학생 200명이 투표한 '가장 맛있는 급식 메뉴' 투표 결과입니다. 표를 완성해 보세요.

급식 메뉴	스파게티	떡볶이	닭죽
득표수 (표)	100		40
득표율 (%)		30	

17 문구점에서 정가가 4000원인 색연필을 20 % 할인된 가격으로 구매했습니다. 얼마를 할인받았는지 구해 보세요.

(   )

18 마트에서 파는 옷과 모자의 원래 가격과 판매 가격을 나타낸 표입니다. 할인율이 더 높은 물건은 어느 것인가요?

	옷	모자
원래 가격(원)	20000	12000
판매 가격(원)	16000	10800

(   )

19 물에 매실 원액을 타서 매실 주스를 만들었습니다. 수지와 준서 중 누가 만든 매실 주스가 더 진한가요?

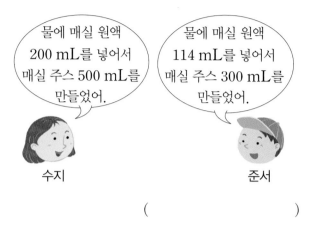

물에 매실 원액 200 mL를 넣어서 매실 주스 500 mL를 만들었어.

수지

물에 매실 원액 114 mL를 넣어서 매실 주스 300 mL를 만들었어.

준서

(   )

⌐어려운 문제⌐
20 펭수초등학교 축구부는 10경기에 출전해 6경기를 이겼다고 합니다. 같은 승률로 30경기에 출전했다면 몇 경기를 이겼을까요?

(   )

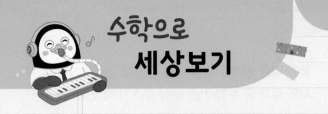
우리 주변에서 비율 찾기

4단원을 학습하면서 우리는 비와 비율, 백분율에 대해 알아보았어요. 우리 주변에서 만날 수 있는 비와 비율, 백분율을 찾아봅시다.

1 A4용지에 숨겨진 비율

우리 주변에서 A4용지는 아주 쉽게 만날 수 있는 종이랍니다. 그런데 'A4'는 무슨 의미일까요? 종이의 규격은 제지 공장에서 생산되는 큰 종이를 용도에 맞게 자르면서 정해진답니다. 이때 A4는 A0라는 종이를 4번 잘라서 만들어지는 종이를 의미합니다. A0를 반으로 접어 자르고, 또 다시 반으로 접어 자르는 과정을 4번 반복해서 만들어지죠. A4용지의 크기는 가로 210 mm, 세로 297 mm랍니다.

이 과정 중에 우리가 배운 비율이 등장합니다. 종이를 반으로 접어 자르고, 또 다시 반으로 접어 자르는 과정 중에서 $\frac{(긴 \ 길이)}{(짧은 \ 길이)}$ 의 비율이 항상 약 1.41을 유지한답니다.

가로 1188 mm, 세로 840 mm인 종이를 반을 접어 자르면 가로 594 mm, 세로 840 mm 사이즈의 A1 용지가 나오는데 이때 $\frac{(긴 \ 길이)}{(짧은 \ 길이)}$ 의 비율이 약 1.41입니다. 또, A1에서 반을 접어 자르면 만들어지는 가로 594 mm, 세로 420 mm의 A2 용지도 $\frac{(긴 \ 길이)}{(짧은 \ 길이)}$ 의 비율이 약 1.41입니다.

그럼 왜 이렇게 종이의 비율이 다 같을까요? 큰 종이를 잘라서 작은 종이를 만들 때 버려지는 부분을 줄이기 위해서 이런 규격을 만들었다고 합니다. 우리가 주변에서 쉽게 만나는 종이에도 비율이 숨어있다니 참 신기하네요!

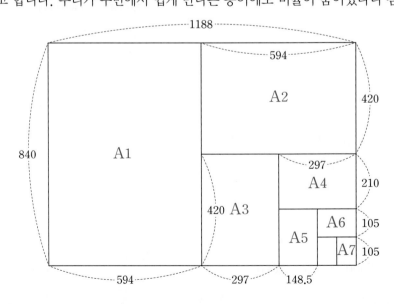

2 은행에서 만나는 백분율

실제 현재 시중 은행의 예금 금리는 3～4 %대까지로 올랐다. 예금 상품 중에서는 연 6 %대 이율을 제공하는 상품도 판매되고 있다. ... (뉴스 내용)

백분율(%)을 쉽게 접할 수 있는 곳 중 하나가 은행이랍니다. 은행에 돈을 맡길 때 우리는 이자를 받고, 은행에서 돈을 빌릴 때 우리는 이자를 냅니다. 그때 예금한 돈에 대한 이자의 비율, 대출한 돈에 대한 이자의 비율이 뉴스에서 등장하는 금리랍니다.

다음 표를 살펴보고 알맞은 수에 ○표 하세요.

A 은행	15000원을 예금했더니 이자로 450원을 받았어.
B 은행	35000원을 예금했더니 이자로 1750원을 받았어.

⑴ A 은행의 금리는 (3 % , 4 %)입니다.

⑵ B 은행의 금리는 (4 % , 5 %)입니다.

⑶ 예금 금리가 더 높은 은행은 (A 은행 , B 은행)입니다.

3 인구가 밀집한 도시

오른쪽은 OECD에 가입된 국가의 도시의 넓이에 대한 인구의 비율을 구해서 인구가 가장 밀집한 도시를 나타낸 표입니다. 순위를 보면 1위는 바로 우리나라의 서울입니다. 서울에는 1 km^2 당 1만 6700명이 살고 있죠. 6위에 오른 영국의 수도 런던(5100명)의 3배 정도이며, 이것은 룩셈부르크의 10배가 넘는 수준입니다. 서울에는 정말 많은 사람이 살고 있네요!

OECD 국가 인구밀도
(단위: 명, 1 km² 당 인구밀도)

순위		
1	서울 · 인천	1만 6700
6	런던	5100
7	도쿄 · 요코하마	4750
10	베를린	3750
12	파리	3550
17	로마	2950
20	토론토	2650
25	시드니	2100
27	뉴욕	2050
30	룩셈부르크	1600

[출처: 국토 연구원, 세계도시정보]

5 단원

여러 가지 그래프

신문에 청소년과 관련된 여러 가지 그래프가 제시되어 있어요. 연도별 초등학생 수는 꺾은선그래프를 살펴보면 알 수 있어요. 초등학생의 식습관은 막대그래프로 나타나 있어요. 초등학생이 하루에 스마트폰을 얼마나 사용하는지는 원 모양 위에 나타나 있네요. 이 새로운 그래프의 이름은 무엇일까요?

이번 5단원에서는 여러 가지 자료를 그림그래프, 띠그래프, 원그래프로 나타내는 방법을 배울 거예요.

단원 학습 목표

1. 자료를 그림그래프로 나타낼 수 있습니다.
2. 띠그래프를 알고, 자료를 띠그래프로 나타낼 수 있습니다.
3. 원그래프를 알고, 자료를 원그래프로 나타낼 수 있습니다.
4. 그래프를 보고 알 수 있는 사실을 찾아 말할 수 있습니다.
5. 자료를 수집, 분류, 정리하여 목적에 맞는 그래프로 나타내고 해석할 수 있습니다.

단원 진도 체크

회차	구성		진도 체크
1차	개념 1 그림그래프로 나타내어 볼까요	개념 확인 학습 + 문제 / 교과서 내용 학습	✓
2차	개념 2 띠그래프를 알아볼까요 개념 3 띠그래프로 나타내어 볼까요	개념 확인 학습 + 문제 / 교과서 내용 학습	✓
3차	개념 4 원그래프를 알아볼까요 개념 5 원그래프로 나타내어 볼까요	개념 확인 학습 + 문제 / 교과서 내용 학습	✓
4차	개념 6 그래프를 해석해 볼까요 개념 7 여러 가지 그래프를 비교해 볼까요	개념 확인 학습 + 문제 / 교과서 내용 학습	✓
5차	단원 확인 평가		✓
6차	수학으로 세상보기		✓

해당 부분을 공부한 후 ✓표를 하세요.

○○ 신문

유치원·초·중·고등학생 수

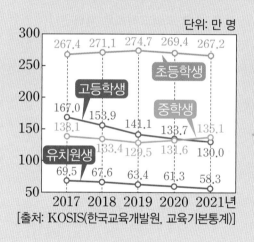

단위: 만 명

초등학생: 267.4 271.1 274.7 269.4 267.2

고등학생 / 중학생

167.0 153.9 141.1 133.7 135.1
138.1 133.4 129.5 131.6 130.0

유치원생: 69.5 67.6 63.4 61.3 58.3

2017 2018 2019 2020 2021년

[출처: KOSIS(한국교육개발원, 교육기본통계)]

스마트폰 관련 초·중학생 설문 조사 결과

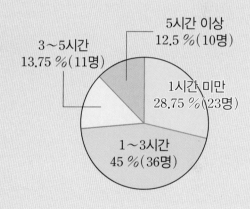

5시간 이상
12.5 %(10명)

3~5시간
13.75 %(11명)

1시간 미만
28.75 %(23명)

1~3시간
45 %(36명)

초중고 학생의 식습관

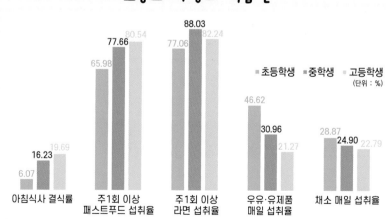

초등학생   중학생   고등학생
(단위 : %)

아침식사 결식률: 6.07 16.23 19.69

주1회 이상 패스트푸드 섭취율: 65.98 77.66 80.54

주1회 이상 라면 섭취율: 77.06 88.03 82.24

우유·유제품 매일 섭취율: 46.62 30.96 21.27

채소 매일 섭취율: 28.87 24.90 22.79

[출처: 교육부]

개념 확인 학습   개념 1 그림그래프로 나타내어 볼까요

• 조사한 수를 그림으로 나타낸 그
래프를 그림그래프라고 합니다.

그림그래프로 나타내기

마을별 자전거 수

마을	가	나	다	라
자전거 수(대)	4367	5207	3970	4729
어림값(대)	4400	5200	4000	4700

→ 반올림하여 백의 자리까지 나타냈습니다.

① 표에 제시된 수를 그림그래프로 나타내기 위해 반올림하여 백의 자리까지 나타내었습니다.

4367 ➡ 4400   5207 ➡ 5200   3970 ➡ 4000   4729 ➡ 4700

② 반올림하여 백의 자리까지 나타낸 값을 보고 그림그래프로 나타냅니다.

• 자전거 수를 어림하여 백의 자리
까지 나타내기

방법 1 올림하여 백의 자리까지
나타내기

방법 2 버림하여 백의 자리까지
나타내기

방법 3 반올림하여 백의 자리까
지 나타내기

마을별 자전거 수

마을	자전거 수
가	🚲🚲🚲🚲 🚲🚲🚲🚲
나	🚲🚲🚲🚲🚲 🚲🚲
다	🚲🚲🚲🚲
라	🚲🚲🚲🚲 🚲🚲🚲

🚲 1000대   🚲 100대

• 그림그래프를 보고 알 수 있는 내용

– 자전거 수가 가장 많은 마을은 나 마을입니다.

– 자전거 수가 가장 적은 마을은 다 마을입니다.

– 라 마을과 가 마을의 자전거 수의 차는 약 300대입니다.

• 그림그래프로 나타내기
① 자료의 항목 확인하기
② 자료의 수를 나타낼 그림 정하기
③ 그림의 단위 정하기
④ 자료의 수에 맞게 그림으로 나
타내기
⑤ 제목 쓰기(단, 제목을 쓰는 순
서는 바뀔 수 있습니다.)

표와 그림그래프로 나타내면 좋은 점

• 자료를 표로 나타내면 정확한 수치를 알 수 있습니다.

• 자료를 그림그래프로 나타내면 많고 적음을 쉽게 비교할 수 있습니다.

1 마을별 반려동물의 수를 조사한 표를 보고 그림그래프로 나타내려고 합니다. 물음에 답하세요.

표를 보고 그림그래프로 나타낼 수 있는지 묻는 문제예요.

마을별 반려동물의 수

마을	초록 마을	노랑 마을	하늘 마을	보라 마을
반려동물의 수(마리)	369	423	297	409
어림값(마리)				

마을별 반려동물의 수

초록 마을	노랑 마을
하늘 마을	보라 마을

◎ 100마리 ○ 10마리

(1) 마을별 반려동물의 수를 반올림하여 십의 자리까지 나타내어 표를 완성해 보세요.

(2) 마을별 반려동물의 수를 그림그래프로 나타내어 보세요.

■ 어림값을 보고 수에 맞게 그림을 그려 보아요.

(3) 반려동물의 수가 가장 많은 마을은 어디인가요?

( )

■ 큰 단위의 그림의 수를 비교해 보고, 큰 단위의 그림의 수가 같으면 작은 단위의 그림의 수를 비교해 보아요.

(4) 반려동물의 수가 가장 적은 마을은 어디인가요?

( )

[01~04] 우리나라의 권역별 쌀생산량을 조사하여 나타낸 그림그래프를 보고 물음에 답하세요.

권역별 쌀 생산량

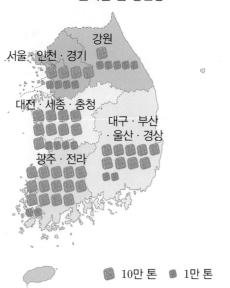

🟫 10만 톤   🔲 1만 톤

01 □ 안에 알맞은 수를 써넣으세요.

🟫은 [ ] 톤, 🔲은 [ ] 톤을 나타냅니다.

02 강원 권역의 쌀 생산량은 몇 톤인가요?

( )

⌐중요⌐
03 쌀 생산량이 가장 많은 권역은 어디인가요?

( )

04 쌀 생산량이 가장 적은 권역은 어디인가요?

( )

[05~07] 과수원별 사과 생산량을 조사하여 나타낸 그림그래프를 보고 물음에 답하세요.

과수원별 사과 생산량

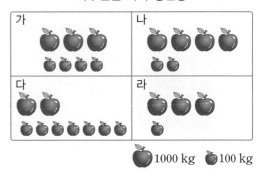

🍎 1000 kg   🍎 100 kg

05 사과 생산량이 가장 많은 마을과 가장 적은 마을은 각각 어디인가요?

가장 많은 마을 ( )
가장 적은 마을 ( )

⌐어려운 문제⌐
06 그림그래프를 보고 표를 완성해 보세요.

과수원별 사과 생산량

마을	가	나	다	라
사과 생산량 (kg)				

도움말 그림이 나타내는 단위와 그림의 수를 잘 세어 표를 완성합니다.

07 관계있는 것끼리 이어 보세요.

표 •

• 자료의 내용을 한눈에 비교하기 쉽습니다.

그림그래프 •

• 자료의 정확한 수치를 알 수 있습니다.

[08~10] 초등학교별 책 수를 조사하여 나타낸 표입니다. 초록, 샛별, 행복 초등학교의 책 수의 합계가 **120000**권일 때 물음에 답하세요.

초등학교별 책 수

초등학교	초록	샛별	행복
책 수(권)	48000	32000	

08 행복 초등학교의 책 수는 몇 권인가요?

( )

09 초등학교별 책 수를 그림그래프로 나타내어 보세요.

초등학교별 책 수

초등학교	책 수
초록	
샛별	
행복	

📖 1만 권 📖 1천 권

⭐ 【중요】
10 책 수가 가장 많은 초등학교와 가장 적은 초등학교의 책 수의 차는 몇 권인가요?

( )

문제해결 접근하기

11 마을별 휴대전화를 가진 학생 수를 조사하여 나타낸 그림그래프입니다. 휴대전화를 가진 학생이 가장 많은 마을과 가장 적은 마을의 학생 수의 차를 구해 보세요.

마을별 휴대전화를 가진 학생 수

마을	학생 수
가	
나	
다	
라	

📱100명 📱10명

【이해하기】
구하려는 것은 무엇인가요?

답 _____

【계획 세우기】
어떤 방법으로 문제를 해결하면 좋을까요?

답 _____

【해결하기】
(1) 휴대전화를 가진 학생이 가장 많은 마을은
□마을이고, □명입니다.

(2) 휴대전화를 가진 학생이 가장 적은 마을은
□마을이고, □명입니다.

(3) 휴대전화를 가진 학생이 가장 많은 마을과 가장 적은 마을의 학생 수의 차는 □명입니다.

【되돌아보기】
휴대전화를 가진 학생 수가 적은 순서대로 마을을 써 보세요.

답 _____

개념 확인 학습

개념 2 띠그래프를 알아볼까요

- 기타는 다른 항목에 비해 수가 적은 자료를 나타낼 때 사용합니다.

- **띠그래프의 좋은 점**
  - 각 항목이 차지하는 비율을 한눈에 알아볼 수 있습니다.
  - 각 항목의 비율을 쉽게 비교할 수 있습니다.

| 띠그래프 알아보기 |

좋아하는 간식

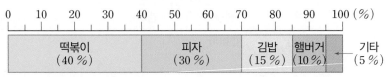

- 전체에 대한 각 부분의 비율을 띠 모양에 나타낸 그래프를 띠그래프라고 합니다.
- 띠그래프를 보고 알 수 있는 내용
  - 떡볶이를 좋아하는 학생이 가장 많습니다.
  - 김밥을 좋아하는 학생은 전체의 15 %입니다.

개념 3 띠그래프로 나타내어 볼까요

- 백분율의 합계는 항상 100 %입니다.

| 띠그래프로 나타내기 |

좋아하는 운동별 학생 수

운동	축구	야구	농구	기타	합계
학생 수(명)	7	6	4	3	20
백분율(%)	35	30	20	15	100

① 자료를 보고 각 항목의 백분율을 구합니다.

축구: $\dfrac{7}{20} \times 100 = 35$ (%)   야구: $\dfrac{6}{20} \times 100 = 30$ (%)

농구: $\dfrac{4}{20} \times 100 = 20$ (%)   기타: $\dfrac{3}{20} \times 100 = 15$ (%)

② 각 항목의 백분율의 합계가 100 %가 되는지 확인합니다.

③ 각 항목이 차지하는 백분율의 크기만큼 선을 그어 띠를 나눕니다.

④ 나눈 부분에 각 항목의 내용과 백분율을 씁니다.

⑤ 띠그래프의 제목을 씁니다. (단, 제목을 쓰는 순서는 바뀔 수 있습니다.)

좋아하는 운동별 학생 수

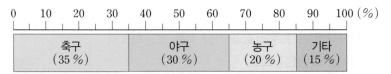

1 새미네 학교 6학년 학생들이 좋아하는 과목을 조사하여 나타낸 표입니다. 물음에 답하세요.

전체에 대한 각 항목의 백분율을 구해 띠그래프를 그릴 수 있는지 묻는 문제예요.

좋아하는 과목별 학생 수

과목	국어	수학	과학	체육	기타	합계
학생 수(명)	60	50	40	30	20	200
백분율(%)	30					

(1) 과목별 백분율을 구해 보세요.

국어: $\dfrac{60}{200} \times 100 = 30$ (%)

수학: $\dfrac{50}{200} \times 100 = \boxed{}$ (%)

과학: $\dfrac{40}{200} \times 100 = \boxed{}$ (%)

체육: $\dfrac{30}{200} \times 100 = \boxed{}$ (%)

기타: $\dfrac{20}{200} \times 100 = \boxed{}$ (%)

■ 백분율은
$\dfrac{(각\ 과목별\ 학생\ 수)}{(전체\ 학생\ 수)} \times 100$으로
구해요.

(2) 각 과목의 백분율의 합계를 구해 보세요.

$30 + \boxed{} + \boxed{} + \boxed{} + \boxed{} = \boxed{}$ (%)

■ 각 항목의 백분율의 합계는 100 %가 되어야 해요.

(3) 표의 빈칸에 알맞은 수를 써넣으세요.

(4) 띠그래프를 완성해 보세요.

좋아하는 과목별 학생 수

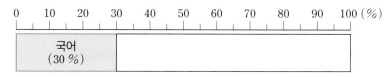

■ 각 항목이 차지하는 백분율의 크기만큼 띠를 나눈 다음 그 위에 각 항목과 백분율을 써요.

01 그림과 같이 전체에 대한 각 부분의 비율을 띠 모양에 나타낸 그래프를 무엇이라고 하는지 써 보세요.

좋아하는 계절별 학생 수

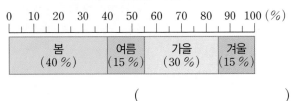

(   )

[02~03] 은지네 반 학생들이 좋아하는 동물을 조사하여 나타낸 띠그래프입니다. 물음에 답하세요.

좋아하는 동물별 학생 수

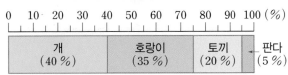

02 가장 많은 학생이 좋아하는 동물은 무엇인가요?

(   )

03 개를 좋아하는 학생 수는 토끼를 좋아하는 학생 수의 몇 배인가요?

(   )

04 띠그래프에 대한 설명 중 옳은 것은 ○표, 옳지 않은 것은 ×표 하세요.

(1) 각 항목이 차지하는 비율을 한눈에 쉽게 알 수 있습니다. (   )

(2) 각 항목의 정확한 수치를 알 수 있습니다. (   )

(3) 띠그래프에서 값이 작은 항목들은 기타로 처리할 수 있습니다. (   )

[05~07] 민수네 반 학생들이 좋아하는 간식을 조사하여 나타낸 표입니다. 물음에 답하세요.

좋아하는 간식별 학생 수

간식	떡볶이	피자	햄버거	합계
학생 수(명)	8	7	5	
백분율(%)	40			100

05 조사한 학생은 모두 몇 명인가요?

(   )

06 □ 안에 알맞은 수를 써넣으세요.

떡볶이: $\dfrac{8}{20} \times 100 = 40(\%)$

피자: $\dfrac{\boxed{}}{20} \times 100 = \boxed{}(\%)$

햄버거: $\dfrac{\boxed{}}{20} \times 100 = \boxed{}(\%)$

07 띠그래프를 완성해 보세요.

좋아하는 간식별 학생 수

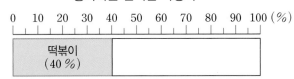

[08~10] 채윤이네 학교 6학년 학생들이 배우고 싶은 악기를 조사하여 나타낸 표입니다. 물음에 답하세요.

배우고 싶은 악기별 학생 수

악기	피아노	첼로	단소	소금	합계
학생 수(명)	90	60	30	20	
백분율(%)	45				

08 조사한 6학년 학생은 모두 몇 명인가요?

( )

⊏어려운 문제⊐

09 표에 대한 설명으로 옳은 것을 모두 찾아 기호를 써 보세요.

> ㉠ 첼로를 배우고 싶은 학생 수는 전체의 30 % 입니다.
> ㉡ 피아노를 배우고 싶은 학생 수는 단소를 배우고 싶은 학생 수의 2배입니다.
> ㉢ 소금을 배우고 싶은 학생 수는 전체의 10 % 입니다.

( )

도움말 악기별 백분율을 구하고, 그 백분율을 비교해 봅니다.

⊏중요⊐

10 띠그래프로 나타내어 보세요.

배우고 싶은 악기별 학생 수

0 10 20 30 40 50 60 70 80 90 100 (%)

문제해결 접근하기

11 승호네 반 학생들이 점심시간에 하고 싶은 활동을 조사하여 나타낸 띠그래프입니다. 승호네 반 학생이 모두 25명일 때, 독서를 하고 싶은 학생 수와 축구를 하고 싶은 학생 수의 차를 구해 보세요.

점심시간에 하고 싶은 활동별 학생 수

0 10 20 30 40 50 60 70 80 90 100 (%)

| 보드게임 (48 %) | 독서 (16 %) | 축구 | ← 기타 (12 %) |

이해하기

구하려는 것은 무엇인가요?

답 _____

계획 세우기

어떤 방법으로 문제를 해결하면 좋을까요?

답 _____
_____

해결하기

(1) 축구를 하고 싶은 학생 수는 전체의 ☐ % 입니다.

(2) 전체 학생이 25명이므로 독서를 하고 싶은 학생은 $25 \times \dfrac{\square}{100} = \square$ (명)이고,

축구를 하고 싶은 학생은

$25 \times \dfrac{\square}{100} = \square$ (명)입니다.

(3) 따라서 축구를 하고 싶은 학생은 독서를 하고 싶은 학생보다 ☐ 명 더 많습니다.

되돌아보기

가장 많은 학생이 하고 싶은 활동은 무엇이고, 그 활동을 하고 싶은 학생은 몇 명인지 구해 보세요.

답 _____

개념 4 원그래프를 알아볼까요

• 띠그래프와 원그래프는 모두 백분율로 나타내어 전체에 대한 부분의 비율을 알아보기 편리합니다.

원그래프 알아보기

• 전체에 대한 각 부분의 비율을 원 모양에 나타낸 그래프를 원그래프라고 합니다.

• 원그래프를 보고 알 수 있는 내용
  – 자전거 타기를 하는 학생이 가장 많습니다.
  – 도서관에 가는 학생은 전체의 15 %입니다.

• 원그래프의 좋은 점
  – 각 항목이 차지하는 비율을 한눈에 알아볼 수 있습니다.
  – 각 항목의 비율을 쉽게 비교할 수 있습니다.

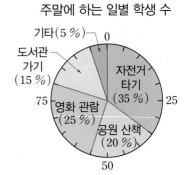

주말에 하는 일별 학생 수

개념 5 원그래프로 나타내어 볼까요

• 원그래프는 원의 중심에서 원 위에 표시된 눈금까지 선으로 이어 원을 나누어 나타냅니다.

원그래프로 나타내기

가고 싶은 체험 학습 장소별 학생 수

장소	놀이공원	과학관	유적지	해양관	합계
학생 수(명)	8	7	3	2	20
백분율(%)	40	35	15	10	100

① 자료를 보고 각 항목의 백분율을 구합니다.

놀이공원: $\frac{8}{20} \times 100 = 40$ (%)　　과학관: $\frac{7}{20} \times 100 = 35$ (%)

유적지: $\frac{3}{20} \times 100 = 15$ (%)　　해양관: $\frac{2}{20} \times 100 = 10$ (%)

② 각 항목의 백분율의 합계가 100 %가 되는지 확인합니다.

③ 각 항목이 차지하는 백분율의 크기만큼 선을 그어 원을 나눕니다.

④ 나눈 부분에 각 항목의 내용과 백분율을 씁니다.

⑤ 원그래프의 제목을 씁니다.(단, 제목을 쓰는 순서는 바뀔 수 있습니다.)

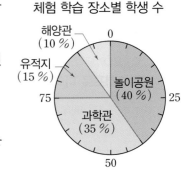

체험 학습 장소별 학생 수

1 지희네 학교 **6**학년 학생들이 좋아하는 과일을 조사하여 나타낸 표입니다. 물음에 답하세요.

전체에 대한 각 항목의 백분율을 구해 원그래프를 그릴 수 있는지 묻는 문제예요.

좋아하는 과일별 학생 수

과일	딸기	수박	사과	기타	합계
학생 수(명)	80	60	40	20	200
백분율(%)	40				

(1) 과일별 백분율을 구해 보세요.

딸기: $\dfrac{80}{200} \times 100 = 40$ (%)

수박: $\dfrac{60}{200} \times 100 = \boxed{}$ (%)

사과: $\dfrac{40}{200} \times 100 = \boxed{}$ (%)

기타: $\dfrac{20}{200} \times 100 = \boxed{}$ (%)

■ 백분율은
$\dfrac{(각\ 과일별\ 학생\ 수)}{(전체\ 학생\ 수)} \times 100$ 으로 구해요.

(2) 각 과일의 백분율의 합계를 구해 보세요.

$40 + \boxed{} + \boxed{} + \boxed{} = \boxed{}$ (%)

■ 각 항목의 백분율의 합계는 100 %가 되어야 해요.

(3) 표의 빈칸에 알맞은 수를 써넣으세요.

(4) 원그래프를 완성해 보세요.

좋아하는 과일별 학생 수

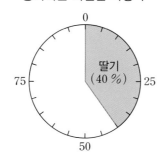

■ 각 항목이 차지하는 백분율만큼 원을 나눈 다음 그 위에 각 항목과 백분율을 써요.

[01~04] 은영이네 반 학생들이 좋아하는 운동을 조사하여 나타낸 그래프입니다. 물음에 답하세요.

좋아하는 운동별 학생 수

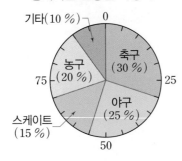

01 위와 같은 그래프를 무엇이라고 하는지 써 보세요.

( )

⌐중요⌐
02 □ 안에 알맞은 말을 써넣으세요.

가장 많은 학생들이 좋아하는 운동은 □ 입니다.

03 □ 안에 알맞은 말을 써넣으세요.

야구를 좋아하는 학생은 전체의 □ %이고,

농구를 좋아하는 학생은 전체의 □ %입니다.

04 축구를 좋아하는 학생 수는 스케이트를 좋아하는 학생 수의 몇 배인가요?

( )

[05~07] 어느 가게에서 하루 동안 팔린 채소를 조사하여 나타낸 표입니다. 물음에 답하세요.

하루 동안 팔린 채소 수

채소	오이	당근	양파	감자	합계
채소 수(개)	200	175	75	50	
백분율(%)	40				

05 채소 수의 합계를 구해 보세요.

( )

06 각 채소 수의 백분율을 구하여 표를 완성해 보세요.

⌐중요⌐
07 원그래프를 완성해 보세요.

하루 동안 팔린 채소 수

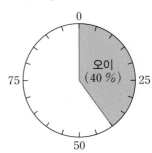

정답과 해설 27쪽

[08~10] 수호네 반 학생들이 태어난 계절을 조사하여 나타 낸 원그래프입니다. 물음에 답하세요.

태어난 계절별 학생 수

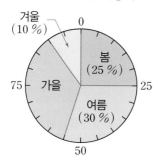

08 가을에 태어난 학생 수의 비율은 몇 %인가요?

(   )

09 학생들이 많이 태어난 계절부터 순서대로 써 보세요.

(   )

⊂어려운 문제⊃

10 수호네 반 학생 수가 20명이라면 여름에 태어난 학생 은 몇 명인가요?

(   )

도움말 여름에 태어난 학생 수의 비율은 30 %입니다.

문제해결 접근하기

11 한 달 동안 지호네 반의 재활용품별 배출량을 조사하여 나타낸 원그래프입니다. 배출한 재활용품의 무게가 총 **40 kg**일 때 캔류는 병류보다 몇 **kg** 더 많이 배출했는지 구해 보세요.

재활용품별 배출량

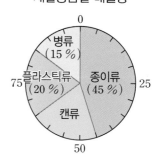

이해하기

구하려는 것은 무엇인가요?

답 _____

_____

계획 세우기

어떤 방법으로 문제를 해결하면 좋을까요?

답 _____

_____

해결하기

(1) 캔류의 백분율은 ☐ %입니다.

(2) 재활용품의 전체 무게가 40kg이므로 캔류의

무게는 ☐ kg이고, 병류의 무게는

☐ kg입니다.

(3) 따라서 캔류는 병류보다 ☐ kg 더 많이

배출했습니다.

되돌아보기

종이류는 플라스틱류보다 몇 kg 더 많이 배출했 는지 구해 보세요.

답 _____

_____

개념 6 그래프를 해석해 볼까요

• 여러 개의 띠그래프를 사용하여 비율의 변화 상황을 나타낼 수 있습니다.

띠그래프 해석하기

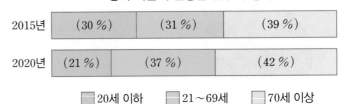

행복 마을의 연령별 인구 구성비

| 2015년 | (30 %) | (31 %) | (39 %) |
| 2020년 | (21 %) | (37 %) | (42 %) |

▨ 20세 이하 ▨ 21~69세 ☐ 70세 이상

• 2020년 70세 이상 인구 수는 20세 이하 인구 수의 2배입니다.

• 2020년의 20세 이하인 인구 수는 2015년보다 감소했습니다.

• 2020년의 70세 이상인 인구 수는 2015년보다 증가했습니다.

원그래프 해석하기

• 가장 많이 들어 있는 성분은 수분입니다.

• 탄수화물은 25 %를 차지합니다.

• 탄수화물 양은 단백질 양의 5배입니다.

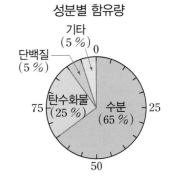

성분별 함유량

개념 7 여러 가지 그래프를 비교해 볼까요

• 자료를 나타내기에 알맞은 그래프

자료	그래프
월별 키의 변화	꺾은선그래프
권역별 쌀 수확량	그림그래프 막대그래프 띠그래프 원그래프
6학년 학생 혈액형	막대그래프 띠그래프 원그래프
좋아하는 과목	막대그래프 띠그래프 원그래프

여러 가지 그래프의 특징

• 그림그래프: 조사한 자료를 그림으로 나타낸 그래프입니다. 그림의 크기와 수량으로 많고 적음을 쉽게 알 수 있습니다.

• 막대그래프: 조사한 자료를 막대 모양으로 나타낸 그래프입니다. 수량의 많고 적음을 한눈에 비교하기 쉽고, 각각의 크기를 비교할 때 편리합니다.

• 꺾은선그래프: 수량을 점으로 표시하고 그 점들을 선분으로 이어 그린 그래프입니다. 수량의 변화하는 모습과 정도를 쉽게 알 수 있습니다.

• 띠그래프: 전체에 대한 각 부분의 비율을 띠 모양에 나타낸 그래프입니다. 전체에 대한 각 부분의 비율을 한눈에 알아보기 쉽고, 각 항목끼리의 비율도 쉽게 비교할 수 있습니다.

• 원그래프: 전체에 대한 각 부분의 비율을 원 모양에 나타낸 그래프입니다. 전체에 대한 각 부분의 비율을 한눈에 알아보기 쉽고, 각 항목끼리의 비율도 쉽게 비교할 수 있습니다.

문제를 풀여 이해해요

1 시우네 학교 **6**학년 학생들이 살고 있는 마을을 조사하여 나타낸 띠그래프입니다. ☐ 안에 알맞은 수나 말을 써넣으세요.

그래프를 해석하고 여러 가지 그래프의 특징을 알고 있는지 묻는 문제예요.

마을별 학생 수

(1) 살고 있는 학생 수가 가장 많은 마을은 ☐ 마을입니다.

(2) 전체 학생 수에 대한 살고 있는 학생 수의 백분율이 30 %인 마을은
☐ 마을입니다.

■ 띠그래프에서 각 항목과 비율을 확인하여 문제를 해결해요.

(3) 전체 학생 수에 대한 살고 있는 학생 수의 백분율이 20 %인 마을은
☐ 마을입니다.

(4) 백합 마을에 사는 학생 수는 튤립 마을에 사는 학생 수의
$30 \div 10 =$ ☐ (배)입니다.

2 자료를 나타내기에 알맞은 그래프를 이어 보세요.

| 월별 나의 키의 변화 | • | | • | 원그래프 |
| 선거 후보자들의 득표율 | • | | • | 꺾은선그래프 |

■ 원그래프와 꺾은선그래프의 특징을 생각하여 조사한 내용을 가장 알맞게 나타낼 수 있는 그래프를 찾아보세요.

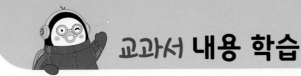

[01~04] 소라네 학교 학생들이 도서관에서 빌린 책을 조사하여 나타낸 띠그래프입니다. 물음에 답하세요.

도서관에서 빌린 종류별 책 수

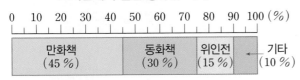

01 학생들이 가장 많이 빌린 책은 무엇인지 써 보세요.

( )

⌐중요⌐
02 학생들이 빌린 만화책 수는 위인전 수의 몇 배인가요?

( )

⌐어려운 문제⌐
03 기타가 20권이라면 동화책은 몇 권인가요?

( )

도움말 동화책은 기타의 몇 배인지 알아봅니다.

04 띠그래프를 원그래프로 나타내어 보세요.

도서관에서 빌린 종류별 책 수

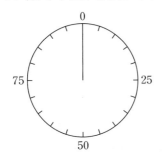

[05~07] 학생들이 배우고 싶은 악기를 조사하여 나타낸 원그래프입니다. 물음에 답하세요.

배우고 싶은 악기별 학생 수

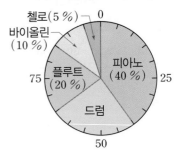

05 전체 학생 수에 대한 드럼을 배우고 싶은 학생 수의 백분율을 구해 보세요.

( )

06 가장 많은 학생이 배우고 싶은 악기와 가장 적은 학생이 배우고 싶은 악기를 찾아 차례로 써 보세요.

( ), ( )

07 피아노를 배우고 싶은 학생이 80명이라면 바이올린을 배우고 싶은 학생은 몇 명인가요?

( )

문제해결 접근하기

[08~09] 행복 마을에 있는 나무를 조사하여 나타낸 그림그래프입니다. 물음에 답하세요.

행복 마을에 있는 종류별 나무 수

은행나무	단풍나무
🌳🌳🌳🌳	🌳🌲🌲
소나무	벚나무
🌳🌳🌳🌳🌲 🌲🌲🌲	🌳🌳

🌳100그루 🌲10그루

08 표를 완성해 보세요.

행복 마을에 있는 종류별 나무 수

나무	은행나무	단풍나무	소나무	벚나무	합계
나무 수 (그루)	400				
백분율 (%)	50				100

09 띠그래프로 나타내어 보세요.

행복 마을에 있는 종류별 나무 수

```
0   10   20   30   40   50   60   70   80   90   100 (%)
```

은행나무 (50 %)	

ㄴ중요ㄱ
10 우리 반 친구들이 좋아하는 과목을 그래프로 나타내려고 합니다. 어떤 그래프로 나타내야 내용을 한눈에 알 수 있는지 모두 찾아 기호를 써 보세요.

> ㉠ 막대그래프 ㉡ 꺾은선그래프 ㉢ 원그래프

( )

11 혜미네 학교 6학년 학생들이 좋아하는 급식 메뉴를 조사하여 나타낸 표와 띠그래프입니다. 불고기를 좋아하는 학생은 몇 명인지 구해 보세요.

좋아하는 급식 메뉴별 학생 수

메뉴	불고기	카레	돈가스	기타	합계
학생 수 (명)		30	24	18	

좋아하는 급식 메뉴별 학생 수

```
0   10   20   30   40   50   60   70   80   90   100 (%)
```

불고기 (40 %)	카레 (25 %)	돈가스	기타 (15 %)

이해하기
구하려는 것은 무엇인가요?

답 _____

계획 세우기
어떤 방법으로 문제를 해결하면 좋을까요?

답 _____
_____

해결하기
(1) 띠그래프를 살펴보면 전체 학생 수에 대한 돈가스를 좋아하는 학생 수의 백분율은 ☐ %입니다.

(2) 불고기를 좋아하는 학생 수의 백분율은 ☐ %이므로 돈가스를 좋아하는 학생 수의 ☐ 배입니다.

(3) 따라서 불고기를 좋아하는 학생은 ☐ 명입니다.

되돌아보기
혜미네 학교 6학년 학생 수는 모두 몇 명인지 구해 보세요.

답 _____

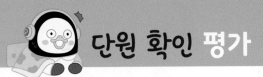

5. 여러 가지 그래프

[01~03] 마을별 옥수수 생산량을 조사하여 나타낸 그림그래프입니다. 물음에 답하세요.

마을별 옥수수 생산량

가	나
다	라

🌽 100 kg 🌽 10 kg

01 🌽 와 🌽은 각각 몇 kg을 나타내나요?

🌽 (   )

🌽 (   )

02 라 마을의 옥수수 생산량은 몇 kg인가요?

(   )

03 ⌜중요⌟
옥수수 생산량이 가장 많은 마을과 가장 적은 마을의 생산량의 차는 몇 kg인가요?

(   )

[04~06] 지역별 초등학교 수를 조사하여 나타낸 표입니다. 물음에 답하세요.

지역별 초등학교 수

지역	가	나	다	라
학교 수(개)	2113	1678	3042	2366
어림값(개)				

04 지역별 초등학교 수를 반올림하여 백의 자리까지 나타내어 표를 완성해 보세요.

05 표를 보고 그림그래프로 나타내어 보세요.

지역별 초등학교 수

지역	초등학교 수
가	
나	
다	
라	

◎ 1000개 ○ 100개

06 초등학교 수가 가장 적은 지역은 어디인지 써 보세요.

(   )

[07~09] 주하네 학교 학생 **400**명을 대상으로 좋아하는 간식을 조사하여 나타낸 띠그래프입니다. 물음에 답하세요.

좋아하는 간식별 학생 수

0 10 20 30 40 50 60 70 80 90 100 (%)

햄버거 (40 %)	떡볶이 (33 %)	피자 (20 %)	기타 (7 %)

07 학생들이 가장 좋아하는 간식은 무엇인지 써 보세요.

( )

08 햄버거를 좋아하는 학생 수는 피자를 좋아하는 학생 수의 몇 배인가요?

( )

⌐서술형⌐
09 떡볶이를 좋아하는 학생 수와 피자를 좋아하는 학생 수의 차는 몇 명인지 풀이 과정을 쓰고 답을 구해 보세요.

풀이

(1) 떡볶이를 좋아하는 학생은

$$400 \times \frac{(\quad\quad)}{100} = (\quad\quad)(명)입니다.$$

(2) 피자를 좋아하는 학생은

$$(\quad\quad) \times \frac{(\quad\quad)}{100} = (\quad\quad)(명)입니다.$$

(3) 따라서 떡볶이를 좋아하는 학생 수와 피자를 좋아하는 학생 수의 차는

( ) - ( ) = ( )(명)입니다.

답 _____

[10~12] 현지네 반 학생들이 장기 자랑에서 하고 싶은 활동을 조사하여 나타낸 표입니다. 물음에 답하세요.

하고 싶은 활동별 학생 수

활동	노래	연극	미술	기타	합계
학생 수(명)	16	12		4	40
백분율(%)					

10 미술을 하고 싶은 학생은 몇 명인가요?

( )

⌐중요⌐
11 장기 자랑에서 하고 싶은 활동별 학생 수의 백분율을 구하여 표를 완성해 보세요.

12 띠그래프로 나타내어 보세요.

하고 싶은 활동별 학생 수

0 10 20 30 40 50 60 70 80 90 100 (%)

[13~14] 서아네 꽃밭에 심은 꽃 종류별 재배 넓이를 조사하여 나타낸 원그래프입니다. 물음에 답하세요.

꽃 종류별 재배 넓이

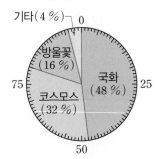

13 □ 안에 알맞은 수를 써넣으세요.

(1) 코스모스를 심은 꽃밭의 넓이는 전체 꽃밭의 □ %입니다.

(2) 기타의 꽃을 심은 꽃밭의 넓이는 전체 꽃밭의 넓이의 □ %입니다.

14 국화를 심은 꽃밭의 넓이는 방울꽃을 심은 꽃밭의 넓이의 몇 배인가요?

( )

[15~16] 진혁이네 학교 학생들의 일주일 동안 운동 시간을 조사하여 나타낸 표입니다. 물음에 답하세요.

운동 시간별 학생 수

시간	학생 수(명)	백분율(%)
1시간 미만	㉠	20
1시간 이상 2시간 미만	324	㉡
2시간 이상 3시간 미만	180	25
3시간 이상	72	㉢
합계	720	100

⌐어려운 문제⌐

15 표에서 ㉠, ㉡, ㉢에 알맞은 수를 각각 구해 보세요.

㉠ ( )

㉡ ( )

㉢ ( )

16 원그래프로 나타내어 보세요.

운동 시간별 학생 수

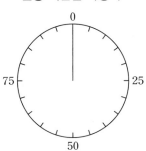

[17~18] 어느 장난감 회사의 장난감 종류별 생산량을 조사하여 나타낸 띠그래프입니다. 물음에 답하세요.

장난감 종류별 생산량

| 2010년 | 자동차
(36 %) | 곰인형 | 블록
(20 %) | 기타
(2 %) |

| 2020년 | 자동차
(39 %) | 곰인형 | 블록
(31 %) | 기타
(2 %) |

17 2010년과 2020년의 곰인형 생산량의 백분율을 각각 구해 보세요.

2010년 (   )
2020년 (   )

18 2010년에 비해 2020년에 생산량의 비율이 늘어난 장난감을 모두 써 보세요.

(   )

[19~20] 학생 100명을 대상으로 좋아하는 과일을 조사하여 나타낸 막대그래프입니다. 물음에 답하세요.

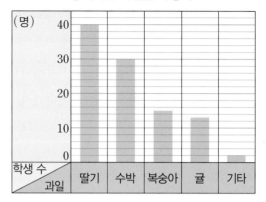

좋아하는 과일별 학생 수

19 표를 완성해 보세요.

좋아하는 과일별 학생 수

과일	딸기	수박	복숭아	귤	기타	합계
학생 수 (명)				13	2	

⊏서술형⊐

20 길이가 **40 cm**인 띠그래프로 나타내려고 합니다. 딸기와 수박을 좋아하는 학생 수는 각각 몇 **cm**로 나타내야 하는지 풀이 과정을 쓰고 답을 구해 보세요.

풀이

(1) 전체 학생 수에 대한 딸기를 좋아하는 학생 수는 (   ) %, 수박을 좋아하는 학생 수는 (   ) %입니다.

(2) 딸기를 좋아하는 학생은

$$40 \times \frac{(\quad\quad)}{100} = (\quad\quad) \ (cm)로 나타$$

내야 합니다.

(3) 수박을 좋아하는 학생은

$$(\quad\quad) \times \frac{(\quad\quad)}{100} = (\quad\quad) \ (cm)$$

로 나타내야 합니다.

답 딸기: , 수박:

1 초등학생의 스마트폰 이용 실태를 그래프로 알아보아요.

여러분은 하루에 스마트폰을 얼마나 사용하나요? 스마트폰으로 무엇을 하나요? 아래 원그래프와 띠그래프를 살펴보면 초등학생들이 스마트폰으로 무엇을 하는지, 얼마나 사용하는지 알아볼 수 있어요.

〈초등학생의 스마트폰 콘텐츠 평균 이용 비율〉

콘텐츠 종류	정보 검색 및 활용	여가	의사 소통
비율(%)	39.9	36.4	23.7

[출처: 국가통계포털, 2016]

원그래프를 살펴보면 정보 검색 및 활용이 39.9 %로 가장 많은 부분을 차지하고 있어요. 궁금한 것을 찾고 정보를 얻는 데 스마트폰을 많이 이용하는 것을 알 수 있어요. 여가와 의사 소통도 각각 36.4 %, 23.7 %만큼 차지하고 있네요.

〈초등학생의 스마트폰 1일 평균 이용 횟수〉

주중 (50.8 %) (30.8 %) (13 %) ← (5.4 %)

주말 (51.6 %) (18.2 %) (22.8 %) ← (7.5 %) — 어림한 값으로 백분율을 구했을 경우, 백분율의 합계가 100 %가 되지 않거나 100 %를 넘는 경우가 생길 수 있습니다.

□ 10회 미만   □ 10~30회 미만   □ 30~50회 미만   □ 50회 이상

[출처: 국가통계포털, 2017]

〈초등학생의 스마트폰 1회 이용 시 평균 이용 시간〉

주중 (22.7 %) (32.9 %) (36.7 %) ← (7.7 %)

주말 (21.1 %) (26.8 %) (35 %) ← (17.1 %)

□ 5분 미만   □ 5~10분 미만   □ 10~20분 미만   □ 20분 이상

[출처: 국가통계포털, 2017]

띠그래프를 살펴보면 주중과 주말에 이용하는 횟수와 1회 이용 시 평균 이용 시간을 알 수 있어요. 초등학생들은 주중과 주말 중 언제 더 스마트폰을 많이 사용하나요? 주중보다 주말에 30회 이상 이용하는 학생의 비율이 많고 1회 사용 시간이 20분 이상인 학생의 비율이 증가하는 것을 보면, 학생들이 주말에 스마트폰을 많이 사용하는 것을 알 수 있어요. 주말에 스마트폰을 사용하기보다 가족, 친구와 함께 할 수 있는 취미 생활을 만들어 보는 것은 어떨까요?

2 생활 속에서 여러 가지 그래프를 찾아 살펴보아요.

책, 신문, 인터넷, 뉴스 등 주변에서 여러 가지 그래프를 볼 수 있습니다. 여러분이 찾은 그래프를 따라 그리거나 오려서 붙여 보세요.

내가 찾은 원그래프
여기에 붙여 보세요.

여러분이 찾은 그래프에서 알게 된 내용 3가지를 써 보세요.

1	
2	
3	

6 단원

직육면체의 부피와 겉넓이

영환이네 가족이 책장 앞에 모여 함께 이야기를 나누고 있습니다. 다 읽은 책을 상자에 담아 근처 도서관에 기부하려고 해요. 세 상자 중 어느 상자에 가장 많은 책을 담을 수 있을까요?

이번 6단원에서는 직육면체와 정육면체의 부피와 겉넓이를 구하는 방법에 대하여 배울 거예요.

단원 학습 목표

1. 여러 가지 물건을 단위로 하여 직육면체의 부피를 비교할 수 있습니다.
2. 부피의 단위인 $1 \ cm^3$를 알고, $1 \ cm^3$인 쌓기나무의 수를 세어 부피를 구할 수 있습니다.
3. 직육면체와 정육면체의 부피를 구하는 방법을 식으로 나타낼 수 있습니다.
4. 부피의 큰 단위인 $1 \ m^3$를 알고, $1 \ m^3$와 $1 \ cm^3$의 관계를 이해할 수 있습니다.
5. 직육면체의 겉넓이를 구하는 여러 가지 방법을 알고, 직육면체와 정육면체의 겉넓이를 구할 수 있습니다.

단원 진도 체크

회차	구성		진도 체크
1차	**개념 1** 직육면체의 부피를 비교해 볼까요	개념 확인 학습 + 문제 / 교과서 내용 학습	✓
2차	**개념 2** 직육면체의 부피를 구하는 방법을 알아볼까요	개념 확인 학습 + 문제 / 교과서 내용 학습	✓
3차	**개념 3** $1 \ m^3$를 알아볼까요	개념 확인 학습 + 문제 / 교과서 내용 학습	✓
4차	**개념 4** 직육면체의 겉넓이를 구하는 방법을 알아볼까요	개념 확인 학습 + 문제 / 교과서 내용 학습	✓
5차	단원 확인 평가		✓
6차	수학으로 세상보기		✓

해당 부분을 공부한 후 ✓표를 하세요.

개념 확인 학습

개념 1 직육면체의 부피를 비교해 볼까요

밑면의 모양이 다르거나 높이가 각각 다를 때에는 직접 맞대어 부피를 비교하기 어렵습니다.

상자를 직접 맞대어 부피 비교하기

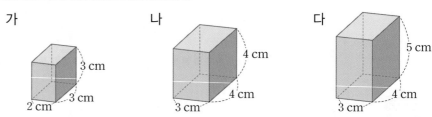

가   나   다

- 가와 나의 가로, 세로, 높이를 맞대어 비교해 보면 모두 나가 큽니다.
  따라서 나의 부피가 가의 부피보다 큽니다.
- 나와 다처럼 한 밑면의 넓이가 같은 경우 높이를 비교합니다.
  다의 높이가 더 높으므로 다의 부피가 나의 부피보다 큽니다.

- 직접 맞대어 부피를 비교하기 어려운 경우에는 크기와 모양이 같은 물건으로 똑같이 쌓은 뒤 물건의 수를 세어 부피를 비교할 수 있습니다.

상자에 담은 주사위와 지우개로 부피 비교하기

가   나   다

| 주사위 18개 | 주사위 16개 | 지우개 16개 |

- 가와 나는 모양과 크기가 똑같은 주사위를 사용했으므로 부피를 비교할 수 있습니다.
  가의 부피가 나의 부피보다 큽니다.
- 다의 지우개는 주사위와 크기와 모양이 다르므로 부피를 비교할 수 없습니다.

쌓기나무를 사용하여 부피 비교하기

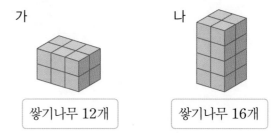

가   나

| 쌓기나무 12개 | 쌓기나무 16개 |

- 상자와 같은 크기의 직육면체 모양으로 쌓기나무를 쌓아 부피를 비교할 수 있습니다.
- 쌓기나무의 수를 비교하면 나의 부피가 가의 부피보다 큽니다.
- 나의 부피는 가의 부피보다 쌓기나무 4개만큼 더 큽니다.

1 세 직육면체의 부피를 비교하려고 합니다. 물음에 답하세요.

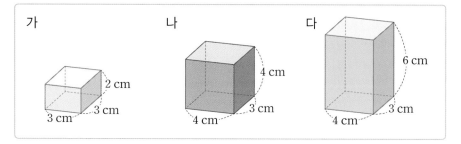

직육면체의 부피를 비교할 수 있는지 묻는 문제예요.

(1) 부피가 가장 작은 직육면체의 기호를 써 보세요.

(   )

■ 가로, 세로, 높이를 비교해 보아요.

(2) 부피가 가장 큰 직육면체의 기호를 써 보세요.

(   )

■ 밑면의 넓이가 같으면 높이를 비교해 보아요.

2 같은 크기의 쌓기나무를 사용하여 다음과 같이 직육면체 모양으로 쌓았습니다. 물음에 답하세요.

■ 쌓기나무의 수로 직육면체의 부피를 비교할 수 있어요.

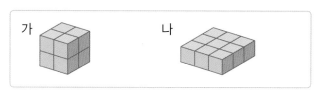

(1) 가와 나에 사용한 쌓기나무는 각각 몇 개인가요?

가 (   ), 나 (   )

(2) 부피가 더 큰 직육면체의 모양의 기호를 써 보세요.

(   )

[01~02] 두 직육면체의 부피를 비교하려고 합니다. 물음에 답하세요.

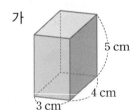
가
5 cm
3 cm
4 cm

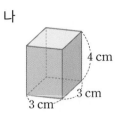
나
4 cm
3 cm
3 cm

01 부피가 더 큰 직육면체의 기호를 써 보세요.

( )

02 부피를 비교한 방법을 써 보세요.

_____

_____

[03~04] 두 직육면체의 부피를 비교하려고 합니다. 물음에 답하세요.

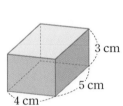
가
3 cm
5 cm
4 cm

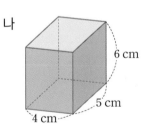
나
6 cm
5 cm
4 cm

03 부피가 더 작은 직육면체의 기호를 써 보세요.

( )

04 부피를 비교한 방법을 써 보세요.

_____

_____

05 다음과 같은 두 상자에 크기가 같은 과자 상자를 빈틈 없이 넣었더니 가 상자에는 **16개**, 나 상자에는 **18개** 들어갔습니다. 부피가 더 큰 상자의 기호를 써 보세요.

가

나

( )

ᄃ중요ᄀ
06 세 직육면체의 밑면의 넓이가 같습니다. 세 직육면체의 부피를 비교하여 부피가 큰 것부터 순서대로 기호를 써 보세요.

가   나   다
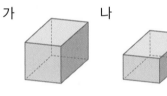
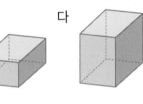

( )

07 세 상자에 다음과 같이 크기가 같은 지우개와 크기가 같은 초콜릿을 빈틈없이 넣었습니다. 부피를 비교할 수 있는 상자 2개를 골라 기호를 써 보세요.

> • 가 상자에는 지우개가 12개 들어갑니다.
> • 나 상자에는 초콜릿 20개를 넣을 수 있습니다.
> • 다 상자에는 지우개가 24개 들어갑니다.

( )

[08~09] 같은 크기의 쌓기나무를 사용하여 다음과 같이 직육면체 모양으로 쌓았습니다. 물음에 답하세요.

가 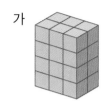   나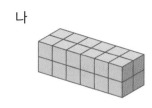

08 가와 나에 사용한 쌓기나무는 각각 몇 개인가요?

가 (   ), 나 (   )

⊏**중요**⊐

09 두 직육면체의 부피를 비교하여 ○ 안에 >, =, < 를 알맞게 써넣으세요.

가의 부피 ◯ 나의 부피

⊏**어려운 문제**⊐

10 크기가 같은 쌓기나무를 사용하여 상자 가와 나의 부피를 비교하려고 합니다. 부피가 더 작은 상자의 기호를 써 보세요.

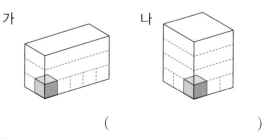

(   )

도움말 가와 나에 담을 수 있는 쌓기나무의 수를 구해 비교합니다.

문제해결 접근하기

11 세아와 준영이는 모양과 크기가 같은 과자 상자를 쌓아서 직육면체를 만들었습니다. 어느 직육면체의 부피가 더 큰지 구해 보세요.

가    나

이해하기

구하려는 것은 무엇인가요?

답 _____

_____

계획 세우기

어떤 방법으로 문제를 해결하면 좋을까요?

답 _____

_____

해결하기

(1) 직육면체 가에 사용한 과자 상자는 모두 ☐ 개입니다.

(2) 직육면체 나에 사용한 과자 상자는 모두 ☐ 개입니다.

(3) 과자 상자의 수를 비교해 보면 직육면체 ☐ 의 부피가 직육면체 ☐ 의 부피보다 더 큽니다.

되돌아보기

모양과 크기가 같은 쌓기나무를 쌓아서 직육면체를 만들었습니다. 두 직육면체의 부피를 비교하여 ○ 안에 >, =, <를 알맞게 써넣으세요.

가 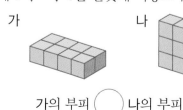 나

가의 부피 ◯ 나의 부피

개념 2 # 직육면체의 부피를 구하는 방법을 알아볼까요

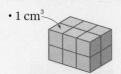

부피가 1 cm³인 쌓기나무가 12개이므로 직육면체의 부피는 12 cm³입니다.

부피의 단위 알아보기

• 부피를 나타낼 때 한 모서리의 길이가 1 cm인 정육면체를 부피의 단위로 사용할 수 있습니다. 이 정육면체의 부피를 1 cm³라 쓰고, 1 세제곱센티미터라고 읽습니다.

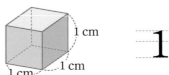

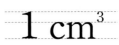

직육면체의 부피를 구하는 방법

– 쌓기나무가 가로에 3개, 세로에 2개 있으므로 한 층의 쌓기나무는 3×2=6(개)입니다.
– 쌓기나무가 모두 4층으로 쌓여 있으므로 전체 쌓기나무는 모두 3×2×4=24(개)입니다.

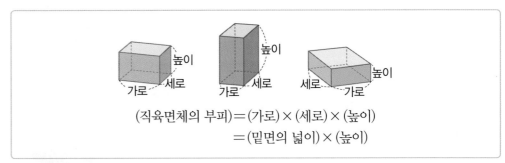

(직육면체의 부피)＝(가로)×(세로)×(높이)
＝(밑면의 넓이)×(높이)

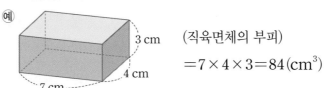

(직육면체의 부피)
$=7 \times 4 \times 3 = 84 (cm^3)$

정육면체의 부피를 구하는 방법

(정육면체의 부피)＝(한 모서리의 길이)×(한 모서리의 길이)
×(한 모서리의 길이)

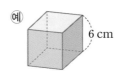

(정육면체의 부피)
$=6 \times 6 \times 6 = 216 (cm^3)$

1 부피가 **1 cm³**인 쌓기나무를 쌓아 직육면체를 만들었습니다. 쌓기나무의 수와 직육면체의 부피를 구해 보세요.

직육면체의 부피를 구할 수 있는지 묻는 문제예요.

(1)

쌓기나무의 수: ☐ 개

직육면체의 부피: ☐ cm³

■ 한 층에 쌓인 쌓기나무의 수를 먼저 세고 몇 층인지 세어 보아요.

(2)

쌓기나무의 수: ☐ 개

직육면체의 부피: ☐ cm³

2 직육면체와 정육면체의 부피를 구해 보세요.

(1)

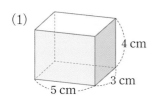

4 cm
3 cm
5 cm

(직육면체의 부피)

= (가로) × (세로) × (높이)

= ☐ × ☐ × ☐

= ☐ (cm³)

■ 직육면체의 가로, 세로, 높이를 이용해 부피를 구해 보아요.

(2)

2 cm
2 cm
2 cm

(정육면체의 부피)

= (한 모서리의 길이) × (한 모서리의 길이) × (한 모서리의 길이)

= ☐ × ☐ × ☐

= ☐ (cm³)

■ 정육면체의 한 모서리의 길이를 이용해 부피를 구해 보아요.

01 다음 물건 중 부피가 **1 cm³**와 가장 비슷한 물건을 찾아 기호를 써 보세요.

> ㉠ 필통　　㉡ 국어사전　　㉢ 각설탕

(　　　　　　　)

02

<중요>

잘못 말한 사람의 이름을 쓰고, 잘못된 부분을 바르게 고쳐 써 보세요.

> 지호: 1 cm³는 1 제곱센티미터라고 읽어.
> 인수: 1 cm³는 한 모서리의 길이가 1 cm인 정육면체의 부피야.

잘못 말한 사람: (　　　　　　　)

바르게 고쳐 쓰기

_____

_____

03 부피가 **1 cm³**인 쌓기나무를 쌓아 직육면체를 만들었습니다. 직육면체의 부피는 몇 cm³인가요?

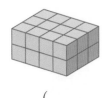

(　　　　　　　)

[04~05] 직육면체와 정육면체의 부피를 구해 보세요.

04

4 cm
7 cm
10 cm

(　　　　　　　)

05

8 cm
8 cm
8 cm

(　　　　　　　)

06 정육면체의 한 면의 모양이 다음과 같습니다. 이 정육면체의 부피는 몇 **cm³**인가요? (　　　)

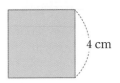

4 cm

① 4 cm³　　② 8 cm³　　③ 16 cm³
④ 64 cm³　　⑤ 80 cm³

07 두 사람이 부피가 **1 cm³**인 쌓기나무를 쌓아 다음과 같이 직육면체를 만들었습니다. 부피가 더 큰 직육면체를 만든 사람의 이름을 써 보세요.

> • 서우: 가로에 4개, 세로에 5개, 높이에 4개가 되도록 직육면체를 만들었어.
> • 지윤: 한 층에 12개를 놓고 7층까지 쌓았어.

(　　　　　　　)

문제해결 접근하기

⌐중요⌐

08 다음 직육면체의 부피는 108 cm³입니다. 밑면의 넓이가 12 cm²일 때 □ 안에 알맞은 수를 써넣으세요.

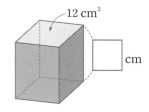

12 cm²

□ cm

09 다음 설명 중 옳은 것은 ○표, 옳지 않은 것은 ×표 하세요.

(1) 가로와 세로가 각각 2배가 되면 직육면체의 부피는 2배가 됩니다. ( )

(2) 높이가 3배가 되면 직육면체의 부피는 3배가 됩니다. ( )

⌐어려운 문제⌐

10 정육면체 모양의 젤리 상자를 쌓아 부피가 3000 cm³인 직육면체를 만들려고 합니다. 한 층에 젤리 상자를 오른쪽 그림과 같이 놓았다면, 몇 층으로 쌓아야 하나요?

5 cm

( )

도움말 직육면체의 부피는 (밑면의 넓이)×(높이)로 구할 수 있습니다.

11 정육면체 가와 직육면체 나의 부피가 같습니다. 직육면체의 높이를 구해 보세요.

가   나

6 cm   □ cm
          6 cm 9 cm

이해하기

구하려는 것은 무엇인가요?

답 _____

_____

계획 세우기

어떤 방법으로 문제를 해결하면 좋을까요?

답 _____

_____

_____

해결하기

(1) 정육면체 가의 부피는 [ ] cm³입니다.

(2) 직육면체 나의 높이를 □라고 하여 부피를 구하는 식은 다음과 같습니다.

식 _____

(3) 따라서 직육면체의 나의 높이는 [ ] cm입니다.

되돌아보기

다음 직육면체의 부피가 36 cm³일 때 □ 안에 알맞은 수를 구해 보세요.

3 cm
6 cm □ cm

답 _____

_____

개념 3 1 m³를 알아볼까요

• 큰 직육면체의 부피를 나타낼 때에는 cm³보다 m³로 나타내는 것이 간편합니다.

▌1 m³ 알아보기

• 부피를 나타낼 때 한 모서리의 길이가 1 m인 정육면체를 부피의 단위로 사용할 수 있습니다. 이 정육면체의 부피를 $1 m^3$라 쓰고, 1 세제곱미터라고 읽습니다.

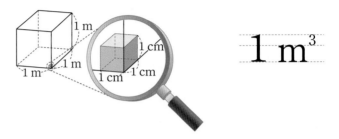

• 교실의 부피나 건축 현장에 쌓여 있는 벽돌처럼 큰 직육면체의 부피를 나타낼 때 부피의 단위로 m^3를 사용합니다.

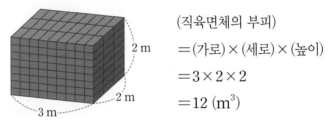

(직육면체의 부피)
$$= (가로) \times (세로) \times (높이)$$
$$= 3 \times 2 \times 2$$
$$= 12 \ (m^3)$$

▌1 m³와 1 cm³의 관계

• 단위 사이의 관계
$1 m = 100 cm$
$1 m^2 = 10000 cm^2$
$1 m^3 = 1000000 cm^3$

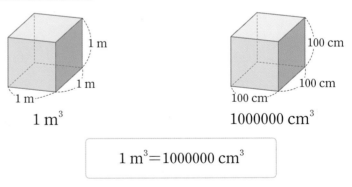

$1 m^3$ 　　　　　　 $1000000 cm^3$

$$1 m^3 = 1000000 cm^3$$

• 부피가 $1 m^3$인 정육면체를 만들려면 부피가 $1 cm^3$인 쌓기나무를 가로에 100개, 세로에 100개, 높이에 100층을 쌓아야 합니다.

• 부피가 $1 m^3$인 정육면체를 쌓는 데 $1 cm^3$인 쌓기나무가 1000000개 필요합니다.

1 □ 안에 알맞게 써넣으세요.

한 모서리의 길이가 1 m인 정육면체의 부피를 ☐ (이)라 쓰고,

☐ (이)라고 읽습니다.

$$1 \text{ m}^3 = \boxed{} \text{ cm}^3$$

1 cm^3보다 큰 단위인 1 m^3를 알고 부피를 구할 수 있는 지 묻는 문제예요.

■ 한 모서리의 길이가 1 m인 정육면체에 1 cm^3가 몇 개 들어가는지 알아보아요.

2 직육면체와 정육면체의 부피를 구해 보세요.

(1)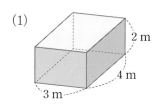

2 m
4 m
3 m

(직육면체의 부피)

$$= \boxed{} \times \boxed{} \times \boxed{}$$

$$= \boxed{} \text{ (m}^3\text{)}$$

■ 직육면체의 부피는 (가로)×(세로)×(높이)예요.

(2)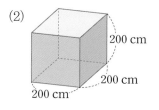

200 cm
200 cm
200 cm

(정육면체의 부피)

$$= 200 \times \boxed{} \times \boxed{}$$

$$= \boxed{} \text{ (cm}^3\text{)}$$

$$= \boxed{} \text{ (m}^3\text{)}$$

■ 단위에 주의하여 정육면체의 부피를 구해 보아요.

[01~02] 직육면체를 보고 물음에 답하세요.

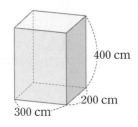

400 cm
200 cm
300 cm

01 직육면체의 가로, 세로, 높이를 m로 각각 나타내어 보세요.

가로 (   )

세로 (   )

높이 (   )

02 직육면체의 부피는 몇 m^3인가요?

(   )

ᄃ중요ᄀ

03 □ 안에 알맞은 수를 써넣으세요.

(1) $4 \text{ m}^3 = $ ☐ cm^3

(2) $2000000 \text{ cm}^3 = $ ☐ m^3

04 관계있는 것끼리 이어 보세요.

5 m^3 •		• 5000000 cm^3
0.5 m^3 •		• 50000000 cm^3
50 m^3 •		• 500000 cm^3

[05~06] 직육면체와 정육면체의 부피는 몇 m^3인지 구해 보세요.

05

6 m
4 m
5 m

(   )

06

3 m
3 m
3 m

(   )

07 보기 에서 알맞은 부피의 단위를 골라 □ 안에 써넣으세요.

보기

cm^3 m^3

(1) 냉장고의 부피는 약 3 ☐ 입니다.

(2) 필통의 부피는 약 1000 ☐ 입니다.

(3) 학교 교실의 부피는 약 140 ☐ 입니다.

정답과 해설 32쪽

c중요ɔ

08 직육면체의 부피는 몇 m³인가요?

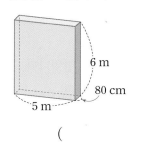

( )

09 부피가 큰 순서대로 기호를 써 보세요.

㉠ 3.5 m³
㉡ 700000 cm³
㉢ 가로가 0.4 m, 세로가 5 m, 높이가 3 m인
직육면체의 부피

( )

c어려운 문제ɔ

10 한 모서리의 길이가 50 cm인 정육면체 모양의 상자로 가로가 3 m, 세로가 4 m, 높이가 2 m인 직육면체를 만들려고 합니다. 필요한 상자의 수를 구해 보세요.

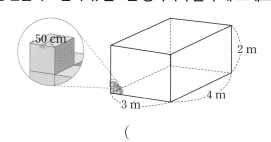

( )

도움말 1 m에는 50 cm를 2개 놓을 수 있습니다.

11 직육면체 가와 나 중 어느 것의 부피가 몇 cm³만큼 더 큰지 구해 보세요.

가
80 cm
2 m 50 cm

나
0.7 m
5 m 0.2 m

이해하기

구하려는 것은 무엇인가요?

답 _____

_____

_____

계획 세우기

어떤 방법으로 문제를 해결하면 좋을까요?

답 _____

_____

_____

해결하기

(1) 직육면체 가의 부피는 [ ] m³입니다.

(2) 직육면체 나의 부피는 [ ] m³입니다.

(3) 두 직육면체 부피의 차는 [ ] m³입니다.

1 m³=1000000 cm³이므로

[ ] m³=[ ] cm³입니다.

(4) 직육면체 [ ] 가 [ ] cm³만큼
더 큽니다.

되돌아보기

□ 안에 알맞은 수를 써넣으세요.

• 2 m³=[ ] cm³

• 0.2 m³=[ ] cm³

• 0.02 m³=[ ] cm³

개념
확인 학습

개념 **4** 직육면체의 겉넓이를 구하는 방법을 알아볼까요

▍직육면체의 겉넓이를 구하는 방법

• 직육면체의 겉넓이는 직육면체의 여섯 면의 넓이의 합입니다.

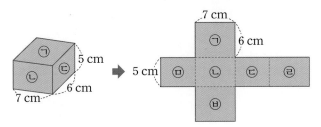

방법 1 여섯 면의 넓이를 각각 구해 더합니다.

ㄱ+ㄴ+ㄷ+ㄹ+ㅁ+ㅂ

$=42+35+30+35+30+42=214\,(\text{cm}^2)$

방법 2 3쌍의 면이 합동인 성질을 이용합니다.

$(ㄱ+ㄴ+ㄷ)\times 2=(42+35+30)\times 2=214\,(\text{cm}^2)$

방법 3 두 밑면의 넓이와 옆면의 넓이를 더합니다.

$\underset{ㄱ+ㅂ}{42\times 2}+\underset{ㅁ+ㄴ+ㄷ+ㄹ}{(6+7+6+7)\times 5}=84+130=214\,(\text{cm}^2)$

• 직육면체의 마주 보는 면은 서로 합동입니다. ㄱ과 ㅂ, ㄴ과 ㄹ, ㄷ과 ㅁ은 서로 합동입니다.
(직육면체의 겉넓이)
$=(ㄱ+ㄴ+ㄷ)\times 2$

▍정육면체의 겉넓이를 구하는 방법

• 정육면체의 겉넓이는 서로 합동인 여섯 면의 넓이의 합입니다.

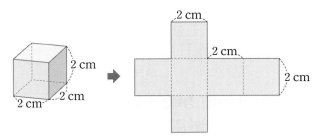

• (정육면체의 한 면의 넓이)
=(한 모서리의 길이)
×(한 모서리의 길이)
(정육면체의 겉넓이)
=(한 모서리의 길이)
×(한 모서리의 길이)×6

(정육면체의 겉넓이)=(여섯 면의 넓이의 합)

=(한 면의 넓이)×6

$=4\times 6=24\,(\text{cm}^2)$

1 직육면체의 겉넓이를 구해 보세요.

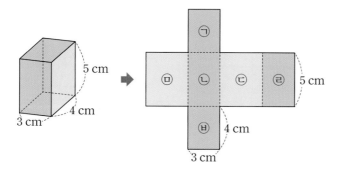

직육면체의 겉넓이를 구할 수 있는지 묻는 문제예요.

(1) 여섯 면의 넓이를 각각 구해서 더해 보세요.

ㄱ+ㄴ+ㄷ+ㄹ+ㅁ+ㅂ

$= 12+15+20+$ ☐ $+$ ☐ $+$ ☐ $=$ ☐ (cm^2)

(2) 세 쌍의 면이 합동인 성질을 이용하여 구해 보세요.

(ㄱ+ㄴ+ㄷ)×2

$=($ ☐ $+$ ☐ $+$ ☐ $)×2=$ ☐ (cm^2)

(3) 두 밑면의 넓이와 옆면의 넓이의 합으로 구해 보세요.

(한 밑면의 넓이)×2+(옆면의 넓이)

$=(3×$ ☐ $)×2+(4+3+$ ☐ $+$ ☐ $)×5$

$=$ ☐ (cm^2)

■ 옆면 ㅁ, ㄴ, ㄷ, ㄹ을 함께 생각하면 큰 직사각형 모양이에요. 옆면의 넓이를 직사각형의 넓이로 구해 보아요.

2 정육면체의 겉넓이를 구해 보세요.

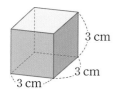

(정육면체의 겉넓이)

=(한 면의 넓이)×6

$=$ ☐ $×$ ☐ $×6$

$=$ ☐ (cm^2)

■ 정육면체의 한 면의 넓이는 (한 모서리의 길이)×(한 모서리의 길이)로 구할 수 있어요.

01 직육면체에서 서로 합동인 면을 찾아 겉넓이를 구하려고 합니다. ☐ 안에 알맞은 수를 써넣으세요.

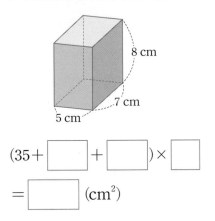

$$(35 + \boxed{} + \boxed{}) \times \boxed{}$$

$$= \boxed{} (cm^2)$$

[02~03] 직육면체와 정육면체의 겉넓이를 구해 보세요.

02

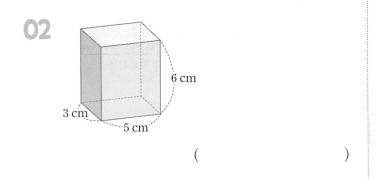

(   )

03

4 cm
4 cm
4 cm

(   )

04 다음 전개도로 만들 수 있는 직육면체의 겉넓이는 몇 cm^2인가요?

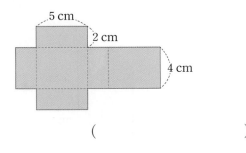

(   )

05 가로가 **4 m**, 세로가 **5 m**, 높이가 **7 m**인 직육면체의 겉넓이는 몇 m^2인가요?

(   )

06 다음 전개도로 만든 정육면체의 한 면의 넓이가 **25 cm^2**일 때 겉넓이는 몇 cm^2인가요?

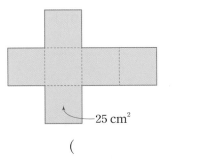

─ 25 cm^2

(   )

07 모서리의 길이의 합이 **96 cm**인 정육면체의 겉넓이는 몇 cm^2인가요?

(   )

문제해결 접근하기

08 겉넓이가 넓은 순서대로 기호를 써 보세요.

> ㉠ 한 면의 넓이가 9 cm²인 정육면체
> ㉡ 한 밑면의 넓이가 4 cm²이고, 옆면의 넓이가 50 cm²인 직육면체
> ㉢ 가로 2 cm, 세로 3 cm, 높이 4 cm인 직육면체

(   )

09 두 직육면체의 겉넓이의 차를 구해 보세요.

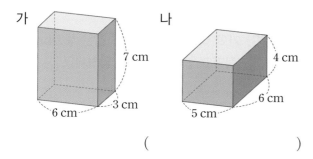

(   )

⊂어려운 문제⊃

10 다음 정육면체의 겉넓이는 **294 cm²**입니다. □ 안에 알맞은 수를 써넣으세요.

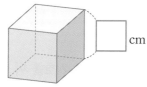

도움말 정육면체의 겉넓이는 한 면의 넓이의 6배입니다.

11 직육면체의 겉넓이는 **126 cm²**입니다. 직육면체의 높이를 구해 보세요.

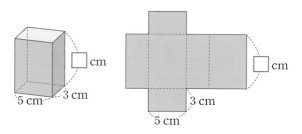

이해하기

구하려는 것은 무엇인가요?

답 _____

_____

계획 세우기

어떤 방법으로 문제를 해결하면 좋을까요?

답 _____

_____

해결하기

(1) 직육면체의 한 밑면의 넓이는

    ☐ cm²입니다.

(2) 직육면체의 높이를 □라고 하여 겉넓이를 구하는 식을 쓰면 다음과 같습니다.

    식 _____

(3) 직육면체의 높이는 ☐ cm입니다.

되돌아보기

정육면체의 겉넓이가 54 cm²일 때 한 모서리의 길이를 구해 보세요.

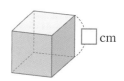

답 _____

_____

01 빗금 친 면의 넓이가 같을 때 부피가 큰 직육면체부터 차례로 기호를 써 보세요.

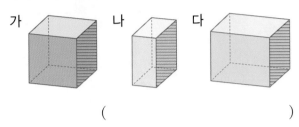

( )

02 크기와 모양이 같은 쌓기나무로 직육면체를 만들었습니다. 부피가 더 작은 직육면체의 기호를 써 보세요.

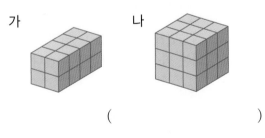

( )

03 부피가 1 cm³인 쌓기나무로 다음과 같이 직육면체를 만들었습니다. 쌓기나무의 수와 직육면체의 부피를 구해 ☐ 안에 알맞은 수를 써넣으세요.

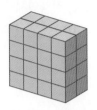

쌓기나무의 수	직육면체의 부피
☐ 개	☐ cm³

[04~05] 가와 나 상자에 크기가 같은 쌓기나무를 담아서 부피를 비교하려고 합니다. 물음에 답하세요.

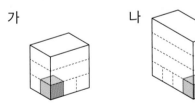

04 가와 나 상자에 담을 수 있는 쌓기나무는 각각 몇 개인가요?

가 ( )
나 ( )

05 부피가 더 큰 상자의 기호를 써 보세요.

( )

06 직육면체의 부피는 몇 cm^3인가요?

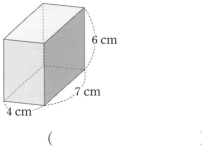

( )

07 세호는 가로가 **20 cm**, 세로가 **15 cm**, 높이가 **7 cm**인 직육면체 모양의 케이크를 만들었습니다. 세호가 만든 케이크의 부피는 몇 cm^3인가요?

( )

08 □ 안에 알맞은 수를 써넣으세요.

(1) $2.5 \ m^3 =$ ⬚ cm^3

(2) ⬚ $m^3 = 700000 \ cm^3$

c중요ɔ

09 두 직육면체의 부피의 차는 몇 cm^3인가요?

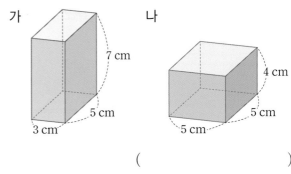

( )

10 정육면체의 부피는 몇 m^3인가요?

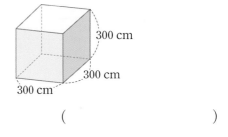

( )

11 다음 전개도를 이용하여 직육면체 모양의 상자를 만들었습니다. 이 상자의 겉넓이는 몇 cm^2인가요?

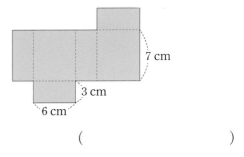

( )

⌐중요⌐
12 한 면의 넓이가 121 cm²인 정육면체의 겉넓이는 몇 cm²인가요?

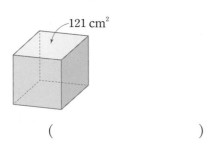
121 cm²

(   )

13 다음 직육면체의 부피는 90 cm³입니다. 직육면체의 높이는 몇 cm인가요?

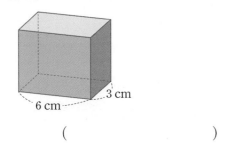
6 cm   3 cm

(   )

14 두 직육면체의 밑면의 넓이는 같습니다. 두 직육면체의 겉넓이의 차는 몇 cm²인가요?

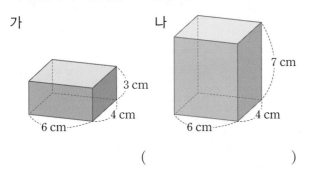
가   나
3 cm   7 cm
6 cm   4 cm   6 cm   4 cm

(   )

⌐서술형⌐
15 직육면체 모양의 선물 상자의 부피는 몇 m³인지 풀이 과정을 쓰고 답을 구해 보세요.

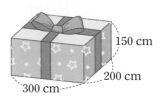
150 cm
200 cm
300 cm

풀이

(1) 선물 상자의 가로, 세로, 높이를 m로 나타내면 가로 (   ) m, 세로 (   ) m, 높이 (   ) m입니다.

(2) 선물 상자의 부피를 구하는 식은 다음과 같습니다.

식 _____

(3) 따라서 선물 상자의 부피를 구하면 (   ) m³입니다.

답 _____

16 부피가 큰 순서대로 기호를 써 보세요.

㉠ 7.5 m³
㉡ 한 모서리의 길이가 2 m인 정육면체의 부피
㉢ 8300000 cm³
㉣ 가로가 3 m, 세로가 250 cm, 높이가 90 cm 인 직육면체의 부피

(   )

17 다음 그림과 같은 직육면체 모양의 빵을 잘라 정육면체 모양을 만들려고 합니다. 만들 수 있는 가장 큰 정육면체의 부피는 몇 cm^3인가요?

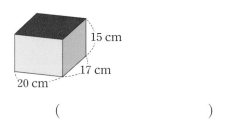

(   )

⊂서술형⊃
18 직육면체 가와 정육면체 나의 부피가 똑같습니다. 직육면체 가의 높이가 몇 cm인지 풀이 과정을 쓰고 답을 구해 보세요.

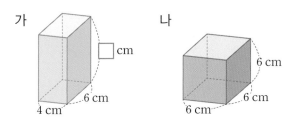

풀이
(1) 정육면체 나의 부피는 (   ) cm^3입니다.
(2) 직육면체 가의 밑면의 넓이는 (   ) cm^2입니다.
(3) 직육면체의 부피는 (밑면의 넓이)×(높이)이므로 높이는
     (   )÷(   )=(   ) (cm)
입니다.

답 _____

19 한 모서리의 길이가 2 cm인 정육면체 모양의 상자를 쌓아 오른쪽 그림과 같은 직육면체를 만들려고 합니다. 필요한 정육면체 상자의 개수를 구해 보세요.

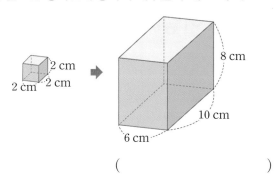

(   )

⊂어려운 문제⊃
20 다음 직육면체에서 색칠한 면의 넓이는 42 cm^2이고, 높이는 5 cm입니다. 이 직육면체의 겉넓이는 몇 cm^2인가요?

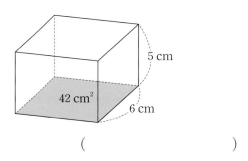

(   )

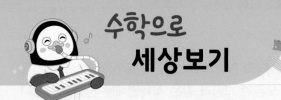

치즈를 어떻게 쌓을까?

2 cm

상윤이는 왼쪽 그림과 같은 정육면체 모양의 치즈 8개를 쌓아 포장하려고 해요. 어떻게 쌓아야 포장지를 가장 적게 사용할 수 있을까요? 친구들이 쌓은 방법을 살펴봅시다.

(1) 인수의 방법

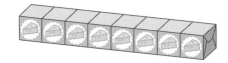

인수의 방법으로 치즈를 쌓으면 필요한 포장지는 몇 cm^2인가요?

(2) 세진이의 방법

세진이의 방법으로 치즈를 쌓으면 필요한 포장지는 몇 cm^2인가요?

(3) 지민이의 방법

지민이의 방법으로 치즈를 쌓으면 필요한 포장지는 몇 cm^2인가요?

(4) 포장지를 가장 적게 사용하는 방법은 누구의 방법인지 써 보세요. (   )

개념책

BOOK 1 개념책으로 **학습 개념**을
확실하게 공부했나요?

실전책

BOOK 2 실전책에는 **요점 정리**가
있어서 **공부한 내용을 복습**할 수 있어요!
단원평가가 들어 있어
내 실력을 확인해 볼 수 있답니다.

EBS

EBS 초등
인터넷·모바일·TV
무료 강의 제공

초|등|부|터 EBS

만점왕

수학 6-1

예습, 복습, 숙제까지 해결되는
교과서 완전 학습서

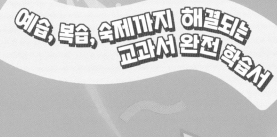
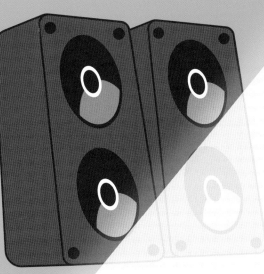
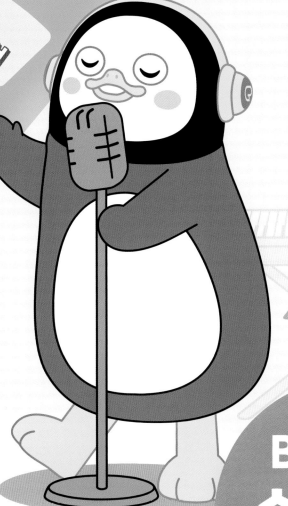

BOOK 2
실전책

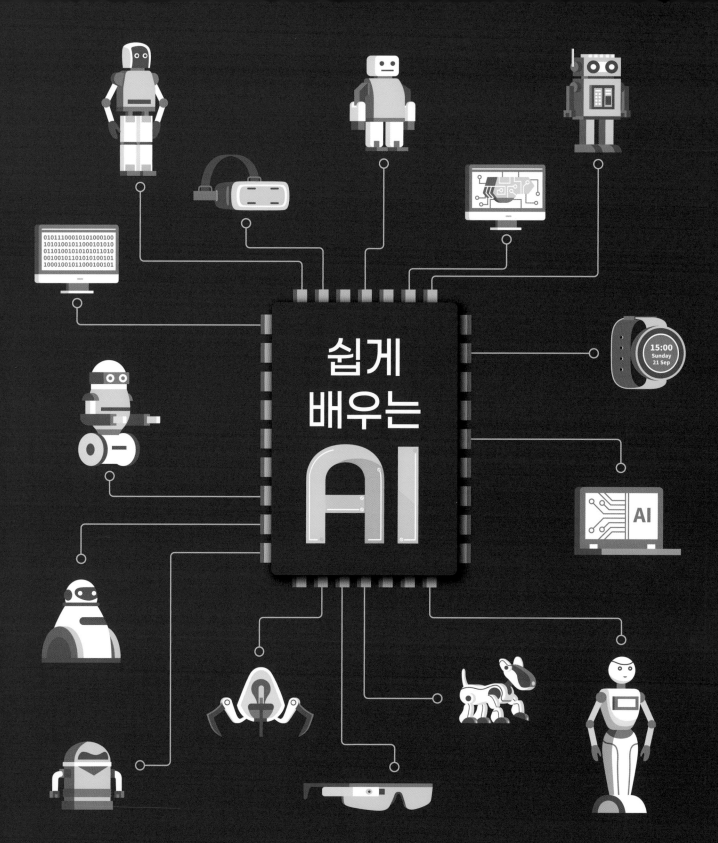

쉽게
배우는
AI

15:00
Sunday
21 Sep

AI

교육과정과 융합한
쉽게 배우는
인공지능(AI) 입문서

초등 　　　　중학 　　　　고교

BOOK 2
실전책

만점왕 수학
6-1

BOOK 2 실전책

시험 2주 전 공부

핵심을 복습하기

시험이 2주 남았네요. 이럴 땐 먼저 핵심을 복습해 보면 좋아요.

만점왕 북2 실전책을 펴 보면

각 단원별로 핵심 정리와 쪽지 시험이 있습니다.

정리된 핵심을 읽고 확인 문제를 풀어 보세요.

확인 문제가 어렵게 느껴지거나 자신 없는 부분이 있다면

북1 개념책을 찾아서 다시 읽어 보는 것도 도움이 돼요.

시험 1주 전 공부

시간을 정해 두고 연습하기

앗, 이제 시험이 일주일 밖에 남지 않았네요.

시험 직전에는 실제 시험처럼 시간을 정해 두고 문제를 푸는 연습을 하는 게 좋아요.

그러면 시험을 볼 때에 떨리는 마음이 줄어드니까요.

이때에는 **만점왕 북2의 학교 시험 만점왕, 서술형·논술형 평가를**

풀어 보면 돼요.

시험 시간에 맞게 풀어 본 후 맞힌 개수를 세어 보면

자신의 실력을 알아볼 수 있답니다.

이 책의 차례

CONTENTS

BOOK

2

실전책

● (자연수)÷(자연수)의 몫을 분수로 나타내기

— 몫이 1보다 작은 경우

• 1÷5, 3÷5의 몫을 분수로 나타내기

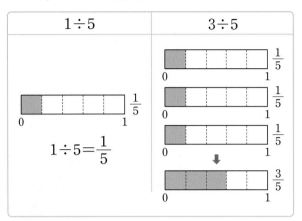

$1 \div 5$	$3 \div 5$

$$1 \div 5 = \frac{1}{5}$$

➡ 3÷5는 $\frac{1}{5}$이 3개이므로 $3 \div 5 = \frac{3}{5}$입니다.

● (자연수)÷(자연수)의 몫을 분수로 나타내기

— 몫이 1보다 큰 경우

• 방법 1 3÷2의 몫을 분수로 나타내기(1)

− $3 \div 2 = 1 \cdots 1$

− $3 \div 2 = 1\frac{1}{2}$

➡ $1\frac{1}{2} = \frac{3}{2}$

• 방법 2 3÷2의 몫을 분수로 나타내기(2)

− $1 \div 2 = \frac{1}{2}$

− 3÷2는 $\frac{1}{2}$이 3개이므로 $\frac{3}{2}$입니다.

− $3 \div 2 = \frac{3}{2}$

➡ $\frac{3}{2} = 1\frac{1}{2}$

● (분수)÷(자연수) 알아보기

• 분자가 자연수의 배수일 때에는 분자를 자연수로 나눕니다.

예 $\frac{4}{5} \div 2 = \frac{4 \div 2}{5} = \frac{2}{5}$

• 분자가 자연수의 배수가 아닐 때에는 크기가 같은 분수 중에 분자가 자연수의 배수가 되는 수로 바꾸어 계산합니다.

예 $\frac{5}{6} \div 3 = \frac{5 \times 3}{6 \times 3} \div 3 = \frac{15}{18} \div 3$

$= \frac{15 \div 3}{18} = \frac{5}{18}$

● (분수)÷(자연수)를 분수의 곱셈으로 나타내어 계산하기

• 자연수를 $\frac{1}{(자연수)}$로 바꾼 다음 곱하여 계산합니다.

예 $\frac{5}{9} \div 4 = \frac{5}{9} \times \frac{1}{4} = \frac{5}{36}$

$\frac{8}{7} \div 5 = \frac{8}{7} \times \frac{1}{5} = \frac{8}{35}$

$$\frac{★}{■} \div ● = \frac{★}{■} \times \frac{1}{●}$$

● (대분수)÷(자연수) 알아보기

• 대분수를 가분수로 바꾸고 분자를 자연수로 나누어 계산합니다.

예 $3\frac{1}{3} \div 5 = \frac{10}{3} \div 5 = \frac{10 \div 5}{3} = \frac{2}{3}$

• 대분수를 가분수로 바꾸고 나눗셈을 곱셈으로 나타내어 계산합니다.

예 $2\frac{1}{5} \div 3 = \frac{11}{5} \div 3 = \frac{11}{5} \times \frac{1}{3} = \frac{11}{15}$

참고 분자가 자연수로 나누어떨어지지 않으면 나눗셈을 곱셈으로 나타내어 계산하면 간단합니다.

정답과 해설 35쪽

01 1÷9를 그림으로 나타내고 몫을 구해 보세요.

$$1÷9=\frac{\Box}{\Box}$$

02 4÷5를 그림으로 나타내고 몫을 구해 보세요.

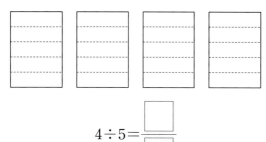

$$4÷5=\frac{\Box}{\Box}$$

03 5÷3의 몫을 분수로 나타내는 과정입니다. □ 안에
에 알맞은 수를 써넣으세요.

$$1÷3=\frac{\Box}{\Box}$$

$$5÷3은 \frac{1}{3}이 \Box 개$$

$$5÷3=\frac{\Box}{\Box}=\Box\frac{\Box}{\Box}$$

04 □ 안에 알맞은 수를 써넣으세요.

$$13÷4=3\cdots\Box,$$

나머지 □ 을/를 4로 나누면 $\dfrac{\Box}{4}$

$$➡ 13÷4=\Box\frac{\Box}{4}=\frac{\Box}{4}$$

[05~06] □ 안에 알맞은 수를 써넣으세요.

05 $\dfrac{12}{13}÷6=\dfrac{\boxed{}÷6}{13}=\dfrac{\boxed{}}{13}$

06 $\dfrac{6}{7}÷5=\dfrac{\boxed{}}{35}÷5=\dfrac{\boxed{}÷5}{35}=\dfrac{\boxed{}}{35}$

07 $\dfrac{2}{5}÷3$의 몫을 구하려고 합니다. 그림을 보고 □ 안에
알맞은 수를 써넣으세요.

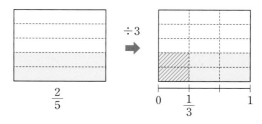

$$\frac{2}{5}÷3=\frac{2}{5}×\frac{\Box}{\Box}=\frac{\Box}{\Box}$$

08 빈칸에 알맞은 수를 써넣으세요.

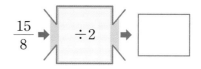

[09~10] □ 안에 알맞은 수를 써넣으세요.

09 $3\dfrac{8}{9}÷7=\dfrac{\boxed{}}{9}÷7=\dfrac{\boxed{}÷7}{9}=\dfrac{\boxed{}}{\boxed{}}$

10 $2\dfrac{5}{6}÷5=\dfrac{\boxed{}}{6}×\dfrac{1}{\boxed{}}=\dfrac{\boxed{}}{\boxed{}}$

정답과 해설 **35**쪽

1. 분수의 나눗셈

01 2÷3을 그림으로 나타내고 몫을 구해 보세요.

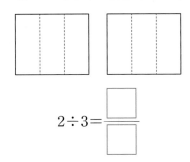

$$2 \div 3 = \frac{\square}{\square}$$

02 □ 안에 알맞은 수를 써넣으세요.

$$\square \div 6 = \frac{5}{6}$$

03 빈칸에 알맞은 수를 써넣으세요.

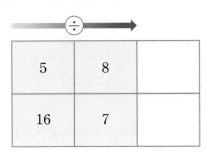

04 물 8 L를 물통 9개에 똑같이 나누어 담으려고 합니다. 물통 한 개에 몇 L씩 담으면 되는지 분수로 나타내어 보세요.

( )

05 삼각형의 넓이는 몇 **cm²**인가요? ( )

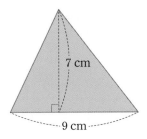

① $\frac{7}{9}$ cm²   ② $\frac{9}{7}$ cm²

③ $\frac{16}{2}$ cm²   ④ 63 cm²

⑤ $\frac{63}{2}$ cm²

06 하늘색 테이프 5 m를 똑같이 7도막으로 나누었고, 주황색 테이프 3 m를 똑같이 4도막으로 나누었습니다. 어느 색 테이프의 한 도막의 길이가 더 긴지 풀이 과정을 쓰고 답을 구해 보세요.

풀이

_____

_____

_____

답 _____

07 ㉠÷㉡을 구해 보세요.

$$\frac{8}{9} \div 4 = \frac{8 \div 4}{9} = \frac{㉡}{㉠}$$

( )

08 계산해 보세요.

(1) $\dfrac{9}{10} \div 3$

(2) $\dfrac{5}{7} \div 9$

12 몫이 작은 것부터 차례로 기호를 써 보세요.

ㄱ $\dfrac{9}{2} \div 3$ ㄴ $\dfrac{7}{3} \div 2$

ㄷ $\dfrac{13}{4} \div 6$ ㄹ $\dfrac{21}{5} \div 7$

( )

09 빈칸에 알맞은 기약분수를 써넣으세요.

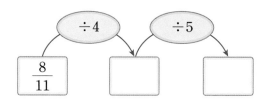

13 보기 와 같은 방법으로 계산해 보세요.

보기

$$3\dfrac{3}{7} \div 6 = \dfrac{24}{7} \div 6 = \dfrac{24 \div 6}{7} = \dfrac{4}{7}$$

$4\dfrac{4}{9} \div 5 = $ _____

10 잘못 계산한 곳을 찾아 바르게 계산해 보세요.

$$\dfrac{17}{9} \div 3 = \dfrac{17}{9 \div 3} = \dfrac{17}{3} = 5\dfrac{2}{3}$$

⬇

11 소영이네 집 고양이의 무게는 몇 kg인지 기약분수로 나타내어 보세요.

• 영진: 우리 집 강아지의 무게는 $16\dfrac{4}{5}$ kg이야.

• 소영: 너희 집 강아지의 무게는 우리 집 고양이의 무게의 4배구나.

( )

14 계산 결과를 찾아 이어 보세요.

$3\dfrac{4}{5} \div 6$ • • $\dfrac{29}{32}$

$7\dfrac{2}{8} \div 8$ • • $\dfrac{3}{4}$

$6\dfrac{3}{4} \div 9$ • • $\dfrac{19}{30}$

15 계산 결과를 비교하여 ○ 안에 >, =, <를 알맞게 써넣으세요.

$$3\frac{5}{9} \div 4 \bigcirc 2\frac{2}{3} \div 2$$

18 가장 큰 수를 가장 작은 수로 나눈 몫을 분수로 나타내어 보세요.

$$5\frac{2}{3} \quad 3 \quad 5 \quad 9\frac{1}{4}$$

(   )

16 소민이는 매일 같은 거리를 걷습니다. 소민이가 4일 동안 걸은 거리가 $4\frac{4}{5}$ km일 때, 앞으로 3일 동안 걸을 거리는 몇 km인지 풀이 과정을 쓰고 답을 기약분수로 나타내어 보세요.

풀이

_____

_____

_____

답 _____

19 끈 $2\frac{1}{4}$ m를 모두 사용하여 정사각형 모양 1개와 정오각형 모양 1개를 만들었습니다. 정사각형과 정오각형의 한 변의 길이가 같다면 정오각형의 한 변의 길이는 몇 m인지 기약분수로 나타내어 보세요.

(   )

20 한 대각선의 길이가 4 cm이고 넓이가 $9\frac{1}{7}$ cm²인 마름모가 있습니다. 다른 대각선의 길이는 몇 cm인가요?

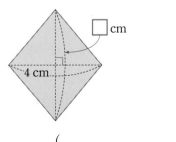

17 □ 안에 들어갈 수 있는 자연수 중에서 가장 작은 수를 구해 보세요.

$$8\frac{2}{3} \div 2 < \square$$

(   )

(   )

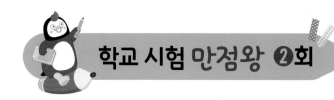

01 $5 \div 8$의 몫을 그림으로 나타내고 분수로 나타내어 보세요.

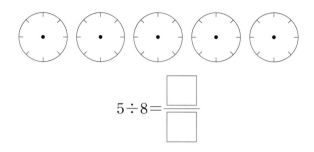

$$5 \div 8 = \frac{\square}{\square}$$

02 빈칸에 알맞은 분수를 써넣으세요.

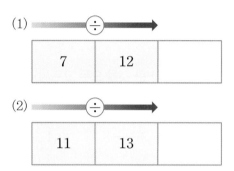

03 어떤 수를 6으로 나누어야 할 것을 잘못하여 6을 곱했더니 30이 되었습니다. 바르게 계산하면 얼마인지 풀이 과정을 쓰고 답을 분수로 나타내어 보세요.

풀이

답

04 나눗셈의 몫이 가장 큰 것은 어느 것인가요? ( )

① $3 \div 2$ ② $4 \div 5$ ③ $8 \div 7$

④ $8 \div 9$ ⑤ $5 \div 11$

05 빈칸에 알맞은 분수를 써넣으세요.

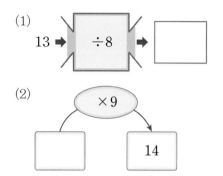

06 밀가루 10 kg을 7개의 봉지에 똑같이 나누어 담으려고 합니다. 한 개의 봉지에 넣을 밀가루의 양은 몇 kg인지 분수로 나타내어 보세요.

( )

07 나눗셈의 몫을 바르게 구한 친구의 이름을 써 보세요.

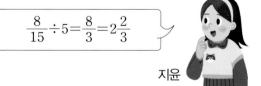

지윤

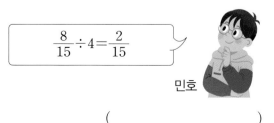

민호

( )

08 계산 결과를 비교하여 ○ 안에 >, =, <를 알맞게 써넣으세요.

$$\frac{7}{9} \div 2 \quad \bigcirc \quad \frac{9}{10} \div 6$$

09 넓이가 $\frac{7}{8}$ m²인 직사각형 모양의 텃밭의 세로가 3 m 일 때 가로는 몇 m인가요?

( )

10 작은 수를 큰 수로 나눈 몫을 기약분수로 나타내어 빈 칸에 써넣으세요.

6	$\dfrac{30}{7}$

11 수 카드 3장을 모두 사용하여 몫이 가장 작은 나눗셈 식을 만들고, 몫을 구해 보세요.

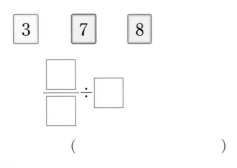

( )

12 □ 안에 들어갈 수 있는 자연수를 모두 구해 보세요.

$$\frac{9}{11} \div 3 < \frac{\square}{33} < \frac{8}{11} \div 2$$

( )

13 나눗셈의 몫이 1보다 큰 것을 모두 고르세요.

( )

① $1\frac{2}{3} \div 2$ ② $2\frac{1}{4} \div 3$ ③ $4\frac{3}{5} \div 4$

④ $7\frac{1}{2} \div 5$ ⑤ $8\frac{6}{7} \div 9$

14 $5\frac{1}{11} \div 8$을 두 가지 방법으로 계산해 보세요.

방법 1 _____

_____

방법 2 _____

_____

15 잘못 계산한 곳을 찾아 바르게 계산해 보세요.

$$3\frac{5}{6} \div 5 = 3\frac{5}{6} \times \frac{1}{5} = 3\frac{5}{30} = 3\frac{1}{6}$$

↓

16 정오각형을 5등분해서 색칠했습니다. 정오각형 전체의 넓이가 $5\frac{5}{7}$ m²일 때, 색칠한 부분의 넓이는 몇 m² 인지 기약분수로 나타내어 보세요.

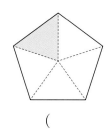

( )

17 ㉡은 ㉠의 몇 배인지 구해 보세요.

$$\frac{5}{6} \div 2 = ㉠$$
$$8\frac{1}{3} \div 4 = ㉡$$

( )

18 한 병에 $1\frac{1}{4}$ L가 들어 있는 탄산음료가 2병 있습니다. 이 탄산음료를 8명이 똑같이 나누어 마시려면 한 명이 마실 수 있는 탄산음료는 몇 L인지 기약분수로 나타내어 보세요.

( )

19 무게가 똑같은 복숭아 7개가 놓여 있는 쟁반의 무게가 $3\frac{3}{10}$ kg입니다. 빈 쟁반의 무게가 $\frac{1}{2}$ kg이라면 복숭아 한 개의 무게는 몇 kg인지 풀이 과정을 쓰고 답을 기약분수로 나타내어 보세요.

풀이

_____

_____

_____

답 _____

20 윗변의 길이가 $3\frac{1}{4}$ m, 아랫변의 길이가 $5\frac{3}{4}$ m인 사다리꼴 모양의 꽃밭이 있습니다. 이 꽃밭의 넓이가 $14\frac{2}{5}$ m²라면 높이는 몇 m인지 기약분수로 나타내어 보세요.

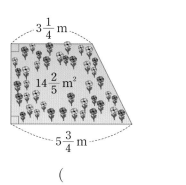

( )

01 조개를 미경이는 5 kg, 제민이는 6 kg 캤습니다. 미경이가 캔 조개의 무게는 제민이가 캔 조개의 무게의 몇 배인지 풀이 과정을 쓰고 답을 구해 보세요.

풀이

_____

_____

_____

답 _____

02 한 병에 $1\frac{1}{2}$ L씩 들어 있는 오렌지 주스가 4병 있었는데 이 주스를 소영이네 가족이 일주일 동안 똑같이 나누어 마셨다면 하루에 마신 주스는 몇 L인지 풀이 과정을 쓰고 답을 구해 보세요.

풀이

_____

_____

_____

답 _____

03 길이가 $\frac{7}{8}$ m인 끈을 모두 사용하여 정칠각형 모양을 한 개 만들었습니다. 이 정칠각형의 한 변의 길이는 몇 m인지 풀이 과정을 쓰고 답을 구해 보세요.

풀이

_____

_____

답 _____

04 우유 $\frac{9}{10}$ L를 컵 5개에 똑같이 나누어 담았습니다. 컵 한 개에 담은 우유는 몇 L인지 풀이 과정을 쓰고 답을 구해 보세요.

풀이

_____

_____

답 _____

05 어떤 수에 5를 곱하였더니 $1\frac{5}{7}$가 되었습니다. 어떤 수를 6으로 나눈 몫은 얼마인지 풀이 과정을 쓰고 답을 구해 보세요.

풀이

_____

_____

답 _____

06 한 상자에 4통씩 들어 있는 멜론 4상자의 무게는 $38\frac{6}{7}$ kg이고, 수박 5통의 무게는 $21\frac{1}{4}$ kg입니다. 멜론 한 통과 수박 한 통 중에서 어느 것이 몇 kg 더 무거운지 기약분수로 나타내려고 합니다. 풀이 과정을 쓰고 답을 구해 보세요. (단, 멜론과 수박의 무게는 각각 같고, 상자의 무게는 생각하지 않습니다.)

풀이

_____

_____

답 _____

07 어떤 분수를 9로 나누어야 할 것을 잘못하여 9를 곱했더니 $10\frac{1}{8}$이 되었습니다. 바르게 계산하면 얼마인지 풀이 과정을 쓰고 답을 구해 보세요.

풀이

_____

_____

_____

_____

답 _____

08 철사 $3\frac{6}{7}$ m를 모두 사용하여 크기가 똑같은 정육각형 모양을 3개 만들었습니다. 이 정육각형의 한 변의 길이는 몇 m인지 풀이 과정을 쓰고 답을 구해 보세요.

풀이

_____

_____

_____

_____

답 _____

09 ㉠과 ㉡ 사이에 있는 자연수를 모두 구하려고 합니다. 풀이 과정을 쓰고 답을 구해 보세요.

$$\cdot \, ㉠ \times 8 = 9\frac{3}{5}$$
$$\cdot \, 31\frac{1}{4} \div ㉡ = 5$$

풀이

_____

_____

_____

_____

답 _____

10 넓이가 $20\frac{5}{7}$ cm²인 평행사변형이 있습니다. 이 평행사변형의 높이가 5 cm일 때 밑변의 길이는 높이의 몇 배인지 풀이 과정을 쓰고 답을 구해 보세요.

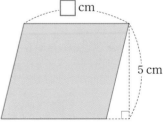

풀이

_____

_____

_____

_____

답 _____

● 각기둥 알아보기

• 각기둥: 두 면이 서로 평행하고 합동인 다각형으로 이루어진 기둥 모양의 입체도형

• 밑면: 각기둥에서 서로 평행하고 합동인 두 면
  – 두 밑면은 옆면과 모두 수직으로 만납니다.
  – 밑면은 2개입니다.

• 옆면: 각기둥에서 두 밑면과 만나는 면
  – 옆면은 모두 직사각형입니다.
  – 옆면의 수는 밑면의 변의 수와 같습니다.

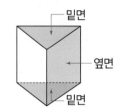

● 각기둥의 이름 알아보기

• 각기둥은 밑면의 모양에 따라 삼각기둥, 사각기둥, 오각기둥, …이라고 합니다.
  – 밑면의 모양이 ★각형인 각기둥의 이름은 ★각기둥입니다.

● 각기둥의 구성 요소 알아보기

• 모서리: 각기둥에서 면과 면이 만나는 선분
• 꼭짓점: 각기둥에서 모서리와 모서리가 만나는 점
• 높이: 각기둥에서 두 밑면 사이의 거리

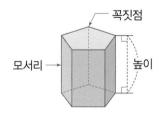

● 각기둥의 전개도 알아보기

• 각기둥의 전개도: 각기둥의 모서리를 잘라서 펼쳐 놓은 그림

● 각뿔 알아보기

• 각뿔: 한 면이 다각형이고 다른 면이 모두 삼각형인 입체도형

• 밑면: 각뿔에서 밑에 있는 면
  – 밑면은 1개입니다.

• 옆면: 각뿔에서 밑면과 만나는 면
  – 옆면은 모두 삼각형입니다.
  – 옆면의 수는 밑면의 변의 수와 같습니다.

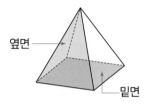

● 각뿔의 이름 알아보기

• 각뿔은 밑면의 모양에 따라 삼각뿔, 사각뿔, 오각뿔, …이라고 합니다.
  – 밑면의 모양이 ★각형인 각뿔의 이름은 ★각뿔입니다.

● 각뿔의 구성 요소 알아보기

• 모서리: 각뿔에서 면과 면이 만나는 선분
• 꼭짓점: 각뿔에서 모서리와 모서리가 만나는 점
• 각뿔의 꼭짓점: 꼭짓점 중에서 옆면이 모두 만나는 점
• 높이: 각뿔의 꼭짓점에서 밑면에 수직으로 그은 선분의 길이

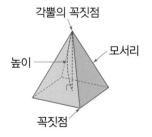

01 각기둥을 찾아 기호를 써 보세요.

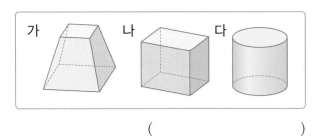

( )

[02~04] 각기둥을 보고 물음에 답하세요.

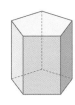

02 각기둥의 밑면은 몇 개인가요?

( )

03 각기둥의 옆면은 몇 개인가요?

( )

04 각기둥의 이름을 써 보세요.

( )

05 각기둥에서 모서리와 꼭짓점은 각각 몇 개인가요?

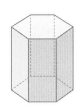

모서리 ( )

꼭짓점 ( )

[06~07] 각기둥의 전개도를 보고 물음에 답하세요.

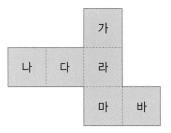

06 전개도를 접었을 때 면 라와 수직으로 만나는 면은 몇 개인가요?

( )

07 어떤 각기둥의 전개도인지 써 보세요.

( )

08 각뿔을 찾아 기호를 써 보세요.

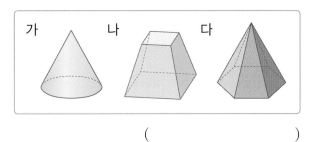

( )

[09~10] 각뿔을 보고 물음에 답하세요.

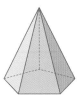

09 각뿔의 밑면과 옆면은 각각 몇 개인가요?

밑면 ( )

옆면 ( )

10 각뿔에서 모서리와 꼭짓점은 각각 몇 개인가요?

모서리 ( )

꼭짓점 ( )

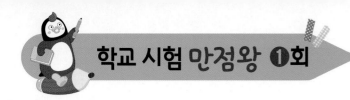
01 각기둥을 모두 고르세요. (   )

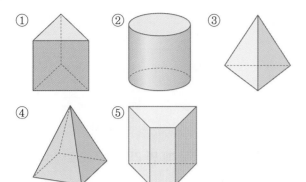

① ② ③ ④ ⑤

[02~03] 각기둥을 보고 물음에 답하세요.

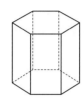

02 밑면을 모두 찾아 색칠해 보세요.

03 밑면과 수직으로 만나는 면은 모두 몇 개인가요?

(   )

04 밑면의 모양이 다음과 같은 각기둥의 이름을 써 보세요.

(   )

05 각기둥을 보고 빈칸에 알맞은 말을 써넣으세요.

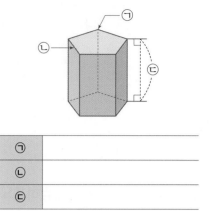

㉠	
㉡	
㉢	

06 각기둥의 높이는 몇 **cm**인가요?

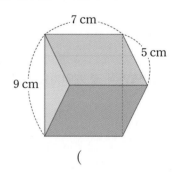

7 cm
5 cm
9 cm

(   )

07 구각기둥의 모서리의 수와 꼭짓점의 수의 차는 몇 개인지 풀이 과정을 쓰고 답을 구해 보세요.

풀이

_____

_____

_____

답 _____

08 전개도를 접었을 때 만들어지는 입체도형에 대해 빈 칸에 알맞은 말을 써넣으세요.

밑면의 모양	옆면의 모양	도형의 이름

09 어떤 각기둥의 옆면만 그린 전개도입니다. 이 각기둥의 밑면의 모양과 면의 수를 써 보세요.

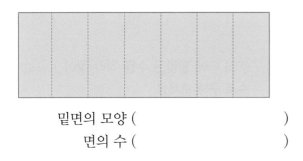

밑면의 모양 (   )

면의 수 (   )

10 전개도를 접었을 때 만들어지는 입체도형의 모서리의 수와 꼭짓점의 수의 합은 몇 개인지 풀이 과정을 쓰고 답을 구해 보세요.

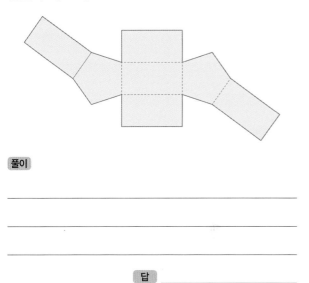

풀이

_____

_____

_____

답 _____

[11~12] 다음 전개도를 보고 물음에 답하세요.

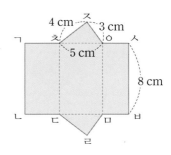

11 전개도를 접었을 때 점 ㄹ과 만나는 점을 모두 찾아 써 보세요.

(   )

12 전개도를 접었을 때 만들어지는 각기둥의 모든 모서리의 길이의 합은 몇 cm인가요?

(   )

13 사각기둥의 전개도를 그려 보세요.

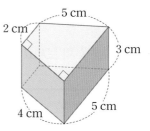

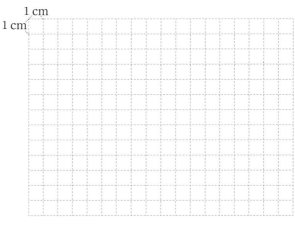

14 각뿔을 모두 찾아 기호를 써 보세요.

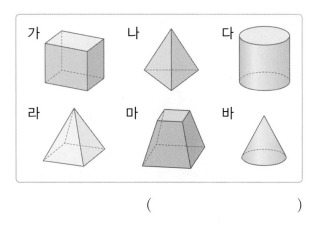

( )

[15~16] 각뿔을 보고 물음에 답하세요.

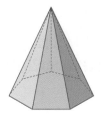

15 각뿔의 밑면과 옆면은 각각 몇 개인가요?

밑면 ( )
옆면 ( )

16 각뿔의 이름을 써 보세요.

( )

17 육각뿔의 면의 수와 모서리의 수와 꼭짓점의 수의 합은 몇 개인가요?

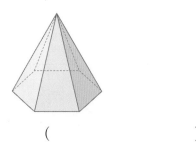

( )

18 다음 입체도형이 각뿔이 아닌 이유를 써 보세요.

이유 _____

_____

_____

19 ㉠과 ㉡에 알맞은 수를 각각 찾아 ㉡÷㉠의 값을 분수로 구해 보세요.

- 각기둥이 되려면 면이 적어도 ㉠개 있어야 합니다.
- 각뿔이 되려면 면이 적어도 ㉡개 있어야 합니다.

( )

20 밑면은 다각형이고 옆면은 모양과 크기가 같은 삼각형 12개로 이루어진 입체도형의 모서리와 꼭짓점은 모두 몇 개인가요?

( )

01 각기둥을 모두 찾아 기호를 써 보세요.

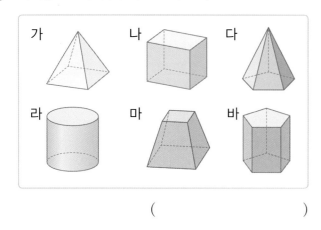

가 나 다 라 마 바

(   )

[02~03] 각기둥을 보고 물음에 답하세요.

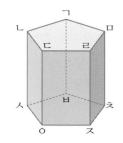

02 각기둥의 밑면을 모두 찾아 써 보세요.

_____

03 각기둥의 옆면을 모두 찾아 써 보세요.

_____

_____

04 각기둥의 밑면의 모양과 이름을 써 보세요.

밑면의 모양 (   )

이름 (   )

05 빈칸에 알맞은 수를 써넣으세요.

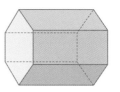

한 밑면의 변의 수(개)	면의 수 (개)	모서리의 수 (개)	꼭짓점의 수 (개)

06 면이 6개인 각기둥이 있습니다. 이 각기둥의 모서리는 몇 개인지 풀이 과정을 쓰고 답을 구해 보세요.

풀이

_____

_____

_____

답 _____

07 삼각기둥의 모든 모서리의 길이의 합은 몇 cm인가요?

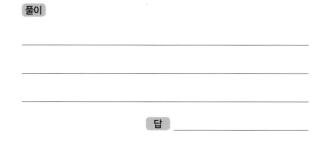

3 cm   6 cm
6 cm
4 cm

(   )

[08~09] 사각기둥의 전개도를 보고 물음에 답하세요.

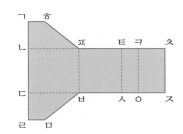

08 전개도를 접었을 때 면 ㄱㄴㅍㅎ과 만나지 <u>않는</u> 면을 찾아 써 보세요.

(   )

09 전개도를 접었을 때 선분 ㅅㅇ과 맞닿는 선분을 찾아 써 보세요.

(   )

10 전개도를 접었을 때 각기둥을 만들 수 있는 것의 기호를 써 보세요.

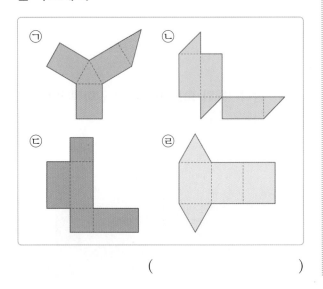

(   )

11 다음 전개도를 접어서 만든 각기둥에 대한 설명입니다. 각기둥의 밑면의 한 변의 길이는 몇 cm인가요?

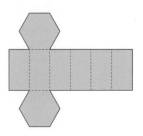

- 각기둥의 옆면은 모두 합동입니다.
- 각기둥의 높이는 6 cm입니다.
- 각기둥의 모든 모서리의 길이의 합은 96 cm 입니다.

(   )

12 밑면의 모양이 오른쪽과 같고, 높이가 3 cm인 삼각기둥의 전개도를 그려 보세요.

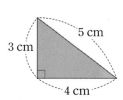

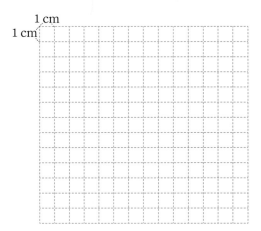

13 각뿔을 찾아 기호를 쓰고 각뿔의 이름을 써 보세요.

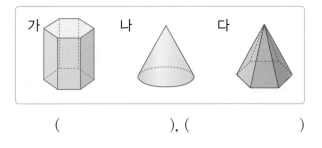

(   ), (   )

14 각뿔의 밑면과 옆면의 모양이 다음과 같습니다. 각뿔의 면은 몇 개인가요?

밑면　　　　　옆면

(　　　　　　　)

15 오각뿔의 높이는 몇 cm인가요?

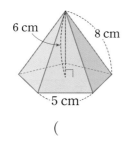

6 cm　　　8 cm

5 cm

(　　　　　　　)

16 각뿔에 대한 설명으로 옳은 것은 어느 것인가요?

(　　　)

① 밑면은 2개입니다.
② 밑면은 모두 삼각형입니다.
③ 옆면은 모두 직사각형입니다.
④ 밑면과 옆면은 수직으로 만납니다.
⑤ 면의 수와 꼭짓점의 수는 같습니다.

17 모서리의 수가 18개인 각뿔의 이름을 써 보세요.

(　　　　　　　)

18 밑면의 모양이 같은 다각형인 각기둥과 각뿔이 있습니다. 이 각기둥과 각뿔의 밑면은 변이 8개인 다각형입니다. 각기둥과 각뿔의 꼭짓점의 수의 합은 몇 개인가요?

(　　　　　　　)

19 다음 입체도형의 모서리는 몇 개인지 풀이 과정을 쓰고 답을 구해 보세요.

- 밑면은 1개입니다.
- 옆면은 삼각형입니다.
- 꼭짓점은 8개입니다.

풀이

_____

_____

_____

답 _____

20 수의 크기를 비교하여 수가 작은 것부터 차례로 기호를 써 보세요.

⊙ 십각뿔의 면의 수
ⓛ 구각뿔의 꼭짓점의 수
ⓒ 팔각뿔의 모서리의 수
ⓔ 칠각기둥의 꼭짓점의 수

(　　　　　　　)

서술형·논술형 평가 2단원

01 다음 입체도형이 각기둥이 <u>아닌</u> 이유를 써 보세요.

이유 _____

_____

_____

02 사각기둥과 사각뿔의 공통점과 차이점을 한 가지씩 써 보세요.

공통점 _____

_____

차이점 _____

_____

03 두 입체도형의 높이의 차는 몇 cm인지 풀이 과정을 쓰고 답을 구해 보세요.

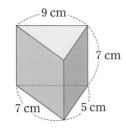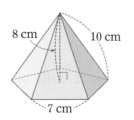

풀이 _____

_____

_____

답 _____

04 서로 평행한 두 면이 합동인 다각형이고 옆면이 직사각형 10개로 이루어진 입체도형의 이름은 무엇인지 풀이 과정을 쓰고 답을 구해 보세요.

풀이

_____

_____

_____

답 _____

05 십각뿔의 면의 수, 꼭짓점의 수, 모서리의 수의 합은 몇 개인지 풀이 과정을 쓰고 답을 구해 보세요.

풀이

_____

_____

_____

답 _____

06 모서리의 수가 12개인 각뿔의 이름은 무엇인지 풀이 과정을 쓰고 답을 구해 보세요.

풀이

_____

_____

_____

답 _____

07 전개도를 접었을 때 만들어지는 입체도형의 꼭짓점은 몇 개인지 풀이 과정을 쓰고 답을 구해 보세요.

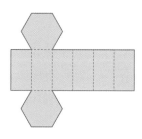

풀이

_____

_____

_____

_____

답 _____

08 각뿔의 밑면과 옆면의 모양은 다음과 같습니다. 각뿔의 모든 모서리의 길이의 합은 몇 cm인지 풀이 과정을 쓰고 답을 구해 보세요. (단, 옆면은 모두 합동입니다.)

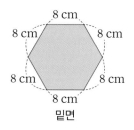
밑면
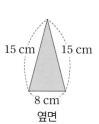
옆면

풀이

_____

_____

_____

_____

답 _____

09 꼭짓점이 **10**개인 각기둥과 각뿔이 각각 있습니다. 이 각기둥과 각뿔의 모서리의 수의 합은 몇 개인지 풀이 과정을 쓰고 답을 구해 보세요.

풀이

_____

_____

_____

답 _____

10 밑면의 모양이 정오각형인 각기둥의 전개도입니다. 이 전개도를 접었을 때 밑면의 한 변의 길이가 **6 cm**이고 높이가 **14 cm**라면, 모든 옆면의 넓이의 합은 몇 **cm²**인지 풀이 과정을 쓰고 답을 구해 보세요.

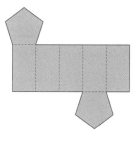

풀이

_____

_____

_____

_____

답 _____

● 자연수의 나눗셈을 이용하여 소수의 나눗셈 계산하기

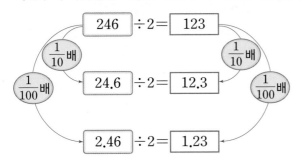

● 각 자리에서 나누어떨어지지 않는 (소수)÷(자연수) 계산하기

• 7.25÷5 계산하기

방법 1 분수의 나눗셈으로 바꾸어 계산하기

$$7.25 \div 5 = \frac{725}{100} \div 5 = \frac{725 \div 5}{100} = \frac{145}{100} = 1.45$$

방법 2 자연수의 나눗셈을 이용하여 계산하기

$$\frac{1}{100}\text{배}$$

$$725 \div 5 = 145 \Rightarrow 7.25 \div 5 = 1.45$$

$$\frac{1}{100}\text{배}$$

방법 3 세로로 계산하기

```
      1 . 4  5
5 ) 7 . 2  5
    5
    2  2
    2  0
       2  5
       2  5
          0
```

① 자연수의 나눗셈과 같은 방법으로 계산합니다.
② 몫의 소수점은 나누어지는 수의 소수점 위치에 맞춰 올려 찍습니다.

● 몫이 1보다 작은 (소수)÷(자연수) 계산하기

```
      0 . 3  9
4 ) 1 . 5  6
    1  2
       3  6
       3  6
          0
```

① (소수)<(자연수)이면 몫이 1보다 작습니다.
② 비어 있는 자연수 부분에 0을 씁니다.

● 소수점 아래 0을 내려 계산해야 하는 (소수)÷(자연수)

```
      1 . 4  8
5 ) 7 . 4  0
    5
    2  4
    2  0
       4  0
       4  0
          0
```

소수점 아래에서 나누어떨어지지 않는 경우에는 나누어지는 수의 오른쪽 끝자리에 0이 계속 있는 것으로 생각하고 0을 내려 계산합니다.

● 몫의 소수 첫째 자리에 0이 있는 (소수)÷(자연수)

```
      2 . 0  7
3 ) 6 . 2  1
    6
       2  1
       2  1
          0
```

수를 하나 내렸음에도 나누어야 할 수가 나누는 수보다 작을 경우에는 몫에 0을 쓰고 수를 하나 더 내려 계산합니다.

● (자연수)÷(자연수)의 몫을 소수로 나타내기

```
      1 . 2  5
4 ) 5 . 0  0
    4
    1  0
       8
       2  0
       2  0
          0
```

• 몫의 소수점은 자연수 바로 뒤에서 올려 찍습니다.
• 소수점 아래에서 받아내릴 수가 없는 경우 0을 받아내려 계산합니다.

● 몫의 소수점 위치 확인하기

13.04÷4

어림 13÷4 ⇒ 약 3

몫 3.2□6

01 □ 안에 알맞은 수를 써넣으세요.

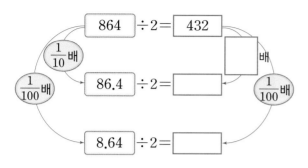

02 □ 안에 알맞은 수를 써넣으세요.

$826 \div 2 = 413$ ➡ □ $\div 2 = 4.13$

03 □ 안에 알맞은 수를 써넣으세요.

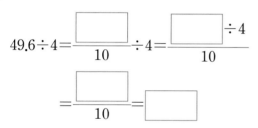

04 □ 안에 알맞은 수를 써넣으세요.

$2528 \div 8 = 316$ ➡ $25.28 \div 8 =$ □

05 □ 안에 알맞은 수를 써넣으세요.

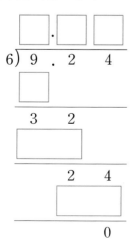

06 빈칸에 알맞은 수를 써넣으세요.

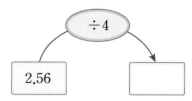

07 자연수의 나눗셈을 이용하여 □ 안에 알맞은 수를 써넣으세요.

$330 \div 6 = 55$ ➡ $3.3 \div 6 =$ □

08 계산해 보세요.

(1)
$$4 \overline{)5.4}$$

(2)
$$4 \overline{)4.1\ 2}$$

09 빈칸에 알맞은 수를 소수로 써넣으세요.

÷		
12	5	
7	25	

10 몫을 어림하여 알맞은 위치에 소수점을 찍어 보세요.

(1) $261.5 \div 5 = 5$□2□3

(2) $12.2 \div 4 = 3$□0□5

01 □ 안에 알맞은 수를 써넣으세요.

> 리본 1.64 m를 4명에게 똑같이 나누어 주려고 합니다.
> 1 m＝100 cm이므로 1.64m＝164 cm입니다. 164÷4＝☐, 한 명이 가질 수 있는 리본은 ☐ cm이므로 ☐ m입니다.

02 자연수의 나눗셈을 이용하여 □ 안에 알맞은 수를 써넣으세요.

> 936÷3＝312
>
> 93.6÷3＝☐
>
> 9.36÷3 ＝☐

03 주헌이네 가족은 음료수 84.7 L를 일주일 동안 똑같이 나누어 마시려고 합니다. 하루에 몇 L씩 마실 수 있나요?

( )

04 계산해 보세요.

(1)

$4\overline{)2\ 4.8}$

(2)

$6\overline{)7.7\ 4}$

05 계산 결과를 비교하여 ○ 안에 ＞, ＝, ＜를 알맞게 써넣으세요.

| 5.28÷4 | ○ | 6.25÷5 |

06 둘레의 길이가 47.65 cm인 정오각형의 한 변의 길이는 몇 cm인가요?

( )

07 어떤 수를 4로 나누었더니 8.64가 되었습니다. 어떤 수를 8로 나누면 얼마인지 풀이 과정을 쓰고 답을 구해 보세요.

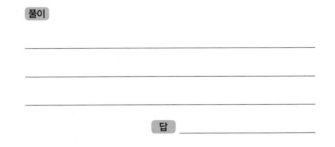

풀이

_____

_____

_____

답 _____

08 계산 결과가 1보다 작은 것을 모두 찾아 기호를 써 보세요.

> ㉠ 7.2÷3   ㉡ 6.64÷8
>
> ㉢ 5.52÷6   ㉣ 8.48÷8

( )

09 ☐ 안에 알맞은 수를 써넣으세요.

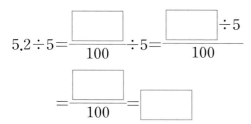

$$5.2 \div 5 = \dfrac{\boxed{}}{100} \div 5 = \dfrac{\boxed{} \div 5}{100}$$

$$= \dfrac{\boxed{}}{100} = \boxed{}$$

10 몫이 큰 순서대로 기호를 써 보세요.

$$\text{㉠ } 4\overline{)8.3\,2} \quad \text{㉡ } 5\overline{)1\,0.8} \quad \text{㉢ } 6\overline{)1\,3.5}$$

( )

11 두 삼각형 중 밑변의 길이가 더 긴 삼각형은 어느 것인지 풀이 과정을 쓰고 기호를 써 보세요.

㉠ 한 변의 길이가 3 cm인 정삼각형
㉡ 넓이가 12.24 cm², 높이가 6 cm인 삼각형

풀이
_____
_____
_____

답 _____

12 빈칸에 알맞은 수를 써넣으세요.

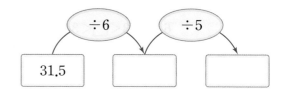

13 넓이가 30 cm²인 직사각형의 가로가 8 cm일 때, 세로는 몇 cm인지 소수로 나타내어 보세요.

( )

14 계산 결과를 찾아 이어 보세요.

15 ÷ 4 •   • 1.6

8 ÷ 5 •   • 3.75

                  • 1.8

09 다음 중 몫의 소수 첫째 자리에 0이 있는 나눗셈을 모두 찾아 기호를 써 보세요.

| ㉠ $7.2 \div 6$ | ㉡ $16.72 \div 8$ |
| ㉢ $21.35 \div 7$ | ㉣ $20.16 \div 9$ |

(   )

10 계산이 <u>잘못된</u> 곳을 찾아 바르게 계산해 보세요.

$$
\begin{array}{r}
9.9 \\
4\overline{)36.36} \\
36 \\
\hline
36 \\
36 \\
\hline
0
\end{array}
$$

➡

$$
4\overline{)36.36}
$$

11 소수를 자연수로 나눈 몫을 소수로 써 보세요.

4	38.2

서술형 **12** 길이가 28.56 cm인 종이 테이프를 그림처럼 7등분 하였습니다. 색칠한 도막의 길이는 몇 cm인지 풀이 과정을 쓰고 답을 구해 보세요.

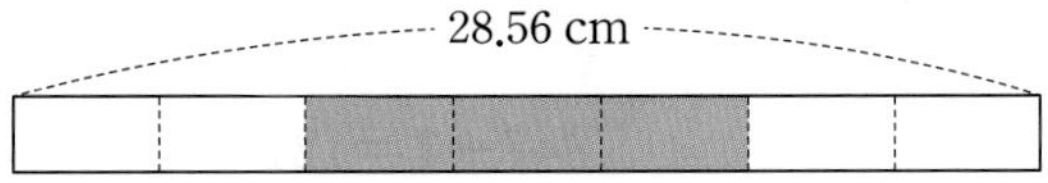

28.56 cm

풀이

_____

_____

_____

답 _____

13 ☐ 안에 들어갈 수 있는 자연수 중에서 가장 작은 수를 써 보세요.

$$66 \div 8 < \square$$

(   )

14 몫이 1보다 작은 것을 찾아 기호와 그 몫을 써 보세요.

| ㉠ $13 \div 5$ | ㉡ $2.6 \div 4$ |

(   ), (   )

15 마름모와 정오각형의 둘레의 길이는 같습니다. 정오각형의 한 변의 길이는 몇 cm인가요?

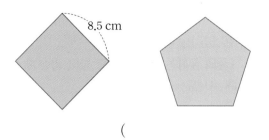

8.5 cm

(   )

16 어떤 수를 4로 나누어야 할 것을 잘못하여 곱하였더니 20.8이 되었습니다. 바르게 계산한 값은 얼마일지 구해 보세요.

(   )

17 무게가 같은 자두가 한 봉지에 9개씩 들어 있습니다. 5봉지의 무게가 18 kg일 때, 자두 1개의 무게는 몇 kg인가요?

(   )

18 몫을 어림하여 관계있는 것끼리 이어 보세요.

$21.1 \div 5$ ·		· 약 7
$44.52 \div 6$ ·		· 약 5
$40.56 \div 8$ ·		· 약 4

19 $86.24 \div 7$의 몫을 어림해 보고 올바른 식을 찾아 기호를 써 보세요.

㉠ $86.24 \div 7 = 1.232$
㉡ $86.24 \div 7 = 12.32$
㉢ $86.24 \div 7 = 123.2$
㉣ $86.24 \div 7 = 1232$

(   )

20 모든 모서리의 길이가 같은 삼각뿔이 있습니다. 이 삼각뿔의 모든 모서리의 길이의 합이 78.42 cm일 때 한 모서리의 길이는 몇 cm인가요?

(   )

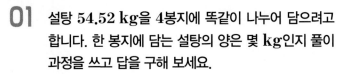
01 설탕 54.52 kg을 4봉지에 똑같이 나누어 담으려고 합니다. 한 봉지에 담는 설탕의 양은 몇 kg인지 풀이 과정을 쓰고 답을 구해 보세요.

풀이

_____

_____

답 _____

02 그림과 같이 길이가 26 cm인 색 테이프 3개를 똑같은 길이씩 겹쳐서 이어 붙였습니다. 몇 cm씩 겹쳐서 이어 붙였는지 풀이 과정을 쓰고 답을 구해 보세요.

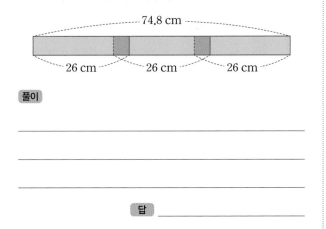

풀이

_____

_____

_____

답 _____

03 어떤 수를 7로 나눈 몫이 2.32입니다. 어떤 수를 4로 나눈 몫은 얼마인지 풀이 과정을 쓰고 답을 구해 보세요.

풀이

_____

_____

_____

답 _____

04 무게가 똑같은 책 15권이 들어 있는 상자의 무게가 36.95 kg이고, 상자만의 무게는 0.5 kg입니다. 책 1권의 무게는 몇 kg인지 풀이 과정을 쓰고 답을 구해 보세요.

풀이

_____

_____

답 _____

05 삼각형과 직사각형의 넓이가 같을 때, 직사각형의 세로는 몇 cm인지 풀이 과정을 쓰고 답을 구해 보세요.

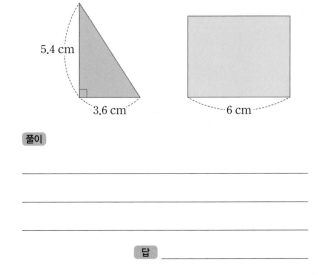

풀이

_____

_____

_____

답 _____

06 승호는 9일 동안 10.8 L의 물을 똑같이 나누어 마셨고, 아준이는 5일 동안 5.48 L의 물을 똑같이 나누어 마셨습니다. 하루 동안 마신 물의 양이 더 많은 사람은 누구이고, 얼마나 더 많이 마셨는지 풀이 과정을 쓰고 답을 구해 보세요.

풀이

_____

_____

_____

_____

답 _____ , _____

07 리본 테이프 50.68 cm를 모두 똑같은 길이가 되도록 3번 잘랐습니다. 자른 한 도막의 길이는 몇 cm인지 풀이 과정을 쓰고 답을 구해 보세요.

풀이

_____

_____

_____

_____

답 _____

08 모든 모서리의 길이가 같고 밑면의 모양이 삼각형인 각기둥이 있습니다. 이 각기둥의 모든 모서리의 길이의 합이 76.86 cm일 때 한 모서리의 길이는 몇 cm인지 풀이 과정을 쓰고 답을 구해 보세요.

풀이

_____

_____

_____

_____

답 _____

09 4장의 수 카드를 한 번씩만 사용하여 다음 나눗셈식을 만들려고 합니다. 몫이 가장 크게 될 때와 몫이 가장 작게 될 때의 두 몫의 차는 얼마인지 풀이 과정을 쓰고 답을 구해 보세요.

$$\boxed{2} \quad \boxed{4} \quad \boxed{6} \quad \boxed{8}$$

$$\boxed{}\,\boxed{}.\boxed{} \div \boxed{}$$

풀이

_____

_____

_____

_____

답 _____

10 달린 거리를 사용한 연료의 양으로 나누어 계산한 것을 연비라고 합니다. 다음 표를 보고 연비가 가장 좋은 차는 어느 차인지 풀이 과정을 쓰고 답을 구해 보세요.

자동차	달린 거리	사용한 연료의 양
㉠ 자동차	78.56 km	8 L
㉡ 자동차	62.4 km	6 L
㉢ 자동차	35 km	4 L

풀이

_____

_____

_____

_____

답 _____

● 두 수를 비교하기

모둠 수	1	2	3
학생 수(명)	4	8	12
주사위 수(개)	2	4	6

- 뺄셈으로 비교하기: 모둠 수에 따라 학생 수는 주사위 수보다 2, 4, 6 더 큽니다.
- 나눗셈으로 비교하기: 모둠 수에 따라 학생 수는 주사위 수의 2배입니다.

● 비 알아보기

- 두 수를 나눗셈으로 비교하기 위해 기호 :을 사용하여 나타낸 것을 비라고 합니다.
- 두 수 4와 5를 비교할 때 4 : 5라고 씁니다.

비를 읽는 방법	
4 : 5	4 대 5
	5에 대한 4의 비
	4의 5에 대한 비
	4와 5의 비

● 비율 알아보기

- 기준량: 비에서 기호 :의 오른쪽에 있는 수
- 비교하는 양: 비에서 기호 :의 왼쪽에 있는 수

$$2 : 5$$
비교하는 양 ⌐   ⌐ 기준량

- 비율: 기준량에 대한 비교하는 양의 크기

$$(비율) = (비교하는 양) \div (기준량)$$
$$= \frac{(비교하는 양)}{(기준량)}$$

- 비 7 : 10을 비율로 나타내면

$$\frac{7}{10}$$ 또는 0.7입니다.

● 비율이 사용되는 경우 알아보기

- 걸린 시간에 대한 간 거리의 비율

$$\frac{(비교하는 양)}{(기준량)} = \frac{(간 거리)}{(걸린 시간)}$$

➡ 비율이 높을수록 빠릅니다.

- 넓이에 대한 인구의 비율

$$\frac{(비교하는 양)}{(기준량)} = \frac{(인구 수)}{(넓이)}$$

➡ 비율이 높을수록 인구가 더 밀집한 곳입니다.

● 백분율 알아보기

- 백분율: 기준량을 100으로 할 때의 비율
- 기호 %를 사용하여 나타냅니다.
- 비율 $\frac{37}{100}$ ➡ 37 퍼센트, 37 %

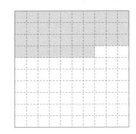

$$\frac{37}{100}$$ 쓰기 37 %
읽기 37 퍼센트

● 백분율 구하는 방법 알아보기

① 기준량이 100인 비율로 나타낸 후 백분율로 나타냅니다.

예 $\frac{7}{20} = \frac{35}{100} = 35 \%$

② 비율에 100을 곱해서 나온 값에 % 기호를 붙입니다.

예 $\frac{7}{20} \times 100 = 35$ ➡ 35 %

정답과 해설 **49**쪽

01 색연필이 6자루 있고, 볼펜이 3자루 있습니다. 색연필 수와 볼펜 수를 나눗셈으로 비교하려고 합니다. □ 안에 알맞은 수를 써넣으세요.

□ ÷ □ = □ 이므로

색연필 수는 볼펜 수의 □ 배입니다.

02 □ 안에 알맞은 수를 써넣으세요.

(1) 7의 10에 대한 비 ➡ □ : □

(2) 5에 대한 8의 비 ➡ □ : □

03 수현이네 반은 전체 학생이 18명이고, 남학생이 11명입니다. 남학생 수에 대한 여학생 수의 비를 구해 보세요.

(여학생 수) : (남학생 수) = □ : □

04 비를 보고 기준량과 비교하는 양을 찾아 □ 안에 알맞은 수를 써넣으세요.

5의 7에 대한 비

➡ 기준량: □ , 비교하는 양: □

05 비율을 분수와 소수로 나타내어 보세요.

3 대 4

분수	소수

06 270 km를 가는 데 3시간이 걸리는 자동차가 있습니다. 이 자동차의 걸린 시간에 대한 간 거리의 비율을 구해 보세요.

(   )

07 A 시의 넓이는 64 km², 인구는 약 480000명입니다. A 시의 넓이에 대한 인구 수의 비율을 구해 보세요.

(   )

08 □ 안에 알맞은 수나 말을 써넣으세요.

기준량을 □ (으)로 할 때의 비율을 백분율이라고 합니다. 백분율은 기호 □ 을/를 사용하여 나타내며, 비율 $\frac{23}{100}$ 을 백분율로 나타내면 23 □ (이)라고 읽습니다.

09 비율을 백분율로 나타내려고 합니다. □ 안에 알맞은 수를 써넣으세요.

(1) $\frac{1}{4}$ ➡ $\frac{1}{4} = \frac{\boxed{}}{100}$ ➡ □ %

(2) 0.57 ➡ 0.57 × □ = □ (%)

10 편의점에서 원래 가격이 2000원인 과자를 20 % 할인해서 판매하고 있습니다. 판매 가격을 구해 보세요.

(   )

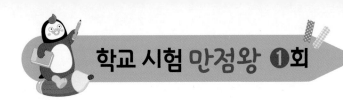

01 모둠 수에 따른 탬버린 수와 캐스터네츠 수를 비교해 보세요.

모둠 수	1	2	3	4
탬버린 수(개)	3	6	9	12
캐스터네츠 수(개)	6	12	18	24

뺄셈으로 비교하기	나눗셈으로 비교하기

02 기호 :를 사용하여 나타내어 보세요.

> 5의 9에 대한 비

( )

03 관계있는 것끼리 선으로 이어 보세요.

4 : 6 ・	・ 9의 2에 대한 비
3 : 7 ・	・ 3과 7의 비
9 : 2 ・	・ 6에 대한 4의 비

04 전체에 대한 색칠한 부분의 비가 **7 : 10**이 되도록 색칠해 보세요.

05 그림을 보고 □ 안에 알맞은 수를 써넣으세요.

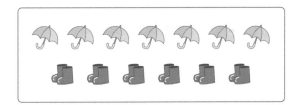

(1) 우산 수와 장화 수의 비

➡ □ : □

(2) 우산 수에 대한 장화 수의 비

➡ □ : □

06 빈칸에 알맞은 수를 써넣으세요.

비 \ 비율	분수	소수
2 : 5		
4에 대한 1의 비		

07 액자의 가로에 대한 세로의 비율을 소수로 나타내어 보세요.

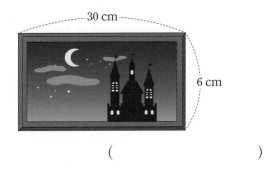

( )

08 지민이네 냉장고에는 자두 10개, 복숭아 6개가 있습니다. 자두 수에 대한 복숭아 수의 비율을 분수와 소수로 각각 나타내어 보세요.

분수	소수

09 물에 꿀을 타서 꿀물을 만들었습니다. 둘 중 더 진한 꿀물의 기호를 써 보세요.

⊙ 꿀 양 50 mL, 꿀물 양 200 mL
ⓛ 꿀물 양에 대한 꿀 양의 비율이 0.3인 꿀물

( )

10 넓이가 20 km² 인 어느 마을의 인구가 19840명입니다. 이 마을의 넓이에 대한 인구 수의 비율을 구해 보세요.

( )

 11 두 자동차 중 어느 자동차가 더 빠른지 풀이 과정을 쓰고 답을 구해 보세요.

자동차	간 거리(km)	걸린 시간(시간)
가 자동차	180	2
나 자동차	267	3

풀이

_____

_____

_____

답 _____

12 그림을 보고 전체에 대한 색칠한 부분의 비율을 백분율로 나타내어 보세요.

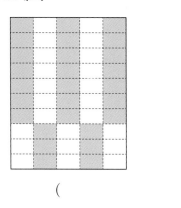

( )

13 비율의 크기를 비교하여 ○ 안에 >, =, <를 알맞게 써넣으세요.

14 민우와 서영이는 설탕물을 만들었습니다. 더 진한 설탕물을 만든 사람은 누구인가요?

난 물에 설탕 50 g을 녹여서 설탕물 250 g을 만들었어.

난 물에 설탕 70 g을 녹여서 설탕물 280 g을 만들었어.

민우   서영

( )

15 체육관에 배구공이 20개, 농구공이 15개, 축구공이 15개 있습니다. 전체 공 수에 대한 배구공 수의 비율을 백분율로 나타내어 보세요.

( )

16 민서는 마트에서 15000원을 쓰고, 750원을 포인트로 적립받았습니다. 민서의 구매 금액에 대한 포인트 적립 비율은 몇 %인가요?

( )

19 구매 금액에 대한 적립 금액의 비율은 같습니다. 빵 구매 금액이 7000원일 때 700원을 적립 받는다면, 빵 구매 금액이 12000원일 때 얼마를 적립 받게 되는지 풀이 과정을 쓰고 답을 구해 보세요.

풀이

_____

_____

_____

_____

답 _____

17 승준이는 관람료를 할인받을 수 있는 쿠폰을 가지고 영화관에 갔습니다. 8000원인 관람료를 할인받아 6400원에 영화를 관람했다면 몇 %를 할인받은 것인가요?

( )

20 학급 회장 선거에 당선된 사람들의 선거 결과입니다. 득표율이 가장 높은 사람의 이름을 써 보세요.

난 우리 반 학생 30명 중에서 18명의 표를 받았어.
혜연

난 우리 반 학생 32명 중에서 20명의 표를 받았어.

현우

나의 득표율은 52 %야.
유진

18 성현이네 반 학생은 30명입니다. 이 중 안경을 쓴 학생은 9명입니다. 성현이네 반 전체 학생 수에 대한 안경을 쓰지 않은 학생 수의 비율은 몇 %인가요?

( )

( )

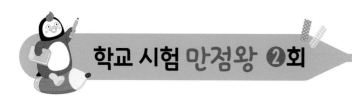
[01~02] 가방에 동화책이 4권씩 들어 있습니다. 물음에 답하세요.

01 빈칸에 알맞은 수를 써넣으세요.

가방 수(개)	1	2	3	4
동화책 수(권)	4	8		

02 가방 수와 동화책 수를 나눗셈으로 비교해 보세요.

_____

03 전체에 대한 색칠한 부분의 비가 3 : 4가 되도록 색칠해 보세요.

04 17 : 23을 읽은 것으로 맞는 것은 ○표, 틀린 것은 ×표 해 보세요.

23과 17의 비	
23에 대한 17의 비	
17 대 23	

05 비교하는 양이 기준량보다 큰 것의 기호를 모두 써 보세요.

> ㉠ 3 대 5
> ㉡ 11과 4의 비
> ㉢ 6에 대한 7의 비
> ㉣ 2의 9에 대한 비

( )

[06~07] 도훈이네 반의 남학생은 15명이고, 여학생은 12명입니다. 물음에 답하세요.

06 도훈이네 반 남학생 수에 대한 여학생 수의 비를 써 보세요.

( )

07 도훈이네 반 전체 학생 수에 대한 여학생 수의 비율을 분수로 나타내어 보세요.

( )

08 6의 8에 대한 비의 비율을 모두 고르세요.

( )

① $\frac{8}{6}$ ② $\frac{6}{8}$ ③ 0.8

④ $\frac{3}{4}$ ⑤ 0.6

09 다음 비에 대한 설명 중 옳은 것을 찾아 기호를 써 보세요.

> 20에 대한 8의 비

> ㉠ 기준량은 8이고, 비교하는 양은 20입니다.
> ㉡ 비율이 같은 다른 비로 4 : 10이 있습니다.
> ㉢ 비율을 소수로 나타내면 0.8입니다.

(   )

10 비율을 소수로 나타내어 보세요.

(1) 5에 대한 4의 비 ➡ ☐

(2) 3 대 4 ➡ ☐

[11~12] 빨간색 물감과 파란색 물감을 섞어서 보라색 물감을 만들었습니다. 물음에 답하세요.

㉠	빨간색 물감 100 mL＋파란색 물감 20 mL
㉡	빨간색 물감 120 mL＋파란색 물감 30 mL

11 만든 보라색 물감에서 빨간색 물감 양에 대한 파란색 물감 양의 비율을 각각 구해 보세요.

㉠ (   )
㉡ (   )

12 어느 보라색 물감이 더 진한지 기호를 써 보세요.

(   )

13 관계있는 것끼리 이어 보세요.

5에 대한 2의 비	•	•	$\dfrac{7}{20}$	•	•	35 %
7과 20의 비	•	•	$\dfrac{2}{5}$	•	•	40 %

14 전체에 대한 색칠한 부분의 백분율이 25 %가 되도록 색칠해 보세요.

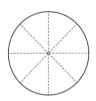

15 비율이 작은 것부터 차례로 기호를 써 보세요.

> ㉠ $\dfrac{4}{25}$
> ㉡ 0.25
> ㉢ 40 %

(   )

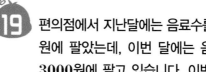

16 마트에 초코 우유가 25개, 딸기 우유가 10개, 바나나 우유가 15개 있습니다. 전체 우유 중 초코 우유의 수가 ㉠ %, 딸기 우유의 수가 ㉡ %라고 할 때 ㉠과 ㉡의 차를 구하려고 합니다. 풀이 과정을 쓰고 답을 구해 보세요.

풀이

_____

_____

_____

답 _____

17 마트에서 파는 물건의 원래 가격과 판매 가격을 나타낸 표입니다. 어느 물건의 할인율이 더 높은지 구해 보세요.

	원래 가격	판매 가격
모자	20000	17000
바지	32000	25600

(   )

18 영미네 반 학생은 25명입니다. 이 중 남학생은 15명이고, 남학생 중 60 %는 농구를 좋아합니다. 전체 학생 수에 대한 농구를 좋아하는 남학생 수의 백분율을 구해 보세요.

(   )

19 편의점에서 지난달에는 음료수를 2+3행사로 4000원에 팔았는데, 이번 달에는 음료수를 2+1행사로 3000원에 팔고 있습니다. 이번 달 음료수 1개의 가격은 지난달에 비해 몇 % 올랐는지 풀이 과정을 쓰고 답을 구해 보세요.

풀이

_____

_____

_____

답 _____

20 어느 삼각형의 밑변의 길이에 대한 높이의 비율은 $\frac{3}{5}$ 이라고 합니다. 이 삼각형의 밑변의 길이가 20 cm일 때, 삼각형의 넓이를 구해 보세요.

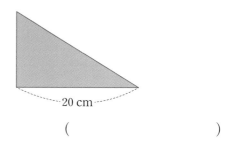

20 cm

(   )

01 6학년 학생 21명을 대상으로 혈액형을 조사 하였습니다. A형인 학생이 7명, B형인 학생이 5명, O형인 학생이 5명, 나머지는 AB형입니다. 혈액형이 A형인 학생 수에 대한 AB형인 학생 수의 비를 기호 :를 써서 나타내려고 합니다. 풀이 과정을 쓰고 답을 구해 보세요.

풀이

_____

_____

_____

답 _____

02 마름모의 둘레의 길이에 대한 정삼각형의 둘레의 길이의 비율을 소수로 나타내려고 합니다. 풀이 과정을 쓰고 답을 구해 보세요.

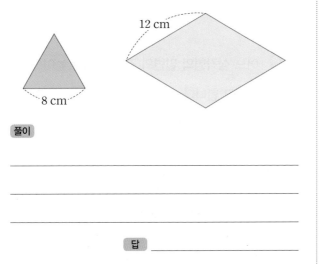

12 cm

8 cm

풀이

_____

_____

_____

답 _____

03 어느 액자의 가로에 대한 세로의 비가 3 : 4라고 합니다. 가로가 60 cm일 때 세로는 몇 cm인지 풀이 과정을 쓰고 답을 구해 보세요.

풀이

_____

_____

_____

답 _____

04 인구가 가장 밀집한 지역은 어느 마을인지 풀이 과정을 쓰고 답을 구해 보세요.

지역	A 마을	B 마을	C 마을
인구(명)	30000	45900	35250
넓이(km^2)	12	17	15

풀이

_____

_____

_____

답 _____

05 비율이 작은 것부터 차례로 쓰려고 합니다. 풀이 과정을 쓰고 답을 구해 보세요.

$\frac{7}{20}$	39 %	0.42	$\frac{2}{5}$

풀이

_____

_____

_____

답 _____

06 20000원짜리 모자를 A 가게에서는 15 % 할인해서 팔고, B 가게에서는 2400원을 할인해 준다고 합니다. 어느 가게의 할인율이 더 높은지 풀이 과정을 쓰고 답을 구해 보세요.

풀이

답

07 혜미는 빵집에서 30000원을 쓰고 1500원을 적립받았습니다. 구입 금액에 대한 적립금의 비율이 몇 %인지 풀이 과정을 쓰고 답을 구해 보세요.

풀이

답

08 물 180 mL에 꿀 35 mL을 녹여 꿀물을 만들었습니다. 만든 꿀물에 꿀만 25 mL을 추가로 넣어 모두 녹였다면 새로 만든 꿀물 양에 대한 꿀 양의 백분율은 몇 %인지 풀이 과정을 쓰고 답을 구해 보세요.

풀이

답

09 놀이공원으로 현장 체험 학습을 가는 것에 찬성하는 학생 수를 조사한 표입니다. 찬성률이 가장 높은 반은 몇 반인지 풀이 과정을 쓰고 답을 구해 보세요.

반	전체 학생 수(명)	찬성하는 학생 수(명)
1반	25	15
2반	28	14
3반	30	12

풀이

답

10 준서는 으뜸 은행과 최고 은행에 각각 1년 동안 다음과 같이 돈을 예금하고 이자를 받았습니다. 예금한 돈에 대한 이자의 비율을 비교하여 어느 은행의 이자율이 더 높은지 풀이 과정을 쓰고 답을 구해 보세요.

은행	예금한 돈	이자
으뜸 은행	32000원	960원
최고 은행	18000원	720원

풀이

답

핵심 복습

● 그림그래프로 나타내기

• 반올림하여 백의 자리까지 나타내기

마을별 자전거 수

마을	가	나	다
자전거 수(대)	4367	5207	3970
어림값(대)	4400	5200	4000

• 그림그래프로 나타내기

마을별 자전거 수

마을	자전거 수
가	◎◎◎◎ ○○○○
나	◎◎◎◎◎ ○○
다	◎◎◎◎

◎ 1000대　○ 100대

● 띠그래프 알아보기

좋아하는 간식별 학생 수

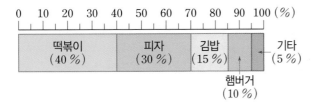

전체에 대한 각 부분의 비율을 띠 모양에 나타낸 그래프를 띠그래프라고 합니다.

● 원그래프 알아보기

주말에 하는 일별 학생 수

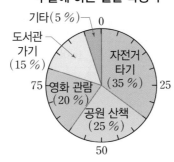

전체에 대한 각 부분의 비율을 원 모양에 나타낸 그래프를 원그래프라고 합니다.

● 띠그래프, 원그래프 그리기

좋아하는 운동별 학생 수

운동	축구	야구	농구	기타	합계
학생 수(명)	7	6	4	3	20
백분율(%)	35	30	20	15	100

① 자료를 보고 각 항목의 백분율을 구합니다.

축구: $\frac{7}{20} \times 100 = 35\,(\%)$

야구: $\frac{6}{20} \times 100 = 30\,(\%)$

농구: $\frac{4}{20} \times 100 = 20\,(\%)$

기타: $\frac{3}{20} \times 100 = 15\,(\%)$

② 각 항목의 백분율의 합계가 100 %가 되는지 확인합니다.

➡ $35 + 30 + 20 + 15 = 100\,(\%)$

③ 각 항목이 차지하는 백분율의 크기만큼 선을 그어 띠나 원을 나눕니다.

④ 나눈 부분에 각 항목의 내용과 백분율을 씁니다.

⑤ 그래프의 제목을 씁니다.

(단, 제목을 쓰는 순서는 바뀔 수도 있습니다.)

좋아하는 운동별 학생 수

좋아하는 운동별 학생 수

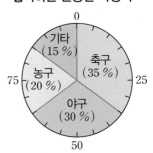

정답과 해설 53쪽

[01~03] 농장별 감자 생산량을 조사하여 나타낸 그림그래프입니다. 물음에 답하세요.

농장별 감자 생산량

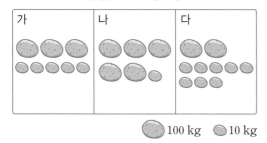

🥔100 kg 🥔10 kg

01 감자 생산량이 가장 많은 농장은 어디인지 써 보세요.

(   )

02 다 농장의 감자 생산량은 몇 kg인가요?

(   )

03 감자 생산량이 많은 순서대로 써 보세요.

(   )

[04~06] 6학년 학생들이 좋아하는 과목을 조사하여 나타낸 띠그래프입니다. 물음에 답하세요.

좋아하는 과목별 학생 수

04 수학을 좋아하는 학생 수는 전체의 몇 %인가요?

(   )

05 국어를 좋아하는 학생 수는 사회를 좋아하는 학생 수의 몇 배인가요?

(   )

06 조사한 전체 학생이 140명이라면 과학을 좋아하는 학생은 몇 명인가요?

(   )

[07~09] 6학년 학생들의 혈액형을 조사하여 나타낸 원그래프입니다. 물음에 답하세요.

혈액형별 학생 수

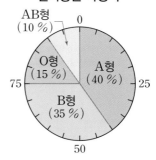

07 학생 수가 가장 적은 혈액형을 써 보세요.

(   )

08 학생 수가 많은 순서대로 혈액형을 써 보세요.

(   )

09 AB형인 학생이 24명이라면 A형인 학생은 몇 명인가요?

(   )

10 원그래프를 그리는 순서대로 기호를 써 보세요.

┌─────────────────────────────────────┐
│ ㉠ 각 항목이 차지하는 백분율만큼 원을 나눕니다. │
│ ㉡ 각 항목의 백분율의 합계가 100 %가 되는지 확인합니다. │
│ ㉢ 자료를 보고 각 항목의 백분율을 구합니다. │
│ ㉣ 나눈 원 위에 각 항목의 명칭과 백분율의 크기를 쓴 후 제목을 씁니다. │
└─────────────────────────────────────┘

(   )

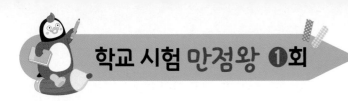

[01~03] 어느 마을의 재활용품별 배출량을 나타낸 그림그래프입니다. 물음에 답하세요.

재활용품별 배출량

종이류	병류
🗑️🗑️🗑️🗑️🗑️	🗑️🗑️🗑️🗑️🗑️🗑️
캔류	플라스틱류
🗑️🗑️🗑️🗑️🗑️🗑️	🗑️🗑️🗑️🗑️🗑️

🗑️ 100 kg 🗑️ 10 kg

01 🗑️과 🗑️은 각각 몇 kg을 나타내나요?

🗑️ (   )

🗑️ (   )

02 가장 많이 배출한 재활용품을 써 보세요.

(   )

03 병류와 캔류의 배출량의 차는 얼마인지 써 보세요.

(   )

[04~06] 도시별 버스 수를 조사하여 나타낸 표입니다. 물음에 답하세요.

도시별 버스 수

도시	가	나	다	라
버스 수 (대)	3129	2741	3962	2411
어림값 (대)				

04 도시별 버스 수를 반올림하여 백의 자리까지 나타내어 표를 완성해 보세요.

05 그림그래프로 나타내어 보세요.

도시별 버스 수

도시	버스 수
가	
나	
다	
라	

🚌 1000대 🚌 100대

06 버스 수가 가장 적은 도시를 써 보세요.

(   )

[07~09] 외국인이 좋아하는 한식 종류를 조사하여 나타낸 띠그래프입니다. 물음에 답하세요.

좋아하는 한식 종류별 외국인 수

| 치킨 (40 %) | 불고기 (24 %) | 비빔밥 (20 %) | | 김치 (5 %) |

삼겹살 (11 %)

07 띠그래프에 대한 설명 중 옳은 것을 모두 찾아 기호를 써 보세요.

> ㉠ 가장 많은 외국인이 좋아하는 음식은 치킨입니다.
> ㉡ 두 번째로 많은 외국인이 좋아하는 음식은 비빔밥입니다.
> ㉢ 가장 적은 외국인이 좋아하는 음식은 김치입니다.

( )

08 불고기를 좋아하는 외국인 수는 전체 외국인 수의 몇 %인가요?

( )

09 치킨을 좋아하는 외국인이 560명이라면 비빔밥을 좋아하는 외국인은 몇 명인가요?

( )

10 띠그래프 또는 원그래프를 이용하여 나타내기에 알맞은 것을 모두 찾아 기호를 써 보세요.

> ㉠ 우리 반 학생들이 빌리는 책의 종류
> ㉡ 인수의 키의 변화
> ㉢ 국회 의원 선거의 각 후보별 득표율

( )

[11~14] 6학년 학생들이 가고 싶어 하는 나라를 조사하여 나타낸 원그래프입니다. 물음에 답하세요.

가고 싶어 하는 나라

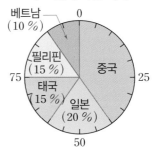

11 필리핀과 백분율이 같은 나라를 써 보세요.

( )

12 중국에 가고 싶어 하는 학생 수는 전체 학생 수의 몇 %인가요?

( )

13 중국에 가고 싶어 하는 학생 수는 베트남에 가고 싶어 하는 학생 수의 몇 배인가요?

( )

 14 일본에 가고 싶어 하는 학생이 65명일 때, 조사한 6학년 학생은 모두 몇 명인지 풀이 과정을 쓰고 답을 구해 보세요.

풀이

_____

_____

_____

답 _____

[15~18] 지수네 학교 학생들의 혈액형을 조사하여 나타낸 표입니다. 물음에 답하세요.

혈액형별 학생 수

혈액형	A형	B형	O형	AB형	합계
학생 수 (명)	147	126	㉠	63	420
백분율 (%)	㉡	㉢	20	15	100

15 ㉠, ㉡, ㉢에 알맞은 수를 각각 구해 보세요.

㉠ (   )

㉡ (   )

㉢ (   )

16 원그래프로 나타내어 보세요.

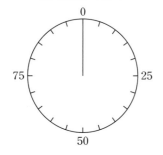

혈액형별 학생 수

17 혈액형이 B형인 학생 수는 AB형인 학생 수의 몇 배인가요?

(   )

18 길이가 20 cm인 띠그래프로 나타내려고 합니다. A형과 O형인 학생 수의 비율은 각각 몇 cm로 나타내야 하는지 풀이 과정을 쓰고 답을 구해 보세요.

풀이

_____

_____

_____

답 _____ , _____

[19~20] 은수네 학교 학생들이 좋아하는 계절을 조사하여 나타낸 막대그래프입니다. 물음에 답하세요.

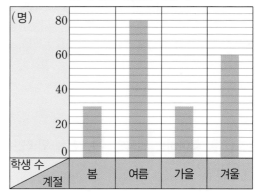

좋아하는 계절별 학생 수

19 표를 완성해 보세요.

좋아하는 계절별 학생 수

계절	봄	여름	가을	겨울	합계
학생 수 (명)	30	80	30		
백분율 (%)	15				100

20 띠그래프로 나타내어 보세요.

좋아하는 계절별 학생 수

0   10   20   30   40   50   60   70   80   90 100 (%)

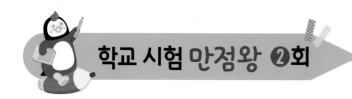
[01~03] 마을별 쌀 생산량을 조사하여 나타낸 표입니다. 물음에 답하세요.

마을별 쌀 생산량

마을	가	나	다
생산량(kg)	336670	334109	398002
어림값 (kg)			

01 쌀 생산량을 반올림하여 만의 자리까지 나타내어 표를 완성해 보세요.

02 그림그래프로 나타내어 보세요.

마을별 쌀 생산량

가	나	다

◻10만 kg ▦1만 kg

03 그림그래프에 대한 설명 중 옳은 것은 ○표, 옳지 않은 것은 ×표 하세요.

(1) 세 마을의 쌀 생산량을 한눈에 쉽게 비교할 수 있습니다. ( )

(2) 가 마을의 쌀 생산량이 가장 많습니다. ( )

(3) 나 마을의 쌀 생산량이 가장 적습니다. ( )

[04~06] 소희가 요일별 줄넘기를 한 횟수를 나타낸 그림그래프입니다. 월요일부터 목요일까지 한 줄넘기 횟수가 모두 1100회일 때, 물음에 답하세요.

요일별 줄넘기를 한 횟수

월	화
수	목

🪢100회 🪢10회

04 수요일에 한 횟수를 구해 보세요.

( )

05 줄넘기를 320회 한 요일을 써 보세요.

( )

06 줄넘기를 한 횟수가 많은 요일부터 순서대로 써 보세요.

( )

[07~09] 태호네 학교 학생들이 여름방학에 하고 싶은 일을 조사하여 나타낸 그래프입니다. 물음에 답하세요.

여름방학에 하고 싶은 일별 학생 수

07 위와 같이 전체에 대한 각 부분의 비율을 띠 모양에 나타낸 그래프를 무엇이라고 하나요?

(   )

08 휴식을 하고 싶은 학생 수의 백분율을 구해 보세요.

(   )

09 수영을 하고 싶은 학생 수는 캠핑을 하고 싶은 학생 수의 몇 배인가요?

(   )

[10~12] 텃밭에 심은 채소별 밭의 넓이를 조사하여 나타낸 원그래프입니다. 물음에 답하세요.

채소별 밭의 넓이

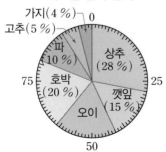

10 오이를 심은 밭의 넓이는 전체의 몇 %인가요?

(   )

11 전체 텃밭의 10 %를 차지하는 채소는 무엇인가요?

(   )

12 전체 텃밭의 넓이가 200 m^2일 때, 상추를 심은 텃밭은 호박을 심은 텃밭보다 몇 m^2 더 넓은지 풀이 과정을 쓰고 답을 구해 보세요.

풀이

_____

_____

_____

답 _____

13 띠그래프를 그리는 순서대로 기호를 써 보세요.

> ㉠ 자료를 보고 각 항목의 백분율을 구합니다.
> ㉡ 나눈 부분에 각 항목의 내용과 백분율을 쓰고 띠그래프의 제목을 씁니다.
> ㉢ 각 항목이 차지하는 백분율의 크기만큼 선을 그어 띠를 나눕니다.
> ㉣ 각 항목의 백분율의 합계가 100 %가 되는지 확인합니다.

(   )

[14~16] 현우가 한 달에 쓴 용돈의 쓰임새를 나타낸 표입니다. 물음에 답하세요.

용돈의 쓰임새별 금액

쓰임새	학용품	저금	간식	교통비	기타	합계
금액 (원)	8000	5000	4000	2000	1000	
백분율 (%)						100

14 현우가 한 달에 사용한 용돈은 모두 얼마인지 구해 보세요.

( )

15 용돈의 쓰임새별 금액의 백분율을 구하여 표를 완성해 보세요.

16 띠그래프로 나타내어 보세요.

용돈의 쓰임새별 금액

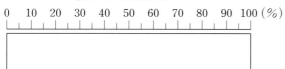

[17~18] 민수네 학교 6학년 학생들이 기르는 반려동물을 조사하여 나타낸 표와 그래프입니다. 물음에 답하세요.

반려동물별 학생 수

반려동물	강아지	고양이	햄스터	앵무새	합계
학생 수 (명)	12		8		
백분율 (%)	30		20		100

반려동물별 학생 수

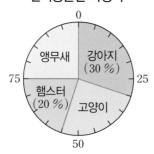

17 조사한 전체 학생은 몇 명인가요?

( )

18 전체 학생 수에 대한 고양이를 키우는 학생 수와 앵무새를 키우는 학생 수의 백분율이 같습니다. 고양이를 키우는 학생 수의 백분율과 학생 수를 각각 구해 보세요.

( ), ( )

19 띠그래프나 원그래프로 나타내기에 알맞은 것을 모두 찾아 기호를 써 보세요.

㉠ 학교에서 일어나는 안전사고 발생 수
㉡ 토마토 키의 변화
㉢ 초미세 먼지의 성분
㉣ 월별 평균 줄넘기 횟수

( )

20 2020년부터 2022년까지 어느 회사의 제품별 판매량을 조사하여 각각 띠그래프로 나타내었습니다. 띠그래프를 보고 알 수 있는 내용 2가지를 써 보세요.

제품별 판매량

2020년	(11 %)	(63 %)	(26 %)
2021년	(12 %)	(64 %)	(24 %)
2022년	(16 %)	(68 %)	(16 %)

☐ 가 제품   ☐ 나 제품   ☐ 다 제품

내용 1

_____

내용 2

_____

[01~03] 마을별 양파 생산량을 조사하여 나타낸 그림그래프입니다. 물음에 답하세요.

마을별 양파 생산량

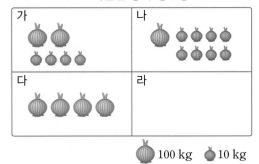

🧅 100 kg   🧅 10 kg

01 가 마을의 양파 생산량은 몇 kg인지 풀이 과정을 쓰고 답을 구해 보세요.

풀이

_____

답 _____

02 네 마을의 전체 양파 생산량이 1050 kg일 때, 라 마을의 생산량은 몇 kg인지 풀이 과정을 쓰고 답을 구해 보세요.

풀이

_____

답 _____

03 다 마을의 양파 생산량은 나 마을의 양파 생산량보다 몇 kg 많은지 풀이 과정을 쓰고 답을 구해 보세요.

풀이

_____

답 _____

[04~06] 경아네 학교 6학년 학생들이 체험학습으로 가고 싶은 장소를 조사하여 나타낸 표입니다. 물음에 답하세요.

체험학습으로 가고 싶은 장소별 학생 수

장소	놀이공원	과학관	동물원	기타	합계
학생 수 (명)	90	50		20	200
백분율 (%)				10	100

04 동물원에 가고 싶은 학생은 몇 명인지 풀이 과정을 쓰고 답을 구해 보세요.

풀이

_____

답 _____

05 전체 학생 수에 대한 놀이공원, 과학관, 동물원에 가고 싶은 학생 수의 백분율은 각각 몇 %인지 풀이 과정을 쓰고 답을 구해 보세요.

풀이

_____

답 _____

06 띠그래프로 나타내어 보세요.

체험학습으로 가고 싶은 장소별 학생 수

0 10 20 30 40 50 60 70 80 90 100 (%)

[07~08] 세원이네 학교 학생 600명을 대상으로 하루 휴대 전화 사용 시간을 조사하여 나타낸 원그래프입니다. 물음에 답하세요.

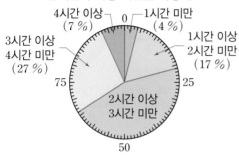

휴대전화 사용 시간별 학생 수

4시간 이상 (7 %)
1시간 미만 (4 %)
3시간 이상 4시간 미만 (27 %)
1시간 이상 2시간 미만 (17 %)
2시간 이상 3시간 미만

07 휴대전화 사용 시간이 2시간 이상 3시간 미만인 학생 수는 전체 학생 수의 몇 %인지 풀이 과정을 쓰고 답을 구해 보세요.

풀이

답

08 휴대전화 사용 시간이 3시간 이상인 학생은 몇 명인 지 풀이 과정을 쓰고 답을 구해 보세요.

풀이

답

[09~10] 어느 지역에서 2010년과 2020년의 과일별 생산 량을 조사하여 나타낸 띠그래프입니다. 물음에 답하세요.

과일별 생산량

2010년	포도 (23 %)	수박 (30 %)	복숭아 (20 %)	자두 (19 %)	기타 (8 %)
2020년	포도 (30 %)	수박 (24 %)	복숭아 (26 %)	자두 (14 %)	기타 (6 %)

09 2010년에 비해 2020년에 차지하는 비율이 늘어난 과일은 무엇인지 모두 구하려고 합니다. 풀이 과정을 쓰고 답을 구해 보세요

풀이

답

10 위 그래프를 보고 알 수 있는 내용을 2가지 써 보세요.

내용 1

내용 2

● **직육면체의 부피 비교하기**

• 상자를 직접 맞대어 비교하기

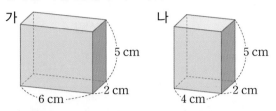

가로, 세로, 높이 중 두 모서리의 길이가 같은 경우 나머지 한 모서리의 길이를 비교하여 부피를 비교할 수 있습니다.

• 쌓기나무를 사용하여 비교하기

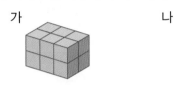

쌓기나무의 수를 세어 보면 가는 12개, 나는 16개이므로 나의 부피가 더 큽니다.

● **직육면체의 부피를 구하는 방법 알아보기**

• $1\,cm^3$ 알아보기

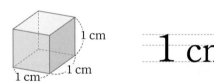

부피를 나타낼 때 한 모서리의 길이가 $1\,cm$인 정육면체를 부피의 단위로 사용할 수 있습니다. 이 정육면체의 부피를 $1\,cm^3$라 쓰고, 1 세제곱센티미터라고 읽습니다.

• 직육면체의 부피를 구하는 방법

(직육면체의 부피)
= (가로) × (세로) × (높이)
= (밑면의 넓이) × (높이)

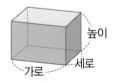

(정육면체의 부피) = (한 모서리의 길이)
× (한 모서리의 길이) × (한 모서리의 길이)

● **$1\,m^3$ 알아보기**

• $1\,m^3$ 알아보기

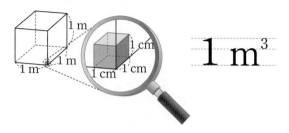

부피를 나타낼 때 한 모서리의 길이가 $1\,m$인 정육면체를 부피의 단위로 사용할 수 있습니다. 이 정육면체의 부피를 $1\,m^3$라 쓰고, 1 세제곱미터라고 읽습니다.

• $1\,m^3$와 $1\,cm^3$의 관계

부피가 $1\,m^3$인 정육면체를 쌓는 데 $1\,cm^3$인 쌓기나무가 $100 \times 100 \times 100 = 1000000$(개) 필요합니다.

$$1\,m^3 = 1000000\,cm^3$$

● **직육면체의 겉넓이 구하는 방법 알아보기**

• 직육면체의 겉넓이

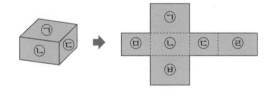

방법 1 여섯 면의 넓이의 합

(직육면체의 겉넓이) = ㉠ + ㉡ + ㉢ + ㉣ + ㉤ + ㉥

방법 2 세 쌍의 면이 합동인 성질 이용

(직육면체의 겉넓이) = (㉠ + ㉡ + ㉢) × 2

방법 3 두 밑면의 넓이와 옆면의 넓이의 합

(직육면체의 겉넓이) = ㉠ × 2 + (㉡ + ㉢ + ㉣ + ㉤)

• 정육면체의 겉넓이

(정육면체의 겉넓이) = (한 면의 넓이) × 6

01 부피가 더 큰 것의 기호를 찾아 써 보세요.

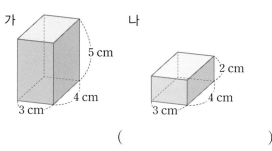

가　나
5 cm
4 cm
3 cm
2 cm
4 cm
3 cm

(　　　　　　　)

02 부피가 1 cm^3인 쌓기나무로 다음과 같이 직육면체를 만들었습니다. 이 직육면체의 부피는 몇 cm^3인가요?

(　　　　　　　)

03 □ 안에 알맞은 부피의 단위를 써넣으세요.

한 모서리의 길이가 1 cm인 정육면체의 부피는 1 □ 이고, 한 모서리의 길이가 1 m인 정육면체의 부피는 1 □ 입니다.

04 직육면체의 부피는 몇 cm^3인가요?

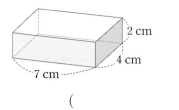

2 cm
4 cm
7 cm

(　　　　　　　)

05 정육면체의 부피는 몇 cm^3인가요?

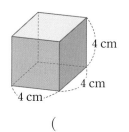

4 cm
4 cm
4 cm

(　　　　　　　)

06 □ 안에 알맞은 수를 써 넣으세요.

$1 \text{ m}^3 = \boxed{} \text{ cm}^3$

07 한 모서리의 길이가 3 m인 정육면체의 부피는 몇 m^3인가요?

(　　　　　　　)

08 부피를 비교하여 ○ 안에 >, =, <를 알맞게 써넣으세요.

30000000 cm^3 ◯ 3 m^3

09 직육면체의 겉넓이를 구하려고 합니다. □ 안에 알맞은 수를 써넣으세요.

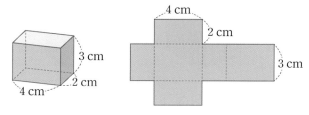

4 cm
2 cm
3 cm
3 cm
2 cm
4 cm

(직육면체의 겉넓이)
$=$(한 밑면의 넓이)$\times 2 +$(옆면의 넓이)
$=(4 \times \boxed{}) \times 2 + (4 + 2 + \boxed{} + \boxed{}) \times \boxed{}$
$= \boxed{} (\text{cm}^2)$

10 한 모서리의 길이가 2 cm인 정육면체의 겉넓이는 몇 cm^2인가요?

(　　　　　　　)

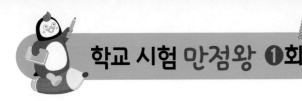

01 □ 안에 들어갈 것을 알맞게 짝지은 것을 고르세요. ( )

> 한 모서리의 길이가 1 cm인 정육면체의 부피를
> [ ]라고 쓰고, [ ]라고 읽습
> 니다.

① 1 cm, 1 센티미터
② 1 cm², 1 제곱센티미터
③ 1 cm², 1 세제곱센티미터
④ 1 cm³, 1 제곱센티미터
⑤ 1 cm³, 1 세제곱센티미터

[02~03] 크기와 모양이 같은 쌓기나무로 직육면체를 만들었습니다. 물음에 답하세요.

가   나

02 두 직육면체의 쌓기나무는 각각 몇 개인가요?

가 ( )
나 ( )

03 두 직육면체의 부피를 비교하여 ○ 안에 >, =, < 를 알맞게 써넣으세요.

[가의 부피] [나의 부피]

04 부피가 **1 cm³**인 쌓기나무로 다음과 같이 직육면체를 만들었습니다. 이 직육면체의 부피는 몇 cm³인가요?

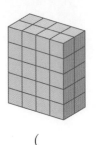

( )

05 직육면체의 부피는 몇 **m³**인가요?

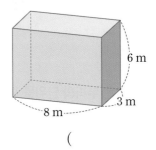

( )

06 정육면체의 부피를 구하려고 합니다. □ 안에 알맞은 수를 써넣으세요.

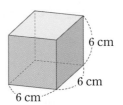

(정육면체의 부피)= [ ] × [ ] × [ ]

= [ ] (cm³)

07 □ 안에 알맞은 수를 써넣으세요.

(1) 3.7 m³= [ ] cm³

(2) 500000 cm³= [ ] m³

08 수호는 가로 10 cm, 세로 15 cm, 높이 5 cm인 직육면체 모양의 상자를 만들려고 합니다. 수호가 만들려고 하는 상자의 부피는 몇 cm³인가요?

( )

09 직육면체의 겉넓이를 구하려고 합니다. □ 안에 알맞은 수를 써넣으세요.

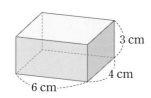

(직육면체의 겉넓이)
＝(한 꼭짓점에서 만나는 세 면의 넓이의 합)×2
＝(24＋☐＋☐)×☐
＝☐ (cm²)

10 부피가 큰 순서대로 기호를 써 보세요.

┌─────────────────────────────┐
│ ㉠ 한 모서리의 길이가 2 m인 정육면체 │
│ ㉡ 한 밑면의 넓이가 2.7 m²이고 높이가 3 m인 │
│   직육면체 │
│ ㉢ 부피가 900000 cm³인 직육면체 │
└─────────────────────────────┘

( )

11 직육면체와 정육면체의 겉넓이의 합을 구해 보세요.

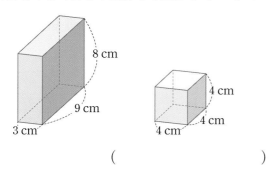

( )

12 그림과 같은 직육면체 모양의 떡을 잘라 정육면체 모양을 만들려고 합니다. 만들 수 있는 가장 큰 정육면체의 부피는 몇 cm³인가요?

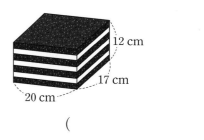

( )

13 모서리의 길이의 합이 48 cm인 정육면체의 부피는 몇 cm³인가요?

( )

14 직육면체의 겉넓이는 188 cm²입니다. 직육면체의 높이는 몇 cm인지 풀이 과정을 쓰고 답을 구해 보세요.

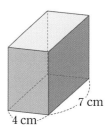

풀이

_____

_____

_____

답 _____

15 직육면체의 색칠한 면의 넓이는 35 cm²입니다. 직육면체의 겉넓이는 몇 cm²인가요?

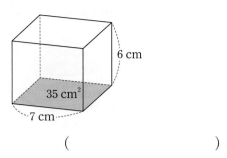

(   )

16 상자의 부피는 몇 m³인가요?

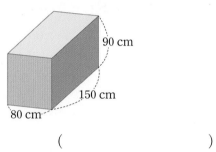

(   )

17 어떤 직육면체를 위와 앞에서 본 모양입니다. 이 직육면체의 겉넓이는 몇 cm²인가요?

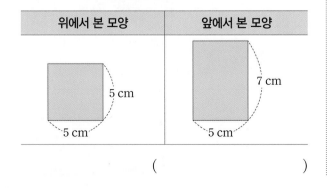

(   )

18 크기가 서로 다른 쌓기나무로 다음과 같은 직육면체를 만들었습니다. 두 직육면체의 부피의 차는 얼마인지 풀이 과정을 쓰고 답을 구해 보세요

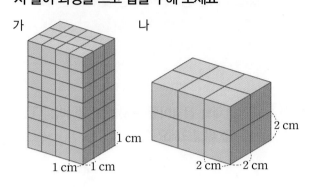

풀이

_____

_____

_____

답 _____

19 겉넓이가 294 cm²인 정육면체의 부피를 구해 보세요.

(   )

20 크기와 모양이 똑같은 두 직육면체를 면끼리 붙여 또 다른 직육면체를 만들려고 합니다. 겉넓이가 가장 작게 되도록 직육면체를 만들 때 만든 직육면체의 겉넓이를 구해 보세요.

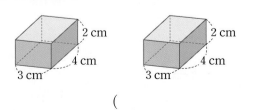

(   )

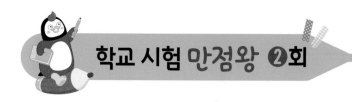

01 부피가 큰 직육면체부터 차례로 기호를 써 보세요.

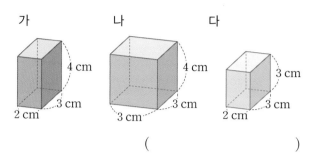

(   )

[02~03] 두 직육면체 모양의 상자에 똑같은 크기의 쌓기나무를 담아 부피를 비교하려고 합니다. 물음에 답하세요.

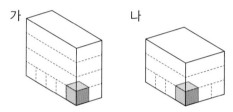

02 두 상자에 각각 담을 수 있는 쌓기나무의 수를 구해 보세요.

가 (   )

나 (   )

03 부피가 더 작은 상자를 찾아 기호를 써 보세요.

(   )

04 부피가 **1 cm³**인 쌓기나무로 다음과 같이 직육면체를 만들었습니다. □ 안에 알맞은 기호와 수를 써넣으세요.

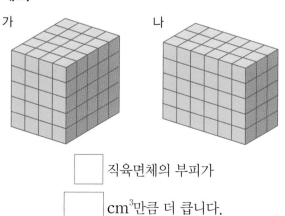

☐ 직육면체의 부피가

☐ cm³만큼 더 큽니다.

05 직육면체의 부피를 구하려고 합니다. □ 안에 알맞은 수를 써넣으세요.

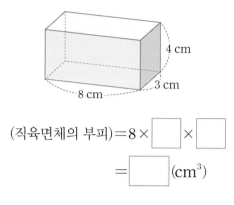

(직육면체의 부피) = 8 × ☐ × ☐

= ☐ (cm³)

06 직육면체의 부피는 몇 **cm³**인가요?

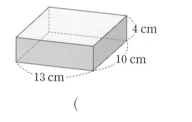

(   )

07 정육면체의 겉넓이를 구하려고 합니다. □ 안에 알맞은 수를 써넣으세요.

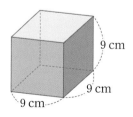

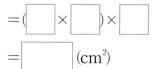

(정육면체의 겉넓이)

= (한 면의 넓이) × 6

= (☐ × ☐) × ☐

= ☐ (cm²)

08 모서리의 길이의 합이 60 cm인 정육면체의 겉넓이를 구해 보세요.

( )

09 진수는 실과 시간에 가로가 15 cm, 세로가 17 cm, 높이가 6 cm인 직육면체 모양의 두부를 만들었습니다. 진수가 만든 두부의 부피는 몇 cm³인가요?

( )

10 다음 직육면체의 부피는 한 모서리의 길이가 12 cm 인 정육면체의 부피와 같습니다. 직육면체의 높이를 구해 보세요.

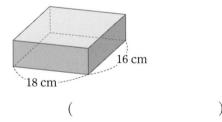

( )

11 직육면체의 부피는 몇 m³인가요?

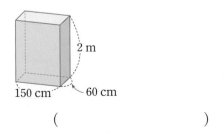

( )

[12~13] 수아네 집에 있는 물건들의 부피입니다. 물음에 답하세요.

| 침대: 3000000 cm³ | 옷장: 2.5 m³ |
| 냉장고: 2400000 cm³ | 세탁기: 0.7 m³ |

12 침대와 냉장고의 부피를 각각 m³로 나타내어 보세요.

침대 ( )
냉장고 ( )

13 부피가 가장 큰 물건을 써 보세요.

( )

14 정육면체의 전개도입니다. 전개도로 만든 상자의 부피는 몇 cm³인가요?

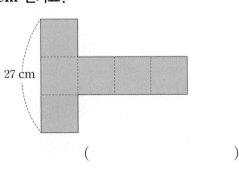

( )

15 공사 현장에 그림과 같은 벽돌이 다음과 같이 가로로 15개, 세로로 8개, 높이로 10층만큼 쌓여 있습니다. 벽돌 더미의 부피는 몇 m³인지 풀이 과정을 쓰고 답을 구해 보세요.

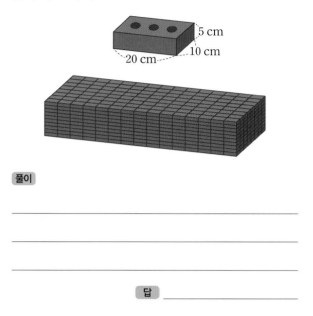

풀이

_____

_____

_____

답 _____

16 직육면체 모양의 케이크를 다음과 같이 똑같이 2조각으로 잘랐습니다. 자른 케이크 2조각의 겉넓이의 합은 자르기 전 케이크의 겉넓이보다 몇 cm² 더 늘어났나요?

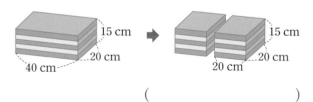

(_____)

17 직육면체 가의 부피는 정육면체 나의 부피와 같습니다. 직육면체 가의 높이를 구해 보세요.

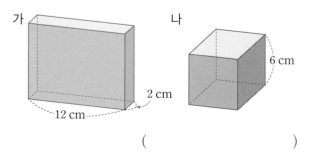

(_____)

18 겉넓이가 큰 순서대로 기호를 써 보세요.

> ㉠ 한 밑면의 넓이가 72 cm²이고, 옆면의 넓이의 합이 204 cm²인 직육면체
> ㉡ 정사각형 모양의 밑면의 넓이가 81 cm²이고 높이가 7 cm인 직육면체
> ㉢ 한 모서리의 길이가 8 cm인 정육면체

(_____)

19 그림과 같은 직육면체 모양의 상자를 쌓아 정육면체를 만들려고 합니다. 만들 수 있는 정육면체 중 부피가 가장 작은 정육면체를 만들기 위해 필요한 상자의 개수를 구해 보세요.

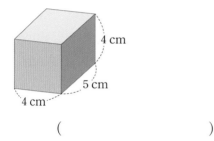

(_____)

20 두 직육면체의 옆면의 넓이가 같습니다. 직육면체 가의 밑면의 가로와 세로는 각각 6 cm, 4 cm이고, 직육면체 나의 밑면의 모양이 정사각형일 때, 두 직육면체의 겉넓이의 차는 얼마인지 풀이 과정을 쓰고 답을 구해 보세요.

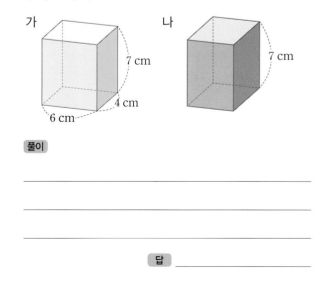

풀이

_____

_____

_____

답 _____

01
세 직육면체 중 직접 맞대어 부피를 비교할 수 없는 것을 찾고 그렇게 생각한 이유를 써 보세요.

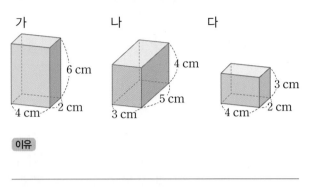

가   나   다

이유

_____

_____

답 _____

02
정육면체 모양의 연필꽂이와 직육면체 모양의 필통 중 어느 것의 부피가 몇 cm^3 더 큰지 풀이 과정을 쓰고 답을 구해 보세요.

연필꽂이	필통
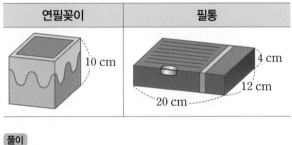	

풀이

_____

답 _____ ,

03
직육면체의 부피가 $140 \ cm^3$일 때 높이는 몇 cm인지 풀이 과정을 쓰고 답을 구해 보세요.

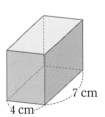

풀이

_____

_____

답 _____

04
모서리의 길이의 합이 $72 \ cm$인 정육면체의 부피는 몇 cm^3인지 풀이 과정을 쓰고 답을 구해 보세요.

풀이

_____

_____

답 _____

05
직육면체 모양의 빵을 잘라 정육면체 모양을 만들려고 합니다. 만들 수 있는 가장 큰 정육면체의 부피는 몇 cm^3인지 풀이 과정을 쓰고 답을 구해 보세요.

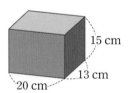

풀이

_____

_____

답 _____

06
직육면체의 부피는 몇 m^3인지 풀이 과정을 쓰고 답을 구해 보세요.

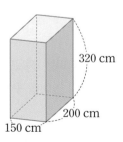

풀이

_____

_____

답 _____

07 직육면체의 겉넓이를 2가지 방법으로 구해 보세요.

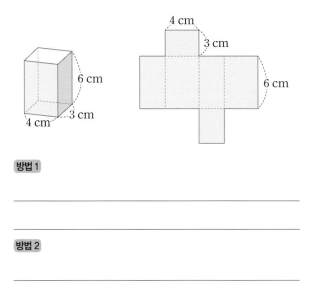

방법1

_____

_____

방법2

_____

_____

08 전개도를 접어서 만든 정육면체의 겉넓이는 몇 cm^2인지 풀이 과정을 쓰고 답을 구해 보세요.

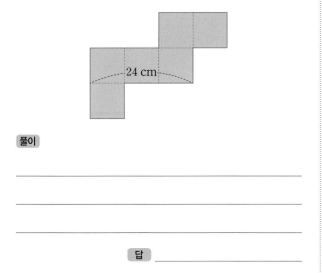

풀이

_____

_____

_____

답 _____

09 두 직육면체의 옆면의 넓이가 같습니다. 직육면체 가의 밑면의 가로와 세로는 각각 **12 cm**, **4 cm**이고, 직육면체 나의 밑면의 모양이 정사각형일 때, 두 직육면체의 겉넓이의 차는 얼마인지 풀이 과정을 쓰고 답을 구해 보세요.

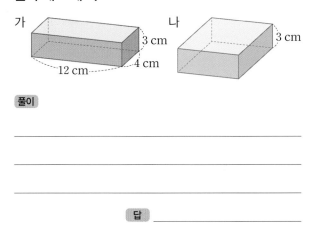

풀이

_____

_____

_____

답 _____

10 한 모서리의 길이가 50 cm인 정육면체 상자를 가로 2 m, 세로 3.5 m, 높이 250 cm 창고에 가득 쌓으려고 합니다. 창고에 쌓을 수 있는 상자는 최대 몇 개인지 풀이 과정을 쓰고 답을 구해 보세요.

풀이

_____

_____

_____

답 _____

새 교육과정 반영

중학 내신 영어듣기,
초등부터
미리 대비하자!

초등 영어 듣기 실전 대비서

영어듣기평가 완벽대비

전국 시·도교육청 영어듣기능력평가 시행 방송사 EBS가 만든
초등 영어듣기평가 완벽대비

'듣기 - 받아쓰기 - 문장 완성'을 통한 반복 듣기	듣기 집중력 향상 + 영어 어순 습득
다양한 유형의 **실전 모의고사 10회** 수록	각종 영어 듣기 시험 대비 가능
딕토글로스* 활동 등 **수행평가 대비 워크시트** 제공	중학 수업 미리 적응

* Dictogloss, 듣고 문장으로 재구성하기

EBS 초등ON

https://on.ebs.co.kr

★ ★ ★ ★ ★
초등 공부의 모든 것
EBS 초등ON

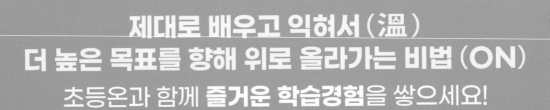

제대로 배우고 익혀서 (溫)
더 높은 목표를 향해 위로 올라가는 비법 (ON)
초등온과 함께 **즐거운 학습경험**을 쌓으세요!

아직 기초가 부족해서
차근차근
공부하고 싶어요.

조금 어려운 내용에
도전해보고 싶어요.

영어의 모든 것!
체계적인
영어공부를 원해요.

조금 어려운
내용에
도전해보고
싶어요.

학습 고민이 있나요?

초등온에는
친구들의 고민에 맞는
다양한 강좌가 준비되어 있답니다.

학교 진도에
맞춰
공부하고
싶어요.

초등 ON 이란?

EBS가 직접 제작하고 분야별 전문 교육업체가 개발한
다양한 콘텐츠를 바탕으로,

대표강좌

초등 목표달성을 위한 <초등온> 서비스를 제공합니다.

BOOK 3

해설책

BOOK 3 해설책으로
틀린 문제의 해설도 확인해 보세요!

수학 6-1

만점왕

예습, 복습, 숙제까지 해결되는
교과서 완전 학습서

BOOK 3
해설책

"우리 아이 독해 학습, 잘하고 있나요?"

독해 교재 한 권을 다 풀고 다음 책을 학습하려 했더니
갑자기 확 어려워지는 독해 교재도 있어요.
차근차근 수준별 학습이 가능한 독해 교재 어디 없을까요?

* 실제 학부모님들의 고민 사례

저희 아이는 여러 독해 교재를 꾸준히 학습하고 있어요.
짧은 글이라 쓱 보고 답은 쉽게 찾더라구요.
그런데, 진짜 문해력이 키워지는지는 잘 모르겠어요.

국어 독해,
이제 **특허받은 ERI로 해결**하세요!

'ERI(EBS Reading Index)'는 EBS와 이화여대 산학협력단이 개발한 과학적 독해 지수로,
글의 난이도를 낱말, 문장, 배경지식 수준에 따라 산출하였습니다.

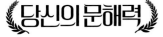

당신의 문해력
ERI 독해가 문해력 이다

P단계 · 1단계 · 2단계

3단계 · 4단계 · 5단계 · 6단계 · 7단계

P단계	예비 초등~초등 1학년 권장
1단계	**기본/심화**	초등 1~2학년 권장
2단계	**기본/심화**	초등 2~3학년 권장
3단계	**기본/심화**	초등 3~4학년 권장
4단계	**기본/심화**	초등 4~5학년 권장
5단계	**기본/심화**	초등 5~6학년 권장
6단계	**기본/심화**	초등 6학년~ 중학 1학년 권장
7단계	**기본/심화**	중학 1~2학년 권장

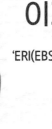

BOOK 3
해설책

만점왕 수학
6-1

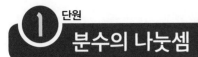

① 단원 분수의 나눗셈

문제를 풀여 이해해요   9쪽

1 (1) $\frac{1}{8}$, 3 / $\frac{3}{8}$ (2) $\frac{1}{5}$, 7 / 7, $1\frac{2}{5}$

2 2, 2, 2 / 3, 2, 17

 ### 교과서 내용 학습   10~11쪽

01 풀이 참조, $\frac{1}{7}$ **02** $\frac{1}{9}$ / 3, $\frac{3}{9}$

03 (1) $\frac{1}{3}$ (2) $\frac{3}{4}$ (3) $\frac{5}{8}$ (4) $\frac{9}{13}$

04 (위에서부터) $\frac{3}{10}$, $\frac{7}{12}$ **05** $\frac{5}{6}$ m

06 풀이 참조, $\frac{4}{3}$, 1, 1

07 (1) $\frac{8}{5}$, $1\frac{3}{5}$ (2) $\frac{15}{8}$, $1\frac{7}{8}$ (3) $\frac{23}{9}$, $2\frac{5}{9}$

08 ④   **09** (1) – ㉠ (2) – ㉢

10 미경이네 모둠

문제해결 접근하기

11 풀이 참조

01 예

02 $1 \div 9 = \frac{1}{9}$입니다.

$3 \div 9$는 $\frac{1}{9}$이 3개이므로 $3 \div 9 = \frac{3}{9}$입니다.

04 $3 \div 10 = \frac{3}{10}$, $7 \div 12 = \frac{7}{12}$

05 $5 \div 6 = \frac{5}{6}$(m)

---

06 예

$4 \div 3 = \frac{4}{3} = 1\frac{1}{3}$

07 (자연수)÷(자연수)의 몫은 나누어지는 수를 분자, 나누는 수를 분모로 하는 분수로 나타낼 수 있습니다.

➡ ■ ÷ ★ = $\frac{■}{★}$

(1) $8 \div 5 = \frac{8}{5} = 1\frac{3}{5}$

(2) $15 \div 8 = \frac{15}{8} = 1\frac{7}{8}$

(3) $23 \div 9 = \frac{23}{9} = 2\frac{5}{9}$

08 ① $1 \div 2 = \frac{1}{2}$ ② $3 \div 4 = \frac{3}{4}$ ③ $8 \div 7 = \frac{8}{7} = 1\frac{1}{7}$

④ $6 \div 13 = \frac{6}{13}$ ⑤ $16 \div 15 = \frac{16}{15} = 1\frac{1}{15}$

따라서 나눗셈의 몫이 가장 작은 것은 ④ $6 \div 13$입니다.

09 (1) $19 \div 11 = \frac{19}{11} = 1\frac{8}{11}$

(2) $27 \div 11 = \frac{27}{11} = 2\frac{5}{11}$

10 미경이네 모둠에서 고추를 심기로 한 텃밭의 넓이는

$19 \div 4 = \frac{19}{4} = 4\frac{3}{4}$ (m²)입니다.

제민이네 모둠에서 고추를 심기로 한 텃밭의 넓이는

$14 \div 3 = \frac{14}{3} = 4\frac{2}{3}$ (m²)입니다.

$4\frac{3}{4}\left(=4\frac{9}{12}\right) > 4\frac{2}{3}\left(=4\frac{8}{12}\right)$이므로 고추를 심기로 한 텃밭이 더 넓은 모둠은 미경이네 모둠입니다.

문제해결 접근하기

11 **이해하기** | 예 바르게 계산하였을 때의 몫은 얼마인지 분수로 구하려고 합니다.

계획 세우기| 예 $136 \div 8$의 계산 결과를 구해서 어떤 수를 찾고 어떤 수를 8로 나누어서 바르게 계산한 값을 구합니다.

해결하기| (1) 136, 136, 17 (2) 17, 17, 2, 1

되돌아보기| 예 (어떤 수)$\times 9 = 144$이므로
(어떤 수)$= 144 \div 9 = 16$입니다.

따라서 바르게 계산하면 $16 \div 9 = \dfrac{16}{9} = 1\dfrac{7}{9}$입니다.

문제를 풀며 이해해요   13쪽

1 풀이 참조, $\dfrac{2}{7}$

2 15, 15, $\dfrac{5}{18}$

3 5, 5 / 5, $\dfrac{3}{20}$

---

1 예

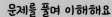

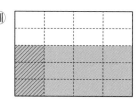

교과서 내용 학습   14~15쪽

01 풀이 참조, $\dfrac{3}{20}$ 02 (1) 9, 3 (2) 40, 40, 8

03 $\dfrac{5}{42}$, $\dfrac{3}{16}$ 04 6, 6 / 6, $\dfrac{7}{78}$

05 (1) $\dfrac{1}{2}$, $\dfrac{5}{18}$ (2) $\dfrac{1}{4}$, 52, 2 (3) $\dfrac{1}{9}$, $\dfrac{13}{72}$

06 $\dfrac{13}{10} \div 5 = \dfrac{13}{10} \times \dfrac{1}{5} = \dfrac{13}{50}$

07 27   08 $<$

09 $\dfrac{9}{10} \div 4 = \dfrac{9}{40}$ / $\dfrac{9}{40}$ L

10 ① $\dfrac{9}{2}$, 5, $\dfrac{9}{10}$ ② $\dfrac{9}{5}$, 2, $\dfrac{9}{10}$

문제해결 접근하기

11 풀이 참조

---

01 예

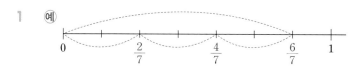

03 $\dfrac{5}{6} \div 7 = \dfrac{35}{42} \div 7 = \dfrac{35 \div 7}{42} = \dfrac{5}{42}$

$\dfrac{15}{16} \div 5 = \dfrac{15 \div 5}{16} = \dfrac{3}{16}$

05 (1) $\dfrac{5}{9} \div 2 = \dfrac{5}{9} \times \dfrac{1}{2} = \dfrac{5}{18}$

(2) $\dfrac{8}{13} \div 4 = \dfrac{8}{13} \times \dfrac{1}{4} = \dfrac{8}{52} = \dfrac{2}{13}$

(3) $\dfrac{13}{8} \div 9 = \dfrac{13}{8} \times \dfrac{1}{9} = \dfrac{13}{72}$

07 $\dfrac{5}{8} \div 4 = \dfrac{5}{8} \times \dfrac{1}{4} = \dfrac{5}{32}$이므로 ㉠$=32$, ㉡$=5$입니다. 따라서 ㉠$-$㉡$=32-5=27$입니다.

08 $\dfrac{8}{9} \div 7 = \dfrac{8}{9} \times \dfrac{1}{7} = \dfrac{8}{63}$

$\dfrac{15}{7} \div 9 = \dfrac{15}{7} \times \dfrac{1}{9} = \dfrac{15}{63}$

➡ $\dfrac{8}{63} < \dfrac{15}{63}$

09 $\dfrac{9}{10} \div 4 = \dfrac{9}{10} \times \dfrac{1}{4} = \dfrac{9}{40}$ (L)

10 ① $\dfrac{9}{2} \div 5 = \dfrac{9}{2} \times \dfrac{1}{5} = \dfrac{9}{10}$

② $\dfrac{9}{5} \div 2 = \dfrac{9}{5} \times \dfrac{1}{2} = \dfrac{9}{10}$

문제해결 접근하기

11 **이해하기|** 예 1부터 9까지의 수 중에서 ★에 알맞은 수의 개수를 구하려고 합니다.

계획 세우기| 예 $\dfrac{7}{3} \div 5$의 값을 구한 후 $\dfrac{★}{15} > \dfrac{7}{3} \div 5$에서 ★에 알맞은 수를 모두 구해 개수를 세어 봅니다.

해결하기| (1) 5, 15 (2) 7, 7 (3) 8, 9, 2

되돌아보기| 예 ★에 8, 9를 각각 넣어서 크기를 비교해 봅니다.

★=8인 경우, $\dfrac{8}{15} > \dfrac{7}{15}$이 됩니다.

★=9인 경우, $\dfrac{9}{15} > \dfrac{7}{15}$이 됩니다.

문제를 풀며 이해해요   17쪽

1 [방법 1] 10, 10, $\dfrac{5}{7}$ [방법 2] 10, 10, 10, 5

2 [방법 1] 14, 14, 42, $\dfrac{14}{15}$ [방법 2] 14, 14, $\dfrac{14}{15}$

3 (1) 32, 32, $\dfrac{8}{9}$ (2) 13, 13, 2, $\dfrac{13}{6}$, $2\dfrac{1}{6}$

교과서 내용 학습   18~19쪽

01 $8\dfrac{2}{5} \div 6 = \dfrac{42}{5} \div 6 = \dfrac{42 \div 6}{5} = \dfrac{7}{5} = 1\dfrac{2}{5}$

02 2

03 (1) $\dfrac{21}{32}$ (2) $1\dfrac{1}{8}\left(=\dfrac{9}{8}\right)$

04 [방법 1] 예) $2\dfrac{2}{5} \div 3 = \dfrac{12}{5} \div 3 = \dfrac{12 \div 3}{5} = \dfrac{4}{5}$

[방법 2] 예) $2\dfrac{2}{5} \div 3 = \dfrac{12}{5} \div 3$

$\qquad = \dfrac{12}{5} \times \dfrac{1}{3} = \dfrac{4}{5}\left(=\dfrac{12}{15}\right)$

05 (1) $\dfrac{3}{4}$ (2) $1\dfrac{7}{40}\left(=\dfrac{47}{40}\right)$

06 $6\dfrac{7}{9} \div 7 = \dfrac{61}{9} \div 7 = \dfrac{61}{9} \times \dfrac{1}{7} = \dfrac{61}{63}$

07 <

08 $1\dfrac{2}{11}\left(=\dfrac{13}{11}\right)$, $\dfrac{13}{77}$

09 7개

10 $\dfrac{11}{35}$

문제해결 접근하기

11 풀이 참조

01 대분수를 가분수로 고친 다음 분자를 자연수로 나누어 계산한 것입니다.

02 $1\dfrac{4}{6}$는 $\dfrac{10}{6}$과 같고, $\dfrac{10}{6}$을 5등분한 것 중의 하나가

$\dfrac{2}{6}$이므로 $1\dfrac{4}{6} \div 5$의 몫은 $\dfrac{2}{6}$입니다.

➡ $1\dfrac{4}{6} \div 5 = \dfrac{2}{6}$

03 $\dfrac{★}{■} \div ● = \dfrac{★}{■} \times \dfrac{1}{●}$

(1) $2\dfrac{5}{8} \div 4 = \dfrac{21}{8} \times \dfrac{1}{4}$

$\qquad = \dfrac{21}{32}$

(2) $10\dfrac{1}{8} \div 9 = \dfrac{81}{8} \div 9 = \dfrac{81}{8} \times \dfrac{1}{9}$

$\qquad = \dfrac{81}{72} = \dfrac{9}{8} = 1\dfrac{1}{8}$

04 [방법 1] 대분수를 가분수로 바꾸고 분자를 자연수로 나누어 계산합니다.

➡ $2\dfrac{2}{5} \div 3 = \dfrac{12}{5} \div 3 = \dfrac{12 \div 3}{5} = \dfrac{4}{5}$

[방법 2] 대분수를 가분수로 바꾸고 분수의 나눗셈을 분수의 곱셈으로 나타내어 계산합니다.

➡ $2\dfrac{2}{5} \div 3 = \dfrac{12}{5} \div 3 = \dfrac{12}{5} \times \dfrac{1}{3} = \dfrac{12}{15} = \dfrac{4}{5}$

05 (1) $5\dfrac{1}{4} \div 7 = \dfrac{21}{4} \div 7$

$\qquad = \dfrac{21 \div 7}{4} = \dfrac{3}{4}$

(2) $9\dfrac{2}{5} \div 8 = \dfrac{47}{5} \div 8$

$\qquad = \dfrac{47}{5} \times \dfrac{1}{8} = \dfrac{47}{40} = 1\dfrac{7}{40}$

06 (대분수)÷(자연수)는 대분수를 가분수로 바꾸어 계산해야 합니다.

07 $3\dfrac{2}{3} \div 4 = \dfrac{11}{3} \div 4 = \dfrac{11}{3} \times \dfrac{1}{4} = \dfrac{11}{12}$

$4\dfrac{3}{4} \div 5 = \dfrac{19}{4} \div 5 = \dfrac{19}{4} \times \dfrac{1}{5} = \dfrac{19}{20}$

➡ $\dfrac{11}{12}\left(=\dfrac{55}{60}\right) < \dfrac{19}{20}\left(=\dfrac{57}{60}\right)$

08 $4\dfrac{8}{11} \div 4 = \dfrac{52}{11} \div 4 = \dfrac{52 \div 4}{11} = \dfrac{13}{11} = 1\dfrac{2}{11}$

$\dfrac{13}{11} \div 7 = \dfrac{13}{11} \times \dfrac{1}{7} = \dfrac{13}{77}$

09 $3\frac{5}{9} \div 4 = \frac{32}{9} \div 4 = \frac{32 \div 4}{9} = \frac{8}{9}$

$\frac{8}{9} > \frac{\square}{9}$ 이므로 □ 안에 들어갈 수 있는 자연수는

1, 2, 3, 4, 5, 6, 7로 모두 7개입니다.

10 어떤 분수를 □라고 하면 $\square \times 5 = 7\frac{6}{7}$ 이므로

$\square = 7\frac{6}{7} \div 5 = \frac{55}{7} \div 5 = \frac{55 \div 5}{7} = \frac{11}{7}$ 입니다.

따라서 바르게 계산하면 $\frac{11}{7} \div 5 = \frac{11}{7} \times \frac{1}{5} = \frac{11}{35}$

입니다.

문제해결 접근하기

11 **이해하기** | 예 수 카드 2, 4, 7, 9 를 한 번씩만
사용하여 몫이 가장 큰 (대분수)÷(자연수)의 나눗셈식
을 만들고, 몫을 구하려고 합니다.

계획 세우기 | 예 $\square\frac{\square}{\square} \div \square$의 몫이 가장 크려면 나누어
지는 수는 가장 큰 대분수이고, 나누는 수는 가장 작은
자연수가 되어야 합니다. 수 카드 2, 4, 7, 9 를
한 번씩만 사용하여 만들 수 있는 가장 큰 대분수와 가
장 작은 자연수를 구해서 나눗셈식을 만들고, 몫을 구
합니다.

해결하기 | (1) $9\frac{4}{7}$, 2 (2) $9\frac{4}{7}$, 2, 4, 11

되돌아보기 | 예 나눗셈의 계산 결과가 가장 작으려면 나
누어지는 수는 가장 작은 대분수이고 나누는 수는 가장
큰 자연수가 되어야 합니다. 수 카드 2, 4, 7, 9
를 한 번씩만 사용하여 만들 수 있는 가장 작은 대분수는
$2\frac{4}{7}$이고, 가장 큰 자연수는 9이므로 $2\frac{4}{7} \div 9$를 계산합
니다.

따라서 몫이 가장 작은 나눗셈식은 $2\frac{4}{7} \div 9 = \frac{2}{7}$이고,
몫은 $\frac{2}{7}$입니다.

단원 확인 평가

01 (1) 풀이 참조, $\frac{1}{4}$ (2) 풀이 참조, $\frac{3}{4}$

02 (1) (위에서부터) $\frac{7}{9}$, $\frac{7}{13}$ (2) (위에서부터) $\frac{9}{11}$, $\frac{9}{14}$

03 ㉡, ㉣ 04 20, 20, 5

05 $\frac{11}{15} \div 6 = \frac{11}{15} \times \frac{1}{6} = \frac{11}{90}$

06 ㉢ 07 ③

08 (1) > (2) <

09 (1) $\frac{7}{72}$ (2) $\frac{7}{72}$, $\frac{1}{72}$ / $\frac{1}{72}\left(=\frac{7}{504}\right)$

10 $\frac{1}{18}$ m 11 $\frac{4}{5}$, $\frac{1}{10}\left(=\frac{4}{40}\right)$

12 방법 1 예 $5\frac{2}{8} \div 6 = \frac{42}{8} \div 6 = \frac{42 \div 6}{8} = \frac{7}{8}$

방법 2 예 $5\frac{2}{8} \div 6 = \frac{42}{8} \div 6 = \frac{42}{8} \times \frac{1}{6} = \frac{42}{48}$

$= \frac{7}{8}$

13 (1) $1\frac{1}{12}\left(=\frac{13}{12}\right)$ (2) $1\frac{3}{5}\left(=\frac{8}{5}\right)$

14 $2\frac{1}{8}\left(=\frac{17}{8}\right)$ m² 15 $3\frac{5}{6} \div 8 = \frac{23}{48}$

16 $\frac{2}{7}$ 17 색연필

18 $2\frac{4}{9}\left(=\frac{22}{9}\right)$ cm

19 (1) $1\frac{1}{4}\left(=\frac{5}{4}\right)$ (2) $1\frac{1}{4}\left(=\frac{5}{4}\right)$, 7, $\frac{5}{28}$ / $\frac{5}{28}$ kg

20 3, 4

01 (1) 예

(2) 예

02 (1) $7 \div 9 = \frac{7}{9}$

$7 \div 13 = \frac{7}{13}$

(2) $9 \div 11 = \dfrac{9}{11}$

 $9 \div 14 = \dfrac{9}{14}$

03 ㉠ $2 \div 3 = \dfrac{2}{3}$

㉡ $8 \div 5 = \dfrac{8}{5} = 1\dfrac{3}{5}$

㉢ $4 \div 7 = \dfrac{4}{7}$

㉣ $10 \div 9 = \dfrac{10}{9} = 1\dfrac{1}{9}$

따라서 나눗셈의 몫이 1보다 큰 것은 ㉡, ㉣입니다.

참고 나누어지는 수가 나누는 수보다 크면 몫이 1보다 큽니다.

04 $\dfrac{5}{7} \div 4 = \dfrac{20}{28} \div 4 = \dfrac{20 \div 4}{28} = \dfrac{5}{28}$

05 (분수) $\div$ (자연수) $=$ (분수) $\times \dfrac{1}{\text{(자연수)}}$

06 ㉠ $\dfrac{1}{2} \div 2 = \dfrac{1}{2} \times \dfrac{1}{2} = \dfrac{1}{4}$

㉡ $\dfrac{3}{2} \div 6 = \dfrac{3}{2} \times \dfrac{1}{6} = \dfrac{3}{12} = \dfrac{1}{4}$

㉢ $\dfrac{2}{3} \div 4 = \dfrac{2}{3} \times \dfrac{1}{4} = \dfrac{2}{12} = \dfrac{1}{6}$

㉣ $\dfrac{3}{4} \div 3 = \dfrac{3 \div 3}{4} = \dfrac{1}{4}$

따라서 몫이 다른 것은 ㉢입니다.

07 ① $\dfrac{9}{2} \div 3 = \dfrac{9 \div 3}{2} = \dfrac{3}{2} = 1\dfrac{1}{2}$

② $\dfrac{21}{4} \div 3 = \dfrac{21 \div 3}{4} = \dfrac{7}{4} = 1\dfrac{3}{4}$

③ $\dfrac{27}{7} \div 9 = \dfrac{27 \div 9}{7} = \dfrac{3}{7}$

④ $\dfrac{28}{8} \div 7 = \dfrac{28 \div 7}{8} = \dfrac{4}{8} = \dfrac{1}{2}$

⑤ $\dfrac{55}{9} \div 5 = \dfrac{55 \div 5}{9} = \dfrac{11}{9} = 1\dfrac{2}{9}$

따라서 계산 결과가 1보다 작은 ③과 ④에서

$\dfrac{3}{7}\left(=\dfrac{6}{14}\right) < \dfrac{1}{2}\left(=\dfrac{7}{14}\right)$이므로 몫이 가장 작은 것은 ③입니다.

08 (1) $13 \div 7 = \dfrac{13}{7} = 1\dfrac{6}{7}$

$\dfrac{16}{5} \div 2 = \dfrac{16 \div 2}{5} = \dfrac{8}{5} = 1\dfrac{3}{5}$

➡ $1\dfrac{6}{7}\left(=1\dfrac{30}{35}\right) > 1\dfrac{3}{5}\left(=1\dfrac{21}{35}\right)$

(2) $\dfrac{5}{6} \div 3 = \dfrac{5}{6} \times \dfrac{1}{3} = \dfrac{5}{18}$

$\dfrac{21}{8} \div 7 = \dfrac{21 \div 7}{8} = \dfrac{3}{8}$

➡ $\dfrac{5}{18}\left(=\dfrac{20}{72}\right) < \dfrac{3}{8}\left(=\dfrac{27}{72}\right)$

09 (1) (어떤 분수) $\times 8 = \dfrac{7}{9}$이므로

(어떤 분수) $= \dfrac{7}{9} \div 8 = \dfrac{7}{9} \times \dfrac{1}{8} = \dfrac{7}{72}$입니다.

(2) 따라서 어떤 분수를 7로 나눈 몫은

$\dfrac{7}{72} \div 7 = \dfrac{7 \div 7}{72} = \dfrac{1}{72}$입니다.

채점 기준

어떤 분수를 바르게 구한 경우	50 %
어떤 분수를 7로 나눈 몫을 바르게 구한 경우	50 %

10 색 끈 $\dfrac{5}{6}$ m로 크기가 똑같은 정오각형 모양을 3개 만들었으므로 정오각형 1개의 둘레의 길이는

$\dfrac{5}{6} \div 3 = \dfrac{5}{6} \times \dfrac{1}{3} = \dfrac{5}{18}$ (m)입니다.

정오각형은 다섯 변의 길이가 모두 같으므로 정오각형의 한 변의 길이는

$\dfrac{5}{18} \div 5 = \dfrac{5 \div 5}{18} = \dfrac{1}{18}$ (m)입니다.

11 $4\dfrac{4}{5} \div 6 = \dfrac{24}{5} \div 6 = \dfrac{24 \div 6}{5} = \dfrac{4}{5}$

$\dfrac{4}{5} \div 8 = \dfrac{4}{5} \times \dfrac{1}{8} = \dfrac{4}{40} = \dfrac{1}{10}$

13 (1) $3\dfrac{1}{4} \div 3 = \dfrac{13}{4} \div 3 = \dfrac{13}{4} \times \dfrac{1}{3} = \dfrac{13}{12} = 1\dfrac{1}{12}$

(2) $6\dfrac{2}{5} \div 4 = \dfrac{32}{5} \div 4 = \dfrac{32 \div 4}{5} = \dfrac{8}{5} = 1\dfrac{3}{5}$

14 $10\dfrac{5}{8} \div 5 = \dfrac{85}{8} \div 5 = \dfrac{85 \div 5}{8} = \dfrac{17}{8} = 2\dfrac{1}{8} \ (\text{m}^2)$

15 몫이 가장 작으려면 대분수를 가장 작게, 자연수를 가장 크게 하여 나눗셈식을 만듭니다. 수 카드의 크기를 비교하면 $3<5<6<8$이므로 가장 큰 수는 8이고, 나머지 카드로 가장 작은 대분수를 만들면 $3\dfrac{5}{6}$입니다.

➡ $3\dfrac{5}{6} \div 8 = \dfrac{23}{6} \times \dfrac{1}{8} = \dfrac{23}{48}$

16 $4\dfrac{2}{7} \div 5 = \dfrac{30}{7} \div 5 = \dfrac{30 \div 5}{7} = \dfrac{6}{7}$,

$\square \times 3 = \dfrac{6}{7}$,

$\square = \dfrac{6}{7} \div 3 = \dfrac{6 \div 3}{7} = \dfrac{2}{7}$

17 연필 한 자루의 무게:

$43\dfrac{2}{5} \div 7 = \dfrac{217}{5} \div 7$

$= \dfrac{217 \div 7}{5}$

$= \dfrac{31}{5} = 6\dfrac{1}{5} \ (\text{g})$

색연필 한 자루의 무게:

$58\dfrac{1}{2} \div 9 = \dfrac{117}{2} \div 9$

$= \dfrac{117 \div 9}{2}$

$= \dfrac{13}{2} = 6\dfrac{1}{2} \ (\text{g})$

$6\dfrac{1}{5}\left(=6\dfrac{2}{10}\right) < 6\dfrac{1}{2}\left(=6\dfrac{5}{10}\right)$이므로

연필과 색연필 중에서 한 자루의 무게가 더 무거운 것은 색연필입니다.

18 (삼각형의 넓이)＝(밑변의 길이)×(높이)÷2이므로
(높이)＝(삼각형의 넓이)×2÷(밑변의 길이)입니다.
따라서 높이는

$8\dfrac{5}{9} \times 2 \div 7 = \dfrac{77}{9} \times 2 \div 7$

$= \dfrac{154}{9} \div 7$

$= \dfrac{154 \div 7}{9} = \dfrac{22}{9} = 2\dfrac{4}{9} \ (\text{cm})$입니다.

19 (1) 한 통에 담긴 콩의 무게는
(전체 콩의 무게)÷(통의 수)

$= 6\dfrac{1}{4} \div 5 = \dfrac{25}{4} \div 5 = \dfrac{25 \div 5}{4} = \dfrac{5}{4}$

$= 1\dfrac{1}{4} \ (\text{kg})$입니다.

(2) 따라서 하루에 먹은 콩의 무게는
(한 통에 담긴 콩의 무게)÷(먹은 날의 수)

$= 1\dfrac{1}{4} \div 7 = \dfrac{5}{4} \div 7 = \dfrac{5}{4} \times \dfrac{1}{7}$

$= \dfrac{5}{28} \ (\text{kg})$입니다.

채점 기준

한 통에 담긴 콩의 무게를 바르게 구한 경우	50 %
하루에 먹은 콩의 무게를 바르게 구한 경우	50 %

20 $8\dfrac{2}{3} \div \text{⊙} = 3$이므로

$\text{⊙} = 8\dfrac{2}{3} \div 3 = \dfrac{26}{3} \div 3 = \dfrac{26}{3} \times \dfrac{1}{3} = \dfrac{26}{9} = 2\dfrac{8}{9}$입니다.

$\text{ⓛ} \times 2 = 9\dfrac{1}{4}$이므로

$\text{ⓛ} = 9\dfrac{1}{4} \div 2 = \dfrac{37}{4} \div 2 = \dfrac{37}{4} \times \dfrac{1}{2} = \dfrac{37}{8} = 4\dfrac{5}{8}$입니다.

따라서 $2\dfrac{8}{9} < \square < 4\dfrac{5}{8}$에서 $\square$ 안에 들어갈 수 있는 자연수는 3, 4입니다.

2 단원 각기둥과 각뿔

문제를 풀며 이해해요   29쪽

1 (1) 가, 다 (2) 나, 라, 마, 바 (3) 나, 라 (4) 각기둥

2 (1) 밑면 (2) 옆면

교과서 내용 학습   30~31쪽

01 가, 나, 다, 라, 바   02 가, 나, 라

03 ⑤   04 풀이 참조

05 4개

06 면 ㄱㅁㅂㄴ, 면 ㄴㅂㅅㄷ, 면 ㄷㅅㅇㄹ, 면 ㄹㅇㅁㄱ

07 ①   08 직사각형

09 2개, 5개

10 제민 / 예 두 밑면은 서로 평행해.

문제해결 접근하기

11 풀이 참조

01 마는 서로 평행한 두 면이 없습니다.

02 다는 서로 평행한 두 면이 다각형이 아닙니다.
바는 서로 평행한 두 면이 합동이 아닙니다.

03 두 면이 서로 평행하고 합동인 다각형으로 이루어진 기둥 모양의 입체도형은 ⑤입니다.

04 각기둥에서 서로 평행하고 합동인 두 면을 밑면이라고 합니다.

05 밑면에 수직인 면은 두 밑면을 제외한 나머지 면으로 4개입니다.

06 각기둥에서 두 밑면과 만나는 면을 옆면이라고 합니다.

07 면 ㅁㅂㅅㅇ과 평행한 면 ㄱㄴㄷㄹ은 각기둥의 밑면입니다.

08 각기둥에서 옆면은 직사각형 모양입니다.

09 각기둥에서 밑면은 항상 2개입니다.
옆면의 수는 한 밑면의 변의 수와 같으므로 옆면은 5개입니다.

10 각기둥에서 두 밑면은 서로 평행합니다.
또한 각기둥에서 밑면과 옆면은 수직으로 만납니다.

문제해결 접근하기

11 이해하기 | 예 입체도형 중 각기둥은 모두 몇 개인지 구하려고 합니다.
계획 세우기 | 예 입체도형 중 각기둥인 것을 찾고 그 개수를 세어서 구합니다.
해결하기 | (1) 평행 (2) 라, 마, 아, 4
되돌아보기 | 예 각기둥은 두 면이 서로 평행하고 합동인 다각형으로 이루어진 기둥 모양의 입체도형이므로 제시된 입체도형 중에서 각기둥을 찾고 개수를 세어서 해결하였습니다.

문제를 풀며 이해해요   33쪽

1 (위에서부터) 삼각형, 사각형, 오각형, 육각형 / 직사각형, 직사각형, 직사각형, 직사각형 / 삼각기둥, 사각기둥, 오각기둥, 육각기둥

2 (위에서부터) 꼭짓점, 모서리, 높이

교과서 내용 학습   34~35쪽

01 육각기둥   02 칠각기둥

03 ㉡, ㉢   04 10개

05 15개   06 5개

07 사각기둥

08 (위에서부터) 3, 4, 6 / 5, 6, 8 / 9, 12, 18 / 6, 8, 12

09 (1) ○ (2) × (3) ○   10 14개

문제해결 접근하기

11 풀이 참조

01 밑면의 모양이 육각형인 각기둥이므로 육각기둥입니다.

02 밑면의 모양이 칠각형이므로 각기둥의 이름은 칠각기둥입니다.

03 각기둥에서 면과 면이 만나는 선분을 모서리라 하고, 모서리와 모서리가 만나는 점을 꼭짓점이라고 합니다.

04 오각기둥에서 모서리와 모서리가 만나는 꼭짓점은 10개입니다.

05 오각기둥에서 면과 면이 만나는 모서리는 15개입니다.

06 오각기둥에서 두 밑면 사이의 거리를 나타내는 모서리는 5개입니다.

07 각기둥의 옆면의 모양이 직사각형이므로 밑면의 모양도 직사각형인 각기둥입니다. ➡ 사각기둥

08 (각기둥의 면의 수)=(한 밑면의 변의 수)+2
(각기둥의 모서리의 수)=(한 밑면의 변의 수)×3
(각기둥의 꼭짓점의 수)=(한 밑면의 변의 수)×2

09 (2) 구각기둥의 꼭짓점은 18개입니다.

10 (각기둥의 면의 수)=(한 밑면의 변의 수)+2입니다.
한 밑면의 변의 수를 □개라 하면 □+2=9, □=7입니다. 따라서 칠각기둥의 꼭짓점은
(한 밑면의 변의 수)×2=7×2=14(개)입니다.

문제해결 접근하기

11 **이해하기** | 예 밑면의 모양이 팔각형인 각기둥의 모서리의 수와 꼭짓점의 수의 합을 구하려고 합니다.
계획 세우기 | 예 밑면의 모양이 팔각형이므로 팔각기둥의 모서리의 수와 꼭짓점의 수를 각각 구한 다음 더합니다.
해결하기 | (1) 8 (2) 3, 24, 2, 16 (3) 24, 16, 40
되돌아보기 | 예 밑면의 모양이 칠각형이므로 칠각기둥이고, 한 밑면의 변의 수는 7개입니다.
(칠각기둥의 모서리의 수)=(한 밑면의 변의 수)×3
=7×3=21(개)

(칠각기둥의 꼭짓점의 수)=(한 밑면의 변의 수)×2
=7×2=14(개)
따라서 칠각기둥의 모서리의 수와 꼭짓점의 수의 합은 21+14=35(개)입니다.

문제를 풀며 이해해요 37쪽

1 (1) 전개도 (2) 사각기둥 (3) ㅈㅇ (4) ㅂㅁ
2 풀이 참조

2 예

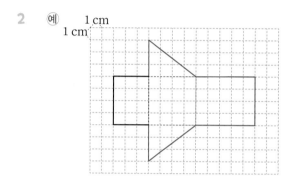

교과서 내용 학습 38~39쪽

01 면 가, 면 아
02 면 나, 면 다, 면 라, 면 마, 면 바, 면 사
03 육각기둥
04 선분 ㅇㅅ
05 면 ㅈㅇㅅㅊ
06 4개
07 (왼쪽에서부터) 4, 7, 4
08 풀이 참조
09 오각형
10 6 cm

문제해결 접근하기

11 풀이 참조

01 밑면은 육각형인 면 가, 면 아입니다.

02 면 아는 밑면이므로 면 아와 만나는 면은 옆면입니다.

03 밑면의 모양이 육각형인 각기둥이므로 육각기둥입니다.

04 전개도를 접었을 때 점 ㄹ은 점 ㅇ과 만나고 점 ㅁ은 점 ㅅ과 만납니다. 따라서 선분 ㄹㅁ과 맞닿는 선분은 선분 ㅇㅅ입니다.

06 면 ㄷㄹㅁㅂ이 밑면이므로 밑면과 만나는 면은 옆면입니다. 옆면이 되는 면을 찾으면 면 ㄱㄴㄷㅎ, 면 ㅎㄷㅂㅋ, 면 ㅋㅂㅅㅊ, 면 ㅊㅅㅇㅈ으로 모두 4개입니다.

08 ㉠
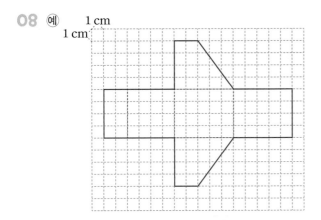
1 cm
1 cm

어느 부분을 잘라서 펼치는가에 따라 각기둥의 전개도를 다양하게 그릴 수 있습니다.

09 옆면이 5개이므로 한 밑면의 변은 5개입니다. 따라서 밑면의 모양은 오각형입니다.

10 높이를 나타내는 모서리 5개의 길이의 합이 $7 \times 5 = 35 \, (\text{cm})$이므로 밑면 2개에 있는 모서리의 길이의 합은 $95 - 35 = 60 \, (\text{cm})$입니다.
각기둥의 옆면이 모두 합동이므로 밑면에 있는 10개의 모서리의 길이는 모두 같습니다. 따라서 밑면의 한 변의 길이는 $60 \div 10 = 6 \, (\text{cm})$입니다.

문제해결 접근하기

11 **이해하기** | ㉠ 밑면의 모양이 정육각형인 각기둥의 전개도를 접어서 만든 각기둥의 모든 모서리의 길이의 합을 구하려고 합니다.
계획 세우기 | ㉠ 밑면의 모양이 정육각형이므로 이 전개도를 접어서 만든 각기둥이 육각기둥입니다. 육각기둥의 한 밑면의 둘레의 2배와 높이를 나타내는 모서리의 길이의 합을 더해서 구합니다.
해결하기 | (1) 6, 36 (2) 36, 10, 132

되돌아보기 | ㉠ 육각기둥에서 6 cm인 모서리의 수가 12개이고, 10 cm인 모서리의 수가 6개이므로 모든 모서리의 길이의 합은 $6 \times 12 + 10 \times 6 = 72 + 60 = 132 \, (\text{cm})$입니다.

문제를 풀며 이해해요   41쪽

1 (1) 가, 다, 라, 마, 바 (2) 가, 다, 바 (3) 가, 다, 바 (4) 각뿔
2 (1) 밑면 (2) 옆면

교과서 내용 학습   42~43쪽

01 가, 나, 라, 마, 바   **02** 가, 마, 바
03 ④   **04** 풀이 참조
05 4개   **06** 면 ㄴㄷㄹㅁㅂㅅ
07 면 ㄱㄴㄷ, 면 ㄱㄷㄹ, 면 ㄱㄹㅁ, 면 ㄱㅁㅂ, 면 ㄱㅂㅅ, 면 ㄱㅅㄴ
08 1개, 8개   **09** ③, ⑤
10 3개

문제해결 접근하기
11 풀이 참조

01 다는 밑면이 원입니다. 따라서 밑면이 다각형인 도형은 가, 나, 라, 마, 바입니다.

02 나와 라는 각기둥으로 옆면이 직사각형입니다.

03 각뿔은 한 면이 다각형이고 다른 면이 모두 삼각형인 입체도형이므로 ④입니다.

04 각뿔에서 밑에 있는 면을 색칠합니다.

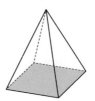

05 각뿔에서 밑면과 만나는 면을 옆면이라고 합니다. 밑면이 사각형인 각뿔의 옆면은 4개입니다.

06 밑면은 육각형 모양의 면 ㄴㄷㄹㅁㅂㅅ입니다.

07 옆면은 삼각형 모양의 면으로 6개입니다.

08 각뿔에서 밑면은 팔각형으로 1개이고, 옆면은 삼각형으로 8개입니다.

09 ① 가는 각기둥으로 옆면의 모양이 직사각형입니다.
② 나의 밑면의 모양은 육각형입니다.
③ 가는 밑면이 2개, 나는 밑면이 1개이므로 가는 나보다 밑면의 수가 더 많습니다.
④ 밑면과 옆면이 수직으로 만나는 것은 가입니다.
⑤ 가와 나의 밑면의 모양은 모두 육각형입니다.

10 각뿔의 밑면은 다각형이고, 각뿔의 옆면의 수는 밑면의 변의 수와 같습니다. 다각형이 만들어지려면 변이 적어도 3개 있어야 하므로 변의 수가 가장 적은 다각형은 변이 3개인 삼각형입니다. 따라서 옆면이 적어도 3개 있어야 각뿔이 만들어집니다.

문제해결 접근하기

11 **이해하기** | 예 입체도형 중 각뿔은 모두 몇 개인지 구하려고 합니다.
계획 세우기 | 예 입체도형 중 각뿔인 것을 찾고 그 개수를 세어서 구합니다.
해결하기 | (1) 다각형, 삼각형 (2) 라, 바, 아, 4
되돌아보기 | 예 각뿔은 한 면이 다각형이고 다른 면이 모두 삼각형인 입체도형이므로 제시된 입체도형 중에서 각뿔을 찾고 개수를 세어서 해결하였습니다.

문제를 풀며 이해해요 45쪽

1 (위에서부터) 삼각형, 사각형, 오각형, 육각형 / 삼각형, 삼각형, 삼각형, 삼각형 / 삼각뿔, 사각뿔, 오각뿔, 육각뿔
2 (위에서부터) 각뿔의 꼭짓점, 모서리, 높이, 꼭짓점

교과서 내용 학습 46~47쪽

01 칠각뿔 **02** 팔각뿔
03 ㉠, ㉡ **04** 7개
05 12개 **06** 7개
07 ㉡, ㉣
08 (위에서부터) 3, 4, 5 / 4, 5, 6 / 6, 8, 10 / 4, 5, 6
09 (1) ○ (2) × (3) ○ **10** 18개

문제해결 접근하기

11 풀이 참조

01 밑면의 모양이 칠각형인 각뿔이므로 칠각뿔입니다.

02 밑면의 모양이 팔각형이므로 각뿔의 이름은 팔각뿔입니다.

03 꼭짓점 중에서 옆면이 모두 만나는 점을 각뿔의 꼭짓점이라 하고, 각뿔의 꼭짓점에서 밑면에 수직으로 그은 선분의 길이를 높이라고 합니다.

04 육각뿔의 면은 7개입니다.

05 육각뿔에서 면과 면이 만나는 모서리는 12개입니다.

06 육각뿔에서 모서리와 모서리가 만나는 꼭짓점은 7개입니다.

07 • 오각기둥에서
㉠ 모서리의 수: 15개 ㉡ 밑면의 모양: 오각형
㉢ 밑면의 수: 2개 ㉣ 옆면의 수: 5개
• 오각뿔에서
㉠ 모서리의 수: 10개 ㉡ 밑면의 모양: 오각형
㉢ 밑면의 수: 1개 ㉣ 옆면의 수: 5개
따라서 오각기둥과 오각뿔에서 같은 것은 ㉡, ㉣입니다.

08 (각뿔의 면의 수)＝(밑면의 변의 수)＋1
(각뿔의 모서리의 수)＝(밑면의 변의 수)×2
(각뿔의 꼭짓점의 수)＝(밑면의 변의 수)＋1

09 (2) 각뿔의 옆면은 모두 삼각형입니다.

10 (각뿔의 면의 수)＝(밑면의 변의 수)＋1입니다. 밑면의 변의 수를 □개라 하면 □＋1＝10, □＝9입니다.
따라서 구각뿔의 모서리는
(밑면의 변의 수)×2＝9×2＝18(개)입니다.

문제해결 접근하기

11 **이해하기|** ⑩ 밑면의 모양이 팔각형인 각뿔의 면의 수와 모서리의 수와 꼭짓점의 수의 합은 몇 개인지 구하려고 합니다.

계획 세우기| ⑩ 밑면의 모양이 팔각형이므로 팔각뿔의 면의 수, 모서리의 수, 꼭짓점의 수를 구한 다음 더합니다.

해결하기| (1) 1, 9, 2, 16, 1, 9 (2) 9, 16, 9, 34

되돌아보기| ⑩ 칠각뿔에서 밑면의 변의 수는 7개이므로
(칠각뿔의 면의 수)＝(밑면의 변의 수)＋1
＝7＋1＝8(개)
(칠각뿔의 모서리의 수)＝(밑면의 변의 수)×2
＝7×2＝14(개)
(칠각뿔의 꼭짓점의 수)＝(밑면의 변의 수)＋1
＝7＋1＝8(개)입니다.
따라서 칠각뿔의 면의 수와 모서리의 수와 꼭짓점의 수의 합은 8＋14＋8＝30(개)입니다.

---

01 나, 라, 바   **02** 풀이 참조

03 육각기둥   **04** 면 ㄱㄴㄷ, 면 ㄹㅁㅂ

05 면 ㄱㄹㅁㄴ, 면 ㄴㅁㅂㄷ, 면 ㄷㅂㄹㄱ

06 12 cm   **07** 14개

08 (1) 2, 9 (2) 구각형, 구각기둥 (3) 3, 9, 3, 27 / 27개

09 면 ㅊㅈㅇㅅ   **10** 선분 ㄹㅁ

11 (위에서부터) 6, 16, 10   **12** 풀이 참조

13 (1) 육각형, 직사각형, 육각기둥 (2) 6, 6, 2, 12 / 12개

14 ②, ⑤   **15** ⓑ, ⓔ

16 십각뿔   **17** ③

18 ②, ④   **19** 28개

20 ⓔ, ⓒ, ⓐ, ⓑ

---

02 ⑩ 밑면이 다각형이 아닙니다.
⑩ 옆면이 직사각형이 아닙니다.

03 밑면의 모양이 육각형인 각기둥이므로 육각기둥입니다.

04 서로 평행하고 합동인 두 면은 면 ㄱㄴㄷ과 면 ㄹㅁㅂ입니다.

05 밑면에 수직인 면은 옆면으로 면 ㄱㄹㅁㄴ, 면 ㄴㅁㅂㄷ, 면 ㄷㅂㄹㄱ입니다.

06 각기둥의 높이는 두 밑면의 대응하는 꼭짓점을 이은 모서리의 길이와 같습니다.

07 밑면의 모양이 칠각형이고, 옆면의 모양이 직사각형이므로 칠각기둥입니다.
(칠각기둥의 꼭짓점의 수)＝(한 밑면의 변의 수)×2
＝7×2＝14(개)

08 (1) (각기둥의 꼭짓점의 수)＝(한 밑면의 변의 수)×2
이고 꼭짓점이 18개이므로 각기둥의 한 밑면의 변은 9개입니다.
(2) 밑면의 모양이 구각형이므로 각기둥의 이름은 구각기둥입니다.

---

(3) (각기둥의 모서리의 수)=(한 밑면의 변의 수)×3
이므로 이 각기둥의 모서리는 9×3=27(개)입니
다.

09 면 ㄱㄴㅍㅎ과 면 ㅊㅈㅇㅅ은 사각기둥의 밑면입니다.

10 점 ㅊ과 점 ㄹ이 만나고, 점 ㅈ과 점 ㅁ이 만나므로 선분 ㅊㅈ과 맞닿는 선분은 선분 ㄹㅁ입니다.

11 밑면은 각 변의 길이가 6 cm, 8 cm, 10 cm인 삼각형이고, 높이가 16 cm인 삼각기둥의 전개도입니다.

12 예

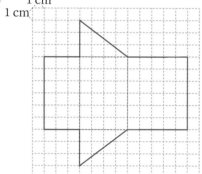

1 cm
1 cm

13 (1) 밑면의 모양이 육각형이고, 옆면의 모양이 직사각형이므로 전개도를 접었을 때 만들어지는 입체도형의 이름은 육각기둥입니다.
(2) 한 밑면의 변이 6개이므로 꼭짓점은
6×2=12(개)입니다.

14 각뿔은 한 면이 다각형이고 다른 면이 모두 삼각형인 입체도형이므로 ②, ⑤입니다. ①은 각기둥이고, ③, ④는 밑에 있는 면이 다각형이 아닙니다.

15 각뿔에서 밑면은 밑에 있는 면이고, 모서리는 면과 면이 만나는 선분입니다.

16 옆면이 삼각형이고, 밑면이 1개인 입체도형은 각뿔입니다.
(각뿔의 모서리의 수)=(밑면의 변의 수)×2이므로 모서리가 20개인 각뿔의 밑면의 변은 20÷2=10(개)입니다. 변이 10개인 다각형은 십각형이고 밑면이 십각형인 각뿔은 십각뿔입니다.

17 밑면의 모양이 팔각형이므로 팔각뿔입니다.
③ 각뿔의 꼭짓점의 수는 (밑면의 변의 수)+1이므로 팔각뿔의 꼭짓점의 수는 8+1=9(개)입니다.

18 칠각기둥과 칠각뿔을 비교해 보면 다음과 같습니다.

입체도형	칠각기둥	칠각뿔
① 밑면의 수	2개	1개
② 옆면의 수	7개	7개
③ 모서리의 수	21개	14개
④ 밑면의 모양	칠각형	칠각형
⑤ 옆면의 모양	직사각형	삼각형

따라서 칠각기둥과 칠각뿔에서 같은 것은 ②, ④입니다.

19 (각뿔의 꼭짓점의 수)=(밑면의 변의 수)+1이므로 꼭짓점이 10개인 각뿔의 밑면의 변은 9개입니다. 변이 9개인 다각형은 구각형이고 밑면이 구각형인 각뿔은 구각뿔입니다. 구각뿔의 면의 수는 9+1=10(개)이고, 모서리의 수는 9×2=18(개)입니다. 따라서 구각뿔의 면의 수와 모서리의 수의 합은 10+18=28(개)입니다.

20 ㉠ 오각기둥의 면의 수: 7개
㉡ 오각뿔의 꼭짓점의 수: 6개
㉢ 사각기둥의 모서리의 수: 12개
㉣ 사각뿔의 꼭짓점의 수와 모서리의 수의 합:
5+8=13(개)
13>12>7>6이므로 수가 큰 것부터 차례로 기호를 쓰면 ㉣, ㉢, ㉠, ㉡입니다.

소수의 나눗셈

1 132, 132, 13.2 / 132, 13.2

2 124, 124, 1.24 / 124, 1.24

01 해설 참조   **02** 3.2

03 (위에서부터) $\frac{1}{10}$, 31.2   **04** 23.1, 2.31

05 2.44   **06** 12.1

07 ╳   **08** 4.32

09 12.3 cm   **10** 4.32

문제해결 접근하기

11 풀이 참조

01 (예)
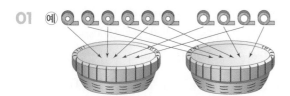

02 1 m 리본 3묶음과 0.1 m 리본 2묶음은 3.2 m입니다. ➡ 6.4÷2=3.2 (m)

03 624에서 62.4로 나누어지는 수가 $\frac{1}{10}$배 되었으므로 몫도 312의 $\frac{1}{10}$인 31.2가 됩니다.

04 나누어지는 수가 $\frac{1}{10}$배, $\frac{1}{100}$배가 되므로 몫도 231에서 $\frac{1}{10}$배인 23.1, $\frac{1}{100}$배인 2.31이 됩니다.

05 나누어지는 수가 $\frac{1}{100}$배 되었으므로 몫도 244의 $\frac{1}{100}$배인 2.44가 됩니다.

06 48.4÷4=12.1

07 63.3÷3=21.1, 33.6÷3=11.2
22.4÷2=11.2, 84.4÷4=21.1

08 8.64÷2=4.32

09 36.9÷3=12.3 (cm)

10 제시된 수 카드로 만들 수 있는 가장 큰 소수 두 자리 수는 8.64이므로 8.64÷2=4.32입니다.

문제해결 접근하기

11 **이해하기** | (예) 정사각형 모양 액자의 둘레를 구하려고 합니다.
계획 세우기 | (예) 정삼각형 모양 액자의 한 변의 길이를 구해서 정사각형 모양 액자의 둘레의 길이를 구합니다.
해결하기 | (1) 3, 33.2 (2) 33.2 (3) 132.8
되돌아보기 | (예) 정삼각형 모양 액자의 한 변의 길이는 99.6÷3=33.2 (cm)이므로 정사각형 모양 액자의 한 변의 길이도 33.2 cm입니다. 따라서 정사각형 모양 액자의 둘레는 33.2×4=132.8 (cm)입니다.

1 354, 354, 177, 17.7

2 7296, 7296, 2432, 24.32

3 (위에서부터) 5, 6, 2, 4, 0, 4, 8, 1, 6

01 234, 234, 117, 11.7   **02** 2076, 2076, 346, 3.46

03 (1) 3.59 (2) 4.48   **04** 4.69

05 15.6   **06** ㉠, ㉡

07 <   **08** 23.42 cm

09 채린, 0.06 L   **10** 2.41

> 문제해결 접근하기

11 풀이 참조

---

01 $23.4 \div 2 = \dfrac{234}{10} \div 2 = \dfrac{234 \div 2}{10} = \dfrac{117}{10} = 11.7$

02 $20.76 \div 6 = \dfrac{2076}{100} \div 6 = \dfrac{2076 \div 6}{100}$

$= \dfrac{346}{100} = 3.46$

03 (1)
```
      3.5 9
  6)2 1.5 4
    1 8
    ───
      3 5
      3 0
      ───
        5 4
        5 4
        ───
          0
```
(2)
```
      4.4 8
  3)1 3.4 4
    1 2
    ───
      1 4
      1 2
      ───
        2 4
        2 4
        ───
          0
```

04 나누어지는 수가 $\dfrac{1}{100}$배 되었으므로 몫도 469의

$\dfrac{1}{100}$배인 4.69가 됩니다.

05 $62.4 \div 4 = 15.6$

06 ㉠ $72.4 \div 4 = 18.1$, ㉡ $54.3 \div 3 = 18.1$,
㉢ $73.2 \div 4 = 18.3$이므로 ㉠, ㉡입니다.

07 $5.28 \div 4 = 1.32$, $7.25 \div 5 = 1.45$이므로
$1.32 < 1.45$입니다.

08 $93.68 \div 4 = 23.42$ (cm)

09 채린이가 하루 동안 마신 물의 양은
$7.2 \div 6 = 1.2$ (L)이고,
하은이가 하루 동안 마신 물의 양은

$4.56 \div 4 = 1.14$ (L)이므로

채린이가 $1.2 - 1.14 = 0.06$ (L) 더 많이 마셨습니다.

10 수 카드로 만들 수 있는 소수 두 자리 수 중 가장 큰 수
는 9.65, 두 번째로 큰 수는 9.64입니다.

➡ $9.64 \div 4 = 2.41$

> 문제해결 접근하기

11 **이해하기 |** 예 학교 벽면을 4명이 똑같이 나누어서 꾸몄
을 때 학생 1명이 꾸민 벽면의 넓이를 구하려고 합니
다.

계획 세우기 | 예 벽면의 넓이를 구한 후 4로 나누어 구합
니다.

해결하기 | (1) 1.2, 4.56 (2) 4.56, 1.14

되돌아보기 | 예 $4.56 \div 3 = 1.52$ (m²)

문제를 풀여 이해해요	65쪽

1 234, 234, 78, 0.78

2 174, 174, 87, 0.87

3 45, 0.45

---

01 332, 332, 83, 0.83   **02** 138, 138, 23, 0.23

03 풀이 참조, 0.49   **04** (1) 0.92 (2) 0.83

05 2.07   **06** 1.44÷6에 ○표

07 ㉢, ㉡, ㉠   **08** >

09 0.42 kg   **10** 1.9 m²

> 문제해결 접근하기

11 풀이 참조

---

01 $3.32 \div 4 = \dfrac{332}{100} \div 4 = \dfrac{332 \div 4}{100} = \dfrac{83}{100} = 0.83$

02 $1.38 \div 6 = \dfrac{138}{100} \div 6 = \dfrac{138 \div 6}{100} = \dfrac{23}{100} = 0.23$

03 나누어지는 수가 나누는 수보다 작으므로 몫의 자연수 부분에 0을 쓰고 계산해야 합니다.

$$\begin{array}{r} 0.4\,9 \\ 3\overline{)1.4\,7} \\ \underline{1\,2} \\ 2\,7 \\ \underline{2\,7} \\ 0 \end{array}$$

04 (1)
$$\begin{array}{r} 0.9\,2 \\ 6\overline{)5.5\,2} \\ \underline{5\,4} \\ 1\,2 \\ \underline{1\,2} \\ 0 \end{array}$$
(2)
$$\begin{array}{r} 0.8\,3 \\ 9\overline{)7.4\,7} \\ \underline{7\,2} \\ 2\,7 \\ \underline{2\,7} \\ 0 \end{array}$$

05 0.23은 23의 $\frac{1}{100}$배이므로 나누어지는 수도 207의 $\frac{1}{100}$배인 2.07입니다.

06 나누어지는 수가 나누는 수보다 작으면 몫은 1보다 작습니다. 따라서 몫이 1보다 작은 것은 1.44÷6입니다.

> 참고 10.17÷9=1.13, 1.44÷6=0.24

07 ㉠ 3.15÷7=0.45
㉡ 1.62÷3=0.54
㉢ 3.99÷7=0.57
몫이 큰 순서대로 차례로 기호를 쓰면 ㉢, ㉡, ㉠입니다.

08 5.28÷6=0.88, 4.25÷5=0.85이므로 0.88>0.85입니다.

09 2.52÷6=0.42 (kg)

10 (5등분한 한 조각의 넓이)=4.75÷5=0.95 (m²)
(색칠된 부분의 넓이)=0.95×2=1.9 (m²)

문제해결 접근하기
----

11 **이해하기** | ⑩ 나무 사이의 간격을 구하려고 합니다.
계획 세우기 | ⑩ 5.76 m를 나무 10그루를 심을 때의 간

격의 개수로 나누어 구합니다.
해결하기 | (1) 9 (2) 9, 0.64
되돌아보기 | ⑩ 7그루의 나무를 심을 때의 총 간격 수는 6개이므로 5.76÷6=0.96 (m)입니다.

문제를 풀며 이해해요   69쪽

1 78, 780, 780, 195, 1.95
2 93, 930, 930, 155, 1.55
3 (위에서부터) 0, 4, 5, 2, 0, 2, 0
4 (위에서부터) 0, 3, 0, 5, 1, 8, 3, 0, 3, 0

교과서 내용 학습   70~71쪽

01 2.24   **02** 1.28
03 풀이 참조, 1.09   **04** (1) 4.15 (2) 2.88
05 102, 1020, 1020, 204, 2.04
06 4, 0, 6, 1, 6, 2, 4

07

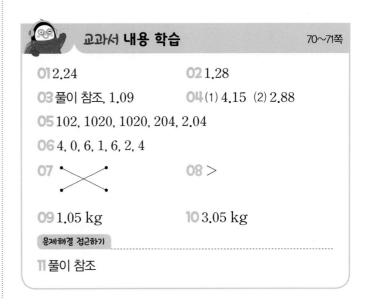

08 >

09 1.05 kg   **10** 3.05 kg

문제해결 접근하기
----

11 풀이 참조

---

01 11.2는 1120의 $\frac{1}{100}$배이므로 몫도 224의 $\frac{1}{100}$배인 2.24가 됩니다.

02 6.4는 640의 $\frac{1}{100}$배이므로 몫도 128의 $\frac{1}{100}$배인 1.28이 됩니다.

03 몫의 소수점은 나누어지는 수의 소수점을 그대로 올려 찍습니다. 수를 하나 내렸음에도 나누어야 할 수가 나누는 수보다 작을 경우에는 몫에 0을 쓰고 수를 하나 더 내려 계산합니다.

$$
\begin{array}{r}
1.09 \\
3\overline{)3.27} \\
\underline{3} \\
27 \\
\underline{27} \\
0
\end{array}
$$

04 (1)
$$
\begin{array}{r}
4.15 \\
6\overline{)24.90} \\
\underline{24} \\
9 \\
\underline{6} \\
30 \\
\underline{30} \\
0
\end{array}
$$
(2)
$$
\begin{array}{r}
2.88 \\
5\overline{)14.40} \\
\underline{10} \\
44 \\
\underline{40} \\
40 \\
\underline{40} \\
0
\end{array}
$$

05 $10.2 \div 5 = \dfrac{102}{10} \div 5 = \dfrac{1020}{100} \div 5$

$ = \dfrac{1020 \div 5}{100} = \dfrac{204}{100}$

$ = 2.04$

06 나누어지는 수 16.24에서 2는 나누는 수 4보다 작으므로 몫의 소수 첫째 자리에 0을 쓰고 4를 내려 계산해야 합니다.

$$
\begin{array}{r}
4.06 \\
4\overline{)16.24} \\
\underline{16} \\
24 \\
\underline{24} \\
0
\end{array}
$$

07 $24.3 \div 6 = 4.05,\ 5.25 \div 5 = 1.05$

08 $6.21 \div 3 = 2.07,\ 10.1 \div 5 = 2.02$
➡ $2.07 > 2.02$

09 $8.4 \div 8 = 1.05\,(\mathrm{kg})$

10 (설탕 6봉지만의 무게)$= 18.8 - 0.5 = 18.3\,(\mathrm{kg})$
(설탕 1봉지의 무게)$= 18.3 \div 6 = 3.05\,(\mathrm{kg})$

문제해결 접근하기

11 **이해하기 |** 예 물통 한 개에 담긴 딸기에이드의 양을 구하려고 합니다.

계획 세우기 | 예 딸기 원액의 양과 탄산수의 양을 모두 더한 후 물통의 개수로 나누어 구합니다.

해결하기 | (1) 2.4 (2) 8.4 (3) 10.8 (4) 1.35

되돌아보기 | 예 $10.8 \div 10 = 1.08\,(\mathrm{L})$

문제를 풀며 이해해요   73쪽

1 11, 22, 2.2

2 15, 375, 3.75

3 21

4 26

교과서 내용 학습   74~75쪽

01 25, 325, 3.25   **02** 4.5

03 1, 4, 5, 2, 0, 2, 0   **04** (1) 3.5 (2) 3.8

05 예 25, 8, 3, 3.09

06 $18.78 \div 6 = 3.13$에 ○표

07 $16.2 \div 5$에 ○표   **08** ㉠, ㉢

09 1.6   **10** 2.2

문제해결 접근하기

11 해설 참조

01 $13 \div 4 = \dfrac{13}{4} = \dfrac{13 \times 25}{4 \times 25} = \dfrac{325}{100} = 3.25$

02 9는 900의 $\dfrac{1}{100}$배이므로 몫도 450의 $\dfrac{1}{100}$배인 4.5가 됩니다.

03 소수점 아래에서 내릴 수가 없는 경우 0을 받아내려 계산합니다.

$$
\begin{array}{r}
1.4 \\
5\overline{)7} \\
\underline{5} \\
20 \\
\underline{20} \\
0
\end{array}
$$

04
(1)
$$
\begin{array}{r}
3.5 \\
4\overline{)14} \\
12 \\
\hline
20 \\
20 \\
\hline
0
\end{array}
$$

(2)
$$
\begin{array}{r}
3.8 \\
5\overline{)19} \\
15 \\
\hline
40 \\
40 \\
\hline
0
\end{array}
$$

05 소수 첫째 자리에서 반올림하여 소수를 자연수로 만들어 몫을 어림하면 몫의 소수점 위치를 쉽게 찾을 수 있습니다.

06 18.78÷6에서 18.78을 소수 첫째 자리에서 반올림하면 19입니다. 19÷6의 몫은 3보다 크고 4보다 작으므로 18.78÷6=3.13입니다.

07 16.2÷5 ➡ 3<(16÷5의 몫)<4
28.2÷6 ➡ 4<(28÷6의 몫)<5
34.4÷8 ➡ 4<(34÷8의 몫)<5이므로
16.2÷5의 몫이 가장 작습니다.

08 나누어지는 수가 나누는 수보다 크면 몫이 1보다 크고, 나누어지는 수가 나누는 수보다 작으면 몫이 1보다 작습니다.
㉠에서 5.12<8, ㉡에서 3<4이므로 몫이 1보다 작은 나눗셈은 ㉠, ㉡입니다.

09 (어떤 수)×5=8이므로 (어떤 수)=8÷5=1.6입니다.

10 몫이 가장 크려면 나누어지는 수는 가장 큰 수인 11, 나누는 수는 가장 작은 수인 5가 되어야 합니다.
➡ 11÷5=2.2

11 **이해하기|** 예 수박 1개가 멜론 1개보다 몇 kg 더 무거운지를 구하려고 합니다.
계획 세우기| 예 수박 1개의 무게, 멜론 1개의 무게를 각각 구한 후 두 무게의 차를 구합니다.
해결하기| (1) 26 (2) 6.5 (3) 26 (4) 5.2 (5) 1.3
되돌아보기| 예 복숭아 1개의 무게는
26÷8=3.25(kg)입니다. 따라서 복숭아 1개는 수박 1개보다 6.5-3.25=3.25(kg) 더 가볍습니다.

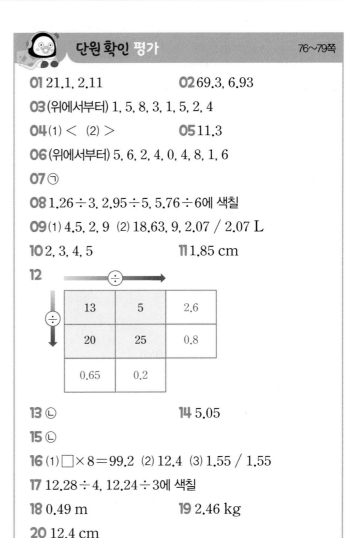

단원 확인 평가 76~79쪽

01 21.1, 2.11
02 69.3, 6.93
03 (위에서부터) 1, 5, 8, 3, 1, 5, 2, 4
04 (1) < (2) >
05 11.3
06 (위에서부터) 5, 6, 2, 4, 0, 4, 8, 1, 6
07 ㉠
08 1.26÷3, 2.95÷5, 5.76÷6에 색칠
09 (1) 4.5, 2, 9 (2) 18.63, 9, 2.07 / 2.07 L
10 2, 3, 4, 5
11 1.85 cm

12

÷		
13	5	2.6
20	25	0.8
0.65	0.2	

13 ㉡
14 5.05
15 ㉡
16 (1) □×8=99.2 (2) 12.4 (3) 1.55 / 1.55
17 12.28÷4, 12.24÷3에 색칠
18 0.49 m
19 2.46 kg
20 12.4 cm

01 나누어지는 수가 $\frac{1}{10}$배, $\frac{1}{100}$배 되었으므로 몫도 211의 $\frac{1}{10}$배인 21.1, 211의 $\frac{1}{100}$배인 2.11이 됩니다.

02 몫이 $\frac{1}{10}$배, $\frac{1}{100}$배 되었으므로 나누어지는 수도 693의 $\frac{1}{10}$배인 69.3, 693의 $\frac{1}{100}$배인 6.93이 됩니다.

03
$$
\begin{array}{r}
1.58 \\
3\overline{)4.74} \\
3 \\
\hline
17 \\
15 \\
\hline
24 \\
24 \\
\hline
0
\end{array}
$$

04 (1) $85.2 \div 4 = 21.3$, $66.9 \div 3 = 22.3$이므로
$21.3 < 22.3$입니다.

(2) $82.8 \div 3 = 27.6$, $97.6 \div 8 = 12.2$이므로
$27.6 > 12.2$입니다.

05 $79.1 \div 7 = 11.3$

06
$$\begin{array}{r} 5.6\,2 \\ 8\,\overline{)\,4\,4.9\,6} \\ \underline{4\,0} \\ 4\,9 \\ \underline{4\,8} \\ 1\,6 \\ \underline{1\,6} \\ 0 \end{array}$$

07 ㉠ $31.05 \div 9 = 3.45$, ㉡ $21.75 \div 5 = 4.35$이므로
몫이 더 작은 것은 ㉠입니다.

08 나누어지는 수가 나누는 수보다 작으면 몫이 1보다 작습니다.

09 (1) 담장의 넓이는 $4.5 \times 2 = 9 \,(\text{m}^2)$입니다.

(2) $(1 \,\text{m}^2$의 담장을 칠하는 데 사용한 페인트의 양$)$
$= ($담장을 칠하는 데 사용한 페인트의 양$)$
$\div ($담장의 넓이$)$
$= 18.63 \div 9 = 2.07 \,(\text{L})$입니다.

채점 기준	
담장의 넓이를 구한 경우	30 %
$1 \,\text{m}^2$의 담장을 칠하는 데 사용한 페인트의 양을 구한 경우	70 %

10 $7.4 \div 5 = 1.48$
$15.24 \div 3 = 5.08$
$1.48 < \square < 5.08$이므로 $\square$ 안에 들어갈 수 있는 자연수는 2, 3, 4, 5입니다.

11 사각뿔의 모서리 개수: 8개
$($한 모서리의 길이$)$
$= ($모든 모서리 길이의 합$) \div ($모서리 개수$)$
$= 14.8 \div 8 = 1.85 \,(\text{cm})$

12 $13 \div 5 = 2.6$
$20 \div 25 = 0.8$
$13 \div 20 = 0.65$
$5 \div 25 = 0.2$

13 ㉠ $25.13 \div 7 \Rightarrow 3 < (25 \div 7$의 몫$) < 4$
㉡ $25.38 \div 6 \Rightarrow 4 < (25 \div 6$의 몫$) < 5$

14 $\square = 60.6 \div 12 = 5.05$

15 ㉠ $62.5 \div 5 = 12.5$
㉡ $73.2 \div 6 = 12.2$
㉢ $87.5 \div 7 = 12.5$

16 $($어떤 수$) \times 8 = 99.2$
$\Rightarrow ($어떤 수$) = 99.2 \div 8 = 12.4$
$($바르게 계산한 값$) = 12.4 \div 8 = 1.55$

채점 기준	
어떤 수를 구한 경우	50 %
바르게 계산한 값을 구한 경우	50 %

17 $18.84 \div 6 = 3.14$, $15.75 \div 5 = 3.15$
$12.28 \div 4 = 3.07$, $12.24 \div 3 = 4.08$

18 $($벽의 길이$) = ($그림의 가로$) \times ($그림의 개수$)$
$+ ($간격$) \times ($간격의 개수$)$이므로
그림 사이의 간격을 $\square \,\text{m}$라고 하면
$5.45 = 0.5 \times 6 + \square \times 5 \Rightarrow 2.45 = \square \times 5$
$\square = 2.45 \div 5 = 0.49$입니다.

19 $($사과 봉지 1개의 무게$) = 73.8 \div 5 = 14.76 \,(\text{kg})$
$($사과 1개의 무게$) = 14.76 \div 6 = 2.46 \,(\text{kg})$

20 $($삼각형의 넓이$) = ($밑변의 길이$) \times ($높이$) \div 2$
삼각형의 높이를 $\square \,\text{cm}$라고 하면
$49.6 = 8 \times \square \div 2$입니다.
$\Rightarrow 49.6 \times 2 = 8 \times \square$
$\Rightarrow \square = 99.2 \div 8 = 12.4$

1 (1) 1.05 km

  (2) 79층

  (3) 풀이 참조

1 (1) $4.2 \div 4 = 1.05 \,(\text{km})$

  (2) $236.7 \div 3 = 78.9$이므로 약 79층입니다.

(3)

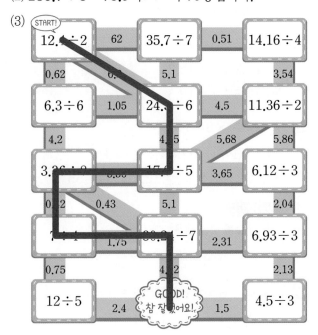

4 단원

비와 비율

1 (1) 18, 24 / 9, 12 (2) 9, 12 (3) 2, 2, 2

2 (1) 5, 6 (2) 6, 5 (3) 5, 6

01 민영   **02** 서준

03 6, 8 / 12, 16 / 2   **04** (1) 3, 6 (2) 3, 4 (3) 7, 9

05 우민, 민준   **06** 10 : 8

07 ③   **08** 풀이 참조

09 5 : 8   **10** ㉠, ㉢

문제해결 접근하기
....

11 풀이 참조

01 (남학생 수)−(여학생 수) $=10-5=5$(명)

02 $6 \div 3 = 2$이므로 하얀색 별의 수는 검은색 별의 수의 2 배입니다.

03 $4 \div 2 = 2$, $8 \div 4 = 2$이므로 복숭아 수는 자두 수의 2 배입니다.

04

(1) 3 대 6 ➡ 3 : 6

(2) 4에 대한 3의 비 ➡ 3 : 4

(3) 7의 9에 대한 비 ➡ 7 : 9

05

5 : 14 ┬ 5 대 14
     ├ 5와 14의 비
     ├ 14에 대한 5의 비
     └ 5의 14에 대한 비

06 초코 우유 수에 대한 딸기 우유 수의 비

➡ (딸기 우유 수) : (초코 우유 수)

07 ③ 10과 4의 비는 10 : 4입니다.

08 정오각형을 5등분한 그림이므로 전체 5칸 중에 2칸에 색칠합니다.

예

09 8칸 중 5칸에 색칠되어 있으므로 8에 대한 5의 비입니다. ➡ 5 : 8

10 ⓒ 4 : 5는 기준이 5이고, 5 : 4는 기준이 4이므로 4 : 5와 5 : 4는 다릅니다.

문제해결 접근하기

11 **이해하기** | 예 안경을 쓰지 않은 학생 수에 대한 안경을 쓴 학생 수의 비를 구하려고 합니다.

계획 세우기 | 예 안경을 쓰지 않은 학생 수를 구한 후 안경을 쓰지 않은 학생 수에 대한 안경을 쓴 학생 수의 비를 구합니다.

해결하기 | (1) 13, 17 (2) 안경을 쓰지 않은 학생 수 (3) 13, 17

되돌아보기 | 안경을 쓴 학생이 13명, 안경을 쓰지 않은 학생이 17명이고, 안경을 쓴 학생 수가 기준이 되므로 17 : 13입니다.

문제를 풀며 이해해요   89쪽

1 9, 4

2 (1) 2, 5   (2) $\dfrac{2}{5}$ (3) 0.4

3 60

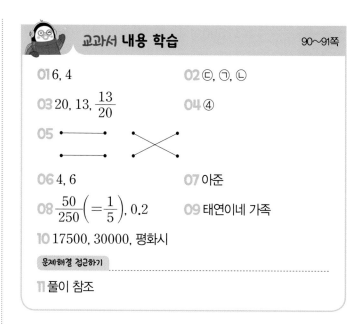

교과서 **내용 학습**   90~91쪽

01 6, 4

02 ⓒ, ㉠, ⓛ

03 20, 13, $\dfrac{13}{20}$

04 ④

05 (연결선)

06 4, 6

07 아준

08 $\dfrac{50}{250}\left(=\dfrac{1}{5}\right)$, 0.2

09 태연이네 가족

10 17500, 30000, 평화시

문제해결 접근하기

11 풀이 참조

---

02 ㉠ 3 : 4 ⓛ 2 : 12 ⓒ 1 : 2

03 13 : 20을 비율로 나타내면 $\dfrac{13}{20}$입니다.

04 7에 대한 10의 비율은 기준량이 7, 비교하는 양이 10으로 $\dfrac{10}{7}$입니다.

05 4에 대한 2의 비율 ➡ $\dfrac{2}{4}$ ➡ 0.5

3과 5의 비율 ➡ $\dfrac{3}{5}$ ➡ 0.6

06 유찬: $\dfrac{100}{25}=4$, 아준: $\dfrac{120}{20}=6$

07 걸린 시간에 대한 달린 거리의 비율을 비교해 보면 4 < 6이므로 아준이가 더 빠릅니다.

08 포도 주스 양에 대한 포도 원액 양의 비는 50 : 250이고, 비율을 분수로 나타내면 $\dfrac{50}{250}=\dfrac{1}{5}$, 소수로 나타내면 0.2입니다.

09 방의 정원에 대한 방을 사용한 사람 수의 비율이 태연이네 가족은 $\dfrac{4}{10}$, 도희네 가족은 $\dfrac{6}{12}=\dfrac{1}{2}=\dfrac{5}{10}$이므로 태연이네 가족이 더 넓다고 느꼈을 것입니다.

10 행복시의 넓이에 대한 인구 수의 비율은

$\dfrac{7000000}{400}=17500$이고, 평화시의 넓이에 대한 인구 수의 비율은 $\dfrac{5400000}{180}=30000$이므로 인구가 더 밀집된 지역은 평화시입니다.

문제해결 접근하기

11 **이해하기** | 예 지아와 민주가 만든 물감 중 누가 만든 회색 물감이 더 어두운지 구하려고 합니다.

계획 세우기 | 예 각각 흰색 물감 양에 대한 검은색 물감 양의 비율을 구하고, 그 비율을 비교하여 구합니다.

해결하기 | (1) $\dfrac{3}{20}$ (2) $\dfrac{6}{30}\left(=\dfrac{1}{5}=\dfrac{4}{20}\right)$ (3) 민주

되돌아보기 | 예 기준량이 20, 비교하는 양이 5이므로 $\dfrac{5}{20}\left(=\dfrac{1}{4}\right)=0.25$입니다.

문제를 풀여 이해해요   93쪽

1 (1) 32퍼센트 (2) 65퍼센트 (3) 70 % (4) 97 %

2 5, 5

3 64, 64

4 (1) 100, 25 (2) 100, 24

 ### 교과서 **내용 학습**   94~95쪽

01 백분율, %, 퍼센트   02 (1) 100, 60 (2) 100, 68

03 $\dfrac{57}{100}$, 0.57   04 ㉡

05 풀이 참조   06 ㉢, ㉡, ㉠

07 35 %   08 64 %

09 틀립니다에 ○표, 예 백분율로 나타내면 20 %입니다.

10 영훈, 50 %

문제해결 접근하기

11 풀이 참조

---

02 비율에 100을 곱하면 백분율로 나타낼 수 있습니다.

03 57 %는 $\dfrac{57}{100}=0.57$입니다.

04 $4:5 \Rightarrow \dfrac{4}{5}=0.8=80 \%$

05 45 %는 $\dfrac{45}{100}=\dfrac{9}{20}$이므로 전체 20칸 중 9칸을 색칠합니다.

예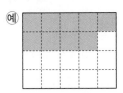

06 ㉠ $0.23=\dfrac{23}{100}$ ㉡ $\dfrac{23}{50}=\dfrac{46}{100}$ ㉢ 50 % $\Rightarrow \dfrac{50}{100}$
비율이 큰 순서대로 기호를 쓰면 ㉢, ㉡, ㉠입니다.

07 전체 색연필 수는 $5+7+8=20$(자루)입니다. 전체 색연필 수에 대한 파란색 색연필 수의 비율은 $\dfrac{7}{20}$이므로 $\dfrac{7}{20} \times 100=35$(%)입니다.

08 참가한 학생 수에 대한 제한 시간 내에 결승점을 통과한 학생 수의 비율은 $\dfrac{32}{50}$이므로 $\dfrac{32}{50} \times 100=64$(%)입니다.

09 비율을 소수로 나타내면 $\dfrac{1}{5}=\dfrac{2}{10}=0.2$이고 백분율로 나타내면 $\dfrac{1}{5} \times 100=20$(%)입니다.

10 지후의 골 성공률은 $\dfrac{12}{25} \times 100=48$(%), 영훈이의 골 성공률은 $\dfrac{5}{10} \times 100=50$(%), 성민이의 골 성공률은 $\dfrac{9}{20} \times 100=45$(%)이므로 골 성공률이 가장 높은 친구는 영훈이입니다.

문제해결 접근하기

11 **이해하기** | 예 어떤 색 의자 수의 비율이 가장 높은지 백분율로 비교하려고 합니다.

계획 세우기 | 예 전체 의자 수에 대한 파란색, 빨간색, 노란색 의자 수의 백분율을 각각 구하고, 그 비율을 비교하여 구합니다.

해결하기 | (1) 25, 50 (2) 15, 30 (3) 10, 20 (4) 파란

되돌아보기 | 예 각 색깔별 의자 수의 백분율을 구하여 그 크기를 비교했습니다.

문제를 풀여 이해해요   97쪽

1 20, 10

2 52 %

3 3 %

교과서 내용 학습   98~99쪽

01 30 %   **02** ③

03 (1) 250, 20 (2) 20, 100, 8

04 ©   **05** 50, 20, 30

06 25 %   **07** 10000원

08 15표   **09** 22경기

10 48.4 cm²

문제해결 접근하기

11 풀이 참조

---

01 (할인받은 금액)=5000−3500=1500(원)

➡ $\frac{1500}{5000} \times 100 = 30\,(\%)$

02 100 %인 원래 가격에서 70 %의 금액에 판매하면 100−70=30 (%)를 할인받은 것입니다.

04 $\frac{30}{300} \times 100 = 10\,(\%)$

05 (서현이의 득표율)$=\frac{75}{150} \times 100 = 50\,(\%)$

(채미의 득표율)$=\frac{30}{150} \times 100 = 20\,(\%)$

(혜연이의 득표율)$=\frac{45}{150} \times 100 = 30\,(\%)$

06 (할인받은 금액)=12000−9000=3000(원)이므로 어른 입장료에 대한 할인 금액의 비율을 백분율로 구하면 $\frac{3000}{12000} \times 100 = 25\,(\%)$입니다.

07 20 % 할인되는 것이 2000원 할인받은 것이므로 정가인 100 %는 10000원입니다.

08 (지호의 득표율)$=\frac{(득표수)}{25} \times 100 = 60\,(\%)$

$\frac{(득표수)}{25} = \frac{60}{100} = \frac{15}{25}$이므로 득표수는 15표입니다.

09 같은 승률로 경기에 출전할 때

(이긴 경기 수)=(전체 경기 수)×(승률)이므로

(이긴 경기 수)$=40 \times \frac{55}{100} = 22$(경기)입니다.

10 $\frac{(늘어난 변의 길이)}{(원래 변의 길이)}=$(늘어난 비율)이므로

(늘어난 변의 길이)=(원래 변의 길이)×(늘어난 비율)

입니다. 110 %는 $\frac{110}{100}$으로 나타낼 수 있습니다.

(확대한 직사각형의 가로 길이)$=10 \times \frac{110}{100} = 11\,(\text{cm})$,

(확대한 직사각형의 세로 길이)$=4 \times \frac{110}{100} = 4.4\,(\text{cm})$

이므로 확대한 직사각형의 넓이는

$11 \times 4.4 = 48.4\,(\text{cm}^2)$입니다.

문제해결 접근하기

11 **이해하기** | 예 색연필의 판매 가격이 더 저렴한 곳은 어느 마트인지 구하려고 합니다.

계획 세우기 | 예 두 마트의 색연필 판매 금액을 각각 구한 후 크기를 비교합니다.

해결하기 | (1) 90, 3780 (2) 80, 3600 (3) B

되돌아보기 | C 마트의 판매 가격은

$5000 \times \frac{75}{100} = 3750$(원)입니다.

따라서 B 마트가 가장 저렴합니다.

01 9, 12 / 3, 4   **02** 3

03 (1) 4, 5   (2) 5, 4   (3) 4, 5

04 다릅니다에 ○표, 3, 4   **05** 풀이 참조

06 $\frac{1}{4}$, 0.25   **07**

08 0.6

09 (1) $\frac{42}{56}\left(=\frac{6}{8}=\frac{3}{4}\right)$ (2) $\frac{40}{64}\left(=\frac{5}{8}\right)$ (3) 국어 / 국어

10 $\frac{15}{2}\left(=7\frac{1}{2}\right)$, 7.5   **11** 40 %

12 >   **13** (위에서부터) 27, 30, 5

14 84 %

15 (1) 81   (2) $\frac{81}{180}\left(=\frac{9}{20}=0.45\right)$

    (3) $\frac{81}{180}\left(=\frac{9}{20}=0.45\right)$, 45 / 45 %

16 (위에서부터) 60, 50, 20   **17** 800원

18 옷   **19** 수지

20 18경기

02 3÷1=3, 6÷2=3이므로 빨간 색종이 수는 파란 색종이 수의 3배입니다.

03 (1) 수박 수와 복숭아 수의 비
➡ (수박 수) : (복숭아 수)
(2) 수박 수에 대한 복숭아 수의 비
➡ (복숭아 수) : (수박 수)
(3) 복숭아 수에 대한 수박 수의 비
➡ (수박 수) : (복숭아 수)

04 4 : 3과 3 : 4는 기준이 서로 다르기 때문에 다릅니다.

05 전체 8칸 중 3칸에 색칠합니다.

(예)

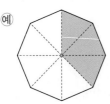

06 풀 수에 대한 가위 수의 비
➡ (가위 수) : (풀 수)=1 : 4
따라서 비율은 $\frac{1}{4}$=0.25입니다.

07 3대 10 ➡ 3 : 10이므로 비율은 $\frac{3}{10}$=0.3이고, 5에 대한 1의 비 ➡ 1 : 5이므로 비율은 $\frac{1}{5}$=0.2입니다.

08 전체 20칸 중 12칸이 색칠되어 있으므로 전체에 대한 색칠한 부분의 비는 12 : 20이고 비율은 $\frac{12}{20}=\frac{6}{10}$=0.6입니다.

09 (1) 국어: $\frac{42}{56}=\frac{6}{8}=\frac{3}{4}$

(2) 수학: $\frac{40}{64}=\frac{5}{8}$

(3) $\frac{6}{8}>\frac{5}{8}$이므로 국어 과목의 점수가 더 높습니다.

채점 기준

국어 과목의 전체 문항 수에 대한 맞은 문항 수의 비율을 바르게 구한 경우	40 %
수학 과목의 전체 문항 수에 대한 맞은 문항 수의 비율을 바르게 구한 경우	40 %
어떤 과목의 점수가 더 높은지 바르게 구한 경우	20 %

10 15 : 2의 비율은 $\frac{15}{2}$=7.5입니다.

11 전체 50칸 중 20칸이 색칠되어 있으므로
$\frac{20}{50}\times100$=40 (%)입니다.

12 $\frac{13}{25}\times100$=52 (%)이므로 52 %>40 %입니다.

13 $\frac{\square}{100}=\frac{27}{100}$ ➡ $\square$=27
$\frac{1500}{5000}\times100$=30 (%)
$\frac{\square}{20}=\frac{25}{100}$이므로 $\frac{\square\times5}{20\times5}=\frac{25}{100}$에서
$\square\times5$=25, $\square$=5입니다.

14 사과 25개 중 4개를 먹었으므로 먹지 않은 사과 수는

21개입니다. 전체 사과 수에 대한 먹지 않은 사과 수의

비율은 $\frac{21}{25}$ 이고 백분율로 나타내면

$\frac{21}{25} \times 100 = 84 \, (\%)$입니다.

15 (1) 여학생 수는 $180 - 99 = 81$(명)입니다.

(2) 전체 학생 수에 대한 6학년 여학생 수의 비

➡ 81 : 180

따라서 비율은 $\frac{81}{180} = \frac{9}{20}$ 입니다.

(3) $\frac{9}{20} \times 100 = 45 \, (\%)$

채점 기준

6학년 여학생 수를 바르게 구한 경우	20 %
전체 학생 수에 대한 6학년 여학생 수의 비율을 바르게 구한 경우	40 %
백분율로 바르게 나타낸 경우	40 %

16 떡볶이의 득표수 ➡ $200 - 100 - 40 = 60$(표)

스파게티의 득표율 ➡ $\frac{100}{200} \times 100 = 50 \, (\%)$

닭죽의 득표율 ➡ $\frac{40}{200} \times 100 = 20 \, (\%)$

17 (할인 금액) $= 4000 \times \frac{20}{100} = 800$(원)

18 옷: 할인한 금액은 $20000 - 16000 = 4000$(원)이므

로 할인율은 $\frac{4000}{20000} \times 100 = 20 \, (\%)$입니다.

모자: 할인한 금액은 $12000 - 10800 = 1200$(원)이

므로 할인율은 $\frac{1200}{12000} \times 100 = 10 \, (\%)$입니다.

$20 \% > 10 \%$이므로 할인율이 더 높은 물건은 옷입

니다.

19 (수지가 만든 매실 주스의 진하기)

➡ $\frac{200}{500} \times 100 = 40 \, (\%)$

(준서가 만든 매실 주스의 진하기)

➡ $\frac{114}{300} \times 100 = 38 \, (\%)$

따라서 수지가 만든 매실 주스가 더 진합니다.

20 10경기에 출전해 6경기를 이겼으므로 승률은

$\frac{6}{10}$ 입니다.

같은 승률로 30경기에 출전했을 때 이긴 경기 수는

$30 \times \frac{6}{10} = 18$(경기)입니다.

수학으로 세상보기 105쪽

2 (1) 3 %에 ○표

(2) 5 %에 ○표

(3) B 은행에 ○표

만점왕 수학 고난도

수학적 문제 해결력, 창의적 사고력을 향상시켜
고난도 문제까지 확실하게 대비하자!

여러 가지 그래프

문제를 풀며 이해해요   109쪽

1 (1) 370, 420, 300, 410

(2)
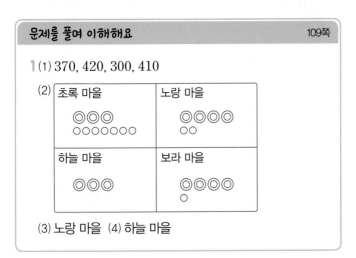

초록 마을	노랑 마을
◎◎◎ ○○○○○○	◎◎◎◎ ○○
하늘 마을	보라 마을
◎◎◎	◎◎◎◎ ○

(3) 노랑 마을   (4) 하늘 마을

교과서 내용 학습   110~111쪽

01 10만, 1만   02 15만 톤

03 광주·전라   04 강원

05 나, 다

06 3400, 4200, 2700, 3100

07
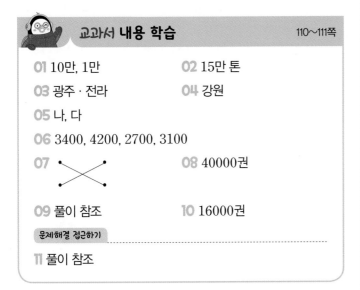

08 40000권

09 풀이 참조   10 16000권

문제해결 접근하기

11 풀이 참조

02 🪙이 1개, 🪙이 5개이므로 15만 톤입니다.

03 🪙의 수가 가장 많은 광주·전라 권역의 쌀 생산량이 가장 많습니다.

04 🪙의 수가 가장 적은 강원 권역의 쌀 생산량이 가장 적습니다.

05 사과 생산량이 가장 많은 마을은 🍎가 가장 많은 나 마을이고, 사과 생산량이 가장 적은 마을은 🍎가 가장 적은 다 마을입니다.

06 가: 🍎이 3개, 🍎이 4개이므로 3400 kg입니다.

나: 🍎이 4개, 🍎이 2개이므로 4200 kg입니다.

다: 🍎이 2개, 🍎이 7개이므로 2700 kg입니다.

라: 🍎이 3개, 🍎이 1개이므로 3100 kg입니다.

07 표는 자료의 정확한 수치를 알 수 있고, 그림그래프는 자료의 내용을 한눈에 비교하기 쉽습니다.

08 120000−48000−32000=40000(권)

09

초등학교	책 수
초록	📖📖📖📖📖 📖📖📖📖
샛별	📖📖📖📖 📗📗
행복	📖📖📖📖📖

📖1만 권 📗1천 권

10 48000−32000=16000(권)

문제해결 접근하기

11 **이해하기**| 예 휴대전화를 가진 학생이 가장 많은 마을과 가장 적은 마을의 학생 수의 차를 구하려고 합니다.

계획 세우기| 예 그림그래프에서 마을별 휴대전화를 가진 학생 수를 비교하여 가장 많은 수와 가장 적은 수의 차를 구합니다.

해결하기| (1) 다, 500 (2) 라, 330 (3) 170

되돌아보기| 예 가 마을은 420명, 나 마을은 360명, 다 마을은 500명, 라 마을은 330명이므로 라, 나, 가, 다 입니다.

문제를 풀며 이해해요   113쪽

1 (1) 25, 20, 15, 10 (2) 25, 20, 15, 10, 100

(3) 25, 20, 15, 10, 100

(4)
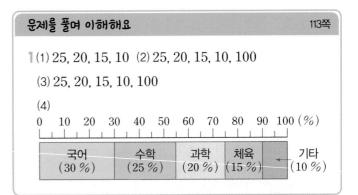

0 10 20 30 40 50 60 70 80 90 100 (%)
국어 (30 %)	수학 (25 %)	과학 (20 %)	체육 (15 %)	기타 (10 %)

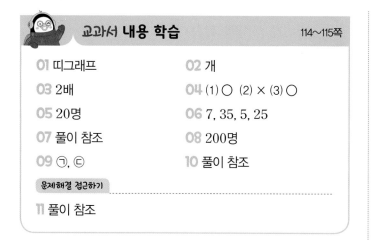

교과서 내용 학습   114~115쪽

01 띠그래프

02 개

03 2배

04 (1) ◯ (2) × (3) ◯

05 20명

06 7, 35, 5, 25

07 풀이 참조

08 200명

09 ㉠, ㉢

10 풀이 참조

문제해결 접근하기

11 풀이 참조

---

02 띠의 길이가 가장 긴 것을 찾으면 개입니다.

03 개를 좋아하는 학생은 40 %, 토끼를 좋아하는 학생은 20 %이므로 2배입니다.

04 (2) 각 항목의 정확한 수치를 알 수 있는 것은 표입니다.

05 8+7+5=20(명)

07

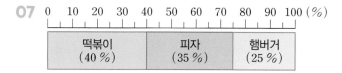

08 90+60+30+20=200(명)

09 ㉢ 피아노를 배우고 싶어하는 학생은 90명, 단소를 배우고 싶어하는 학생은 30명으로 3배입니다.

10 첼로: $\dfrac{60}{200} \times 100 = 30\,(\%)$

단소: $\dfrac{30}{200} \times 100 = 15\,(\%)$

소금: $\dfrac{20}{200} \times 100 = 10\,(\%)$

문제해결 접근하기

11 **이해하기** | ⑩ 독서를 하고 싶은 학생 수와 축구를 하고 싶은 학생 수의 차를 구하려고 합니다.

계획 세우기 | ⑩ 백분율을 이용하여 독서를 하고 싶은 학생 수와 축구를 하고 싶은 학생 수를 각각 구하여 그 차를 구합니다.

해결하기 | (1) 24 (2) 16, 4, 24, 6 (3) 2

되돌아보기 | ⑩ 가장 많은 학생이 하고 싶은 활동은 보드게임이고 $25 \times \dfrac{48}{100} = 12$(명)입니다.

문제를 풀여 이해해요   117쪽

1 (1) 30, 20, 10   (2) 30, 20, 10, 100   (3) 30, 20, 10, 100

   (4)

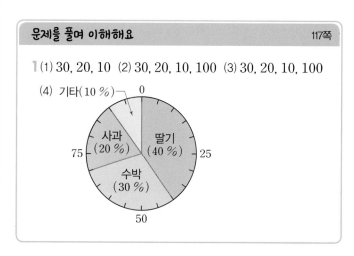

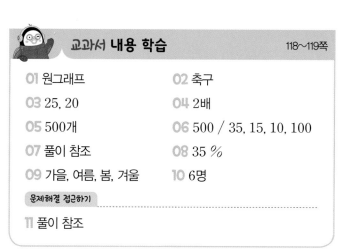

교과서 내용 학습   118~119쪽

01 원그래프

02 축구

03 25, 20

04 2배

05 500개

06 500 / 35, 15, 10, 100

07 풀이 참조

08 35 %

09 가을, 여름, 봄, 겨울

10 6명

문제해결 접근하기

11 풀이 참조

---

02 가장 큰 부분을 차지하고 있는 것은 축구입니다.

04 축구를 좋아하는 학생은 30 %, 스케이트를 좋아하는 학생은 15 %이므로 2배입니다.

05 200+175+75+50=500(개)

06 당근: $\dfrac{175}{500} \times 100 = 35\,(\%)$

양파: $\dfrac{75}{500} \times 100 = 15\,(\%)$

감자: $\dfrac{50}{500} \times 100 = 10\,(\%)$

07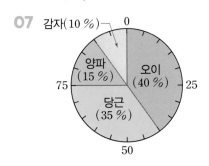
감자(10 %)
양파 (15 %)
오이 (40 %)
당근 (35 %)

08 $100 - 25 - 30 - 10 = 35\,(\%)$

10 $20 \times \dfrac{30}{100} = 6\,(\text{명})$

문제해결 접근하기

11 **이해하기** | 예 캔류는 병류보다 몇 kg 더 많이 배출했는
지 구하려고 합니다.

계획 세우기 | 예 캔류와 병류의 배출량을 각각 구한 후
그 차를 구합니다.

해결하기 | (1) 20 (2) 8, 6 (3) 2

되돌아보기 | 예 종이류: $40 \times \dfrac{45}{100} = 18\,(\text{kg})$

플라스틱류: $40 \times \dfrac{20}{100} = 8\,(\text{kg})$

➡ $18 - 8 = 10\,(\text{kg})$

문제를 풀며 이해해요　　　　　　　121쪽

1 (1) 장미 (2) 백합 (3) 국화 (4) 3

2
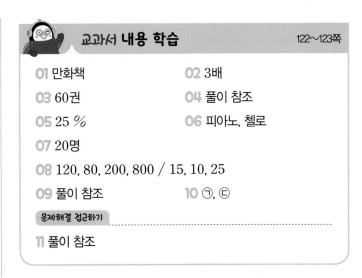

---

01 만화책　　　　02 3배

03 60권　　　　04 풀이 참조

05 25 %　　　　06 피아노, 첼로

07 20명

08 120, 80, 200, 800 / 15, 10, 25

09 풀이 참조　　　　10 ㉠, ㉢

문제해결 접근하기

11 풀이 참조

02 만화책 수는 전체의 45 %, 위인전 수는 전체의 15 %
이므로 $45 \div 15 = 3\,(\text{배})$입니다.

03 동화책은 기타의 3배이므로 $20 \times 3 = 60\,(\text{권})$입니다.

04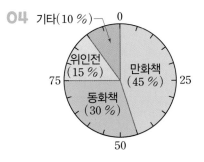
기타(10 %)
위인전 (15 %)
만화책 (45 %)
동화책 (30 %)

05 $100 - 40 - 20 - 10 - 5 = 25\,(\%)$

07 바이올린을 배우고 싶은 학생 수는 피아노를 배우고
싶은 학생 수의 $\dfrac{1}{4}$입니다.

따라서 $80 \times \dfrac{1}{4} = 20\,(\text{명})$입니다.

08 단풍나무: $\dfrac{120}{800} \times 100 = 15\,(\%)$

소나무: $\dfrac{80}{800} \times 100 = 10\,(\%)$

벚나무: $\dfrac{200}{800} \times 100 = 25\,(\%)$

09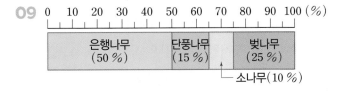
은행나무 (50 %)　단풍나무 (15 %)　벚나무 (25 %)
소나무(10 %)

10 우리 반 친구들이 좋아하는 과목은 막대그래프 또는 원그래프로 나타내면 내용을 한눈에 알아보기 쉽습니다. 꺾은선그래프는 시간에 따라 변화하는 양을 나타낼 때 편리합니다.

문제해결 접근하기

11 **이해하기** | 예 불고기를 좋아하는 학생 수를 구하려고 합니다.

계획 세우기 | 예 불고기를 좋아하는 학생 수는 돈가스를 좋아하는 학생 수의 몇 배인지 확인하여 불고기를 좋아하는 학생 수를 구합니다.

해결하기 | (1) 20   (2) 40, 2   (3) 48

되돌아보기 | 48＋30＋24＋18＝120(명)

단원 확인 평가   124~127쪽

01 100 kg, 10 kg   **02** 340 kg

03 160 kg

04 2100, 1700, 3000, 2400

05 풀이 참조   **06** 나

07 햄버거   **08** 2배

09 (1) 33, 132   (2) 400, 20, 80   (3) 132, 80, 52 / 52명

10 8명   **11** 8 / 40, 30, 20, 10, 100

12 풀이 참조   **13** (1) 32   (2) 4

14 3배   **15** ㉠ 144   ㉡ 45   ㉢ 10

16 풀이 참조   **17** 42 %, 28 %

18 자동차, 블록   **19** 40, 30, 15, 100

20 (1) 40, 30   (2) 40, 16   (3) 40, 30, 12
      / 16 cm, 12 cm

---

02 🌽이 3개, 🌽이 4개이므로 340 kg입니다.

03 옥수수 생산량이 가장 많은 마을은 나 마을로 410 kg이고, 가장 적은 마을은 다 마을로 250 kg입니다.

따라서 생산량의 차는 410－250＝160 (kg)입니다.

05

지역	초등학교 수
가	◎◎ ○
나	◎ ○○○○○○○
다	◎◎◎
라	◎◎ ○○○○

◎ 1000개 ○ 100개

06 ◎의 수가 가장 적은 나 지역입니다.

07 백분율이 가장 큰 간식인 햄버거입니다.

08 햄버거는 40 %, 피자는 20 %이므로
40÷20＝2(배)입니다.

09 **채점 기준**

떡볶이를 좋아하는 학생 수를 바르게 구한 경우	40 %
피자를 좋아하는 학생 수를 바르게 구한 경우	40 %
떡볶이와 피자를 좋아하는 학생 수의 차를 바르게 구한 경우	20 %

10 40－16－12－4＝8(명)

11 노래: $\dfrac{16}{40} \times 100 = 40$ (%)

연극: $\dfrac{12}{40} \times 100 = 30$ (%)

마술: $\dfrac{8}{40} \times 100 = 20$ (%)

기타: $\dfrac{4}{40} \times 100 = 10$ (%)

12

14 국화를 심은 꽃밭의 넓이는 48 %, 방울꽃을 심은 꽃밭의 넓이는 16 %이므로 48÷16＝3(배)입니다.

15 ㉠ 720－324－180－72＝144

㉡ $\dfrac{324}{720} \times 100 = 45$

㉢ $\dfrac{72}{720} \times 100 = 10$

16

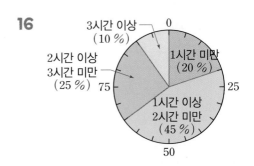

3시간 이상
(10 %)

0

2시간 이상
3시간 미만
(25 %)

75

1시간 미만
(20 %)

25

1시간 이상
2시간 미만
(45 %)

50

17 2010년: $100-36-20-2=42$ (%)

2020년: $100-39-31-2=28$ (%)

18 자동차: $36\,\% < 39\,\%$

블록: $20\,\% < 31\,\%$

20

채점 기준	
딸기와 수박을 좋아하는 학생 수의 백분율을 각각 바르게 구한 경우	40 %
딸기가 차지하는 백분율의 크기만큼 띠의 길이를 바르게 구한 경우	30 %
수박이 차지하는 백분율의 크기만큼 띠의 길이를 바르게 구한 경우	30 %

⑥ 단원 직육면체의 부피와 겉넓이

문제를 풀며 이해해요   133쪽

1 (1) 가 (2) 다

2 (1) 8개, 9개 (2) 나

🐧 교과서 내용 학습   134~135쪽

01 가   **02** 풀이 참조

03 가   **04** 풀이 참조

05 나   **06** 다, 가, 나

07 가, 다   **08** 24개, 24개

09 =   **10** 가

문제해결 접근하기

11 풀이 참조

02 (예) 직육면체 가와 나에서 밑면의 가로는 같지만 세로와 높이는 가가 나보다 각각 더 깁니다. 따라서 가의 부피가 더 큽니다.

04 (예) 직육면체 가와 나는 밑면의 가로와 세로가 같지만 높이는 가가 나보다 더 짧습니다. 따라서 가의 부피가 더 작습니다.

05 상자에 넣을 수 있는 과자 상자의 수가 많을수록 부피가 큽니다. 따라서 나 상자의 부피가 더 큽니다.

06 세 직육면체의 밑면의 넓이가 같으므로 높이를 비교하면 됩니다. 다의 높이가 가장 높고, 나의 높이가 가장 낮으므로 부피가 큰 순서대로 쓰면 다, 가, 나입니다.

07 부피를 비교하려면 크기와 모양이 똑같은 물건을 쌓아 비교해야 합니다. 따라서 지우개를 사용한 가와 다를 비교할 수 있습니다.

08 가에 사용한 쌓기나무는 $3 \times 2 \times 4 = 24$ (개)이고, 나에 사용한 쌓기나무는 $6 \times 2 \times 2 = 24$ (개)입니다.

09 가와 나에 쌓은 쌓기나무의 수가 같으므로 부피도 같습니다.

10 가에 담을 수 있는 쌓기나무는 $2 \times 5 \times 3 = 30$(개)이고, 나에 담을 수 있는 쌓기나무는 $3 \times 3 \times 4 = 36$(개)입니다. 따라서 상자 가의 부피가 더 작습니다.

문제해결 접근하기

11 **이해하기 |** 예 가와 나 중 어느 직육면체의 부피가 더 큰지 구하려고 합니다.

계획 세우기 | 예 가와 나에 사용한 과자 상자의 수를 세어 비교합니다.

해결하기 | (1) 30 (2) 36 (3) 나, 가

되돌아보기 | 예 쌓기나무의 수가 가는 8개, 나는 9개이므로 $8 < 9$에서 가의 부피 < 나의 부피입니다.

문제를 풀며 이해해요   137쪽

1 (1) 16, 16 (2) 27, 27

2 (1) 5, 3, 4, 60 (2) 2, 2, 2, 8

교과서 내용 학습   138~139쪽

01 ㉢

02 지호, 풀이 참조

03 24 cm³

04 280 cm³

05 512 cm³

06 ④

07 지윤

08 9

09 (1) × (2) ○

10 4층

문제해결 접근하기

11 풀이 참조

---

02 예 1 cm³는 1 세제곱센티미터라고 읽습니다.

03 쌓기나무의 수는 $4 \times 3 \times 2 = 24$(개)입니다. 따라서 쌓기나무 1개의 부피는 1 cm³이므로 직육면체의 부피는 24 cm³입니다.

04 (직육면체의 부피) = (가로) × (세로) × (높이)
$$= 10 \times 7 \times 4 = 280 \, (\text{cm}^3)$$

05 (정육면체의 부피)
= (한 모서리의 길이) × (한 모서리의 길이)
    × (한 모서리의 길이)
$$= 8 \times 8 \times 8 = 512 \, (\text{cm}^3)$$

06 정육면체의 한 모서리의 길이가 4 cm이므로 정육면체의 부피는 $4 \times 4 \times 4 = 64 \, (\text{cm}^3)$입니다.

07 서우가 쌓은 직육면체의 부피는
$4 \times 5 \times 4 = 80 \, (\text{cm}^3)$이고, 지윤이가 쌓은 직육면체의 부피는 $12 \times 7 = 84 \, (\text{cm}^3)$입니다. 따라서 지윤이가 쌓은 직육면체의 부피가 더 큽니다.

08 (직육면체의 부피) = (가로) × (세로) × (높이)
       = (한 밑면의 넓이) × (높이)
높이를 □ cm라 하면 $12 \times □ = 108$이므로
□ = 9입니다.

09 (1) 가로와 세로가 각각 2배가 되면 직육면체의 부피는 4배가 됩니다.

10 젤리 상자 1개의 부피는 $5 \times 5 \times 5 = 125 \, (\text{cm}^3)$입니다. 가로에 3개, 세로에 2개 놓여 있으므로 한 층에 쌓은 젤리 상자의 부피는 $125 \times (2 \times 3) = 750 \, (\text{cm}^3)$입니다. 층 수를 □라 하면
$750 \times □ = 3000 \, (\text{cm}^3)$, □ = 4입니다.

문제해결 접근하기

11 **이해하기 |** 예 직육면체의 높이를 구하려고 합니다.

계획 세우기 | 예 가의 부피를 구한 후 나의 부피를 구하는 식을 세워 높이를 구합니다.

해결하기 | (1) 216 (2) $6 \times 9 \times □ = 216$ (3) 4

되돌아보기 | 예 $6 \times □ \times 3 = 36$이므로 □ = 2입니다.

문제를 풀며 이해해요   141쪽

1 (1) 1 m³, 1 세제곱미터, 1000000

2 (1) 3, 4, 2, 24 (2) 200, 200, 8000000, 8

01 3 m, 2 m, 4 m   02 24 m^3

03 (1) 4000000 (2) 2   04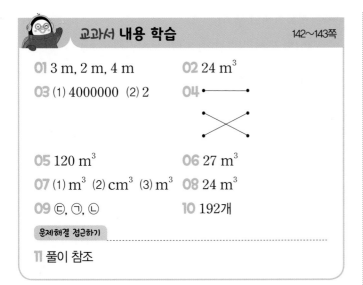

05 120 m^3 06 27 m^3

07 (1) m^3 (2) cm^3 (3) m^3 08 24 m^3

09 ㉢, ㉠, ㉡   10 192개

문제해결 접근하기

11 풀이 참조

01 100 cm=1 m이므로 300 cm=3 m,
200 cm=2 m, 400 cm=4 m입니다.

02 (직육면체의 부피)=(가로)×(세로)×(높이)
$$=3×2×4=24\,(m^3)$$

03 1 m^3=1000000 cm^{3}이므로 4 m^{3}는 4000000 cm^3
이고, 2000000 cm^{3}는 2 m^{3}입니다.

05 (직육면체의 부피)=(가로)×(세로)×(높이)
$$=5×4×6=120\,(m^3)$$

06 (정육면체의 부피)=(한 모서리의 길이)×(한 모서리의 길이)×(한 모서리의 길이)
$$=3×3×3=27\,(m^3)$$

08 직육면체의 가로, 세로, 높이를 각각 m로 나타내면
5 m, 0.8 m, 6 m입니다.
(직육면체의 부피)=(가로)×(세로)×(높이)
$$=5×0.8×6=24\,(m^3)$$

09 ㉡ 700000 cm^3=0.7 m^3
㉢ 0.4×5×3=6 (m^3)

10 1 m에는 50 cm를 2개 놓을 수 있습니다. 그러므로
한 모서리의 길이가 50 cm인 정육면체 모양의 상자를
3 m에 6개, 4 m에 8개, 2 m에 4개 놓을 수 있습니
다. 따라서 직육면체를 만들기 위해 필요한 상자의 수
는 6×8×4=192(개)입니다.

11 **이해하기ㅣ** ⑩ 두 직육면체의 부피를 비교하여 부피의 차
가 몇 cm^{3}인지 구하려고 합니다.
계획 세우기ㅣ ⑩ 두 직육면체의 부피를 각각 구한 후 부
피의 차를 구합니다.
해결하기ㅣ (1) 0.8 (2) 0.7 (3) 0.1, 0.1, 100000
(4) 가, 100000
되돌아보기ㅣ 2000000, 200000, 20000

문제를 풀며 이해해요   145쪽

1 (1) 15, 20, 12, 94 (2) 12, 15, 20, 94 (3) 4, 4, 3, 94
2 3, 3, 54

01 40, 56, 2, 262   02 126 cm^2

03 96 cm^2 04 76 cm^2

05 166 m^2 06 150 cm^2

07 384 cm^2 08 ㉡, ㉠, ㉢

09 14 cm^2 10 7

문제해결 접근하기

11 풀이 참조

01 (직육면체의 겉넓이)
=(한 꼭짓점에서 만나는 세 면의 넓이의 합)×2
$$=(5×7+5×8+7×8)×2$$
$$=(35+40+56)×2=262\,(cm^2)$$

02 (직육면체의 겉넓이)
=(한 꼭짓점에서 만나는 세 면의 넓이의 합)×2
$$=(3×5+3×6+5×6)×2$$
$$=(15+18+30)×2=126\,(cm^2)$$

03 (정육면체의 겉넓이)=(한 면의 넓이)×6
$$=(4×4)×6=16×6$$
$$=96\,(cm^2)$$

04 (직육면체의 겉넓이)

$=$(한 밑면의 넓이)$\times 2 +$(옆면의 넓이)

$=(5\times 2)\times 2+(5+2+5+2)\times 4$

$=10\times 2+14\times 4=76\,(\text{cm}^2)$

05 (직육면체의 겉넓이)

$=$(한 꼭짓점에서 만나는 세 면의 넓이의 합)$\times 2$

$=(4\times 5+4\times 7+5\times 7)\times 2$

$=(20+28+35)\times 2=166\,(\text{m}^2)$

06 (정육면체의 겉넓이)$=$(한 면의 넓이)$\times 6$

$\qquad\qquad\qquad =25\times 6=150\,(\text{cm}^2)$

07 정육면체의 모서리의 수는 12개이고 모든 모서리의 길이는 같습니다. 따라서 한 모서리의 길이는

$96\div 12=8\,(\text{cm})$입니다.

(정육면체의 겉넓이)$=$(한 면의 넓이)$\times 6$

$\qquad\qquad\qquad =(8\times 8)\times 6=64\times 6$

$\qquad\qquad\qquad =384\,(\text{cm}^2)$

08 ㉠ $9\times 6=54\,(\text{cm}^2)$

ㄴ $4\times 2+50=58\,(\text{cm}^2)$

ㄷ $(2\times 3+3\times 4+2\times 4)\times 2$

$\quad =(6+12+8)\times 2=52\,(\text{cm}^2)$

09 (직육면체 가의 겉넓이)

$=(6\times 3+6\times 7+3\times 7)\times 2$

$=(18+42+21)\times 2=162\,(\text{cm}^2)$

(직육면체 나의 겉넓이)

$=(5\times 6+5\times 4+6\times 4)\times 2$

$=(30+20+24)\times 2=148\,(\text{cm}^2)$

(직육면체 가의 겉넓이)$-$(직육면체 나의 겉넓이)

$=162-148=14\,(\text{cm}^2)$

10 정육면체의 한 면의 넓이는 $294\div 6=49\,(\text{cm}^2)$입니다. 한 모서리의 길이를 $\square\,\text{cm}$라고 하면 $\square\times\square=49$입니다.

따라서 $\square=7$입니다.

11 **이해하기 |** 예 겉넓이를 알고 있는 직육면체의 높이를 구하려고 합니다.

계획 세우기 | 예 두 밑면의 넓이와 옆면의 넓이의 합을 구하는 방법을 이용하여 식을 세워 구합니다.

해결하기 | (1) 15

(2) 예 $15\times 2+(5+3+5+3)\times\square=126$ (3) 6

되돌아보기 | 예 정육면체의 한 면의 넓이는

$54\div 6=9\,(\text{cm}^2)$이므로 $3\times 3=9$에서 한 모서리의 길이는 3 cm입니다.

단원 확인 평가

148~151쪽

01 다, 가, 나   **02** 가

03 32, 32   **04** 18개, 32개

05 나   **06** 168 cm³

07 2100 cm³   **08** (1) 2500000 (2) 0.7

09 5 cm³   **10** 27 m³

11 162 cm²   **12** 726 cm²

13 5 cm   **14** 80 cm²

15 (1) 3, 2, 1.5 (2) $3\times 2\times 1.5=9$ (3) 9 / 9 m³

16 ㉢, ㉡, ㉠, ㉣   **17** 3375 cm³

18 (1) 216 (2) 24 (3) 216, 24, 9 / 9 cm

19 60개   **20** 214 cm²

---

01 세로와 높이의 길이가 같으므로 가로의 길이가 길수록 직육면체의 부피가 큽니다.

02 직육면체 가의 쌓기나무의 수는 $2\times 4\times 2=16$(개)이고, 직육면체 나의 쌓기나무의 수는 $3\times 3\times 3=27$(개)입니다. 따라서 직육면체 가의 부피가 더 작습니다.

03 쌓기나무의 수는 $4\times 2\times 4=32$(개)입니다. 쌓기나무 1개의 부피가 $1\,\text{cm}^3$이므로 직육면체의 부피는 $32\,\text{cm}^3$입니다.

04 가 상자에 담을 수 있는 쌓기나무의 수는 $2\times 3\times 3=18$(개)이고, 나 상자에 담을 수 있는 쌓기

나무의 수는 $4 \times 2 \times 4 = 32$(개)입니다.

05 가에 담을 수 있는 쌓기나무는 18개, 나에 담을 수 있는 쌓기나무는 32개이므로 나 상자의 부피가 더 큽니다.

06 (직육면체의 부피)=(가로)×(세로)×(높이)
$= 4 \times 7 \times 6 = 168 \, (\text{cm}^3)$

07 (직육면체의 부피)=(가로)×(세로)×(높이)
$= 20 \times 15 \times 7 = 2100 \, (\text{cm}^3)$

09 직육면체 가의 부피는 $3 \times 5 \times 7 = 105 \, (\text{cm}^3)$이고, 직육면체 나의 부피는 $5 \times 5 \times 4 = 100 \, (\text{cm}^3)$입니다. 따라서 두 직육면체의 부피의 차는
$105 - 100 = 5 \, (\text{cm}^3)$입니다.

10 정육면체의 한 모서리의 길이는 $300 \, \text{cm} = 3 \, \text{m}$입니다. 따라서 정육면체의 부피는 $3 \times 3 \times 3 = 27 \, (\text{m}^3)$입니다.

11 (직육면체의 겉넓이)
=(한 밑면의 넓이)×2+(옆면의 넓이)
$= (6 \times 3) \times 2 + (6+3+6+3) \times 7$
$= 18 \times 2 + 18 \times 7 = 162 \, (\text{cm}^2)$

12 (정육면체의 겉넓이)=(한 면의 넓이)×6=121×6
$= 726 \, (\text{cm}^2)$

13 직육면체의 높이를 □ cm라 하면 $6 \times 3 \times □ = 90$입니다. 따라서 □=5입니다.

14 두 직육면체의 밑면의 넓이가 같으므로 겉넓이의 차는 옆면의 넓이의 차와 같습니다. 직육면체 가의 옆면의 넓이는 $(6+4+6+4) \times 3 = 60 \, (\text{cm}^2)$이고, 직육면체 나의 옆면의 넓이는
$(6+4+6+4) \times 7 = 140 \, (\text{cm}^2)$입니다.
따라서 옆면의 넓이의 차는 $140 - 60 = 80 \, (\text{cm}^2)$입니다.

15 채점 기준

가로, 세로, 높이를 m로 바르게 나타낸 경우	30 %
선물 상자의 부피를 구하는 식을 바르게 쓴 경우	30 %
선물 상자의 부피를 바르게 구한 경우	40 %

16 ㉡ $2 \times 2 \times 2 = 8 \, (\text{m}^3)$
㉢ $8300000 \, \text{cm}^3 = 8.3 \, \text{m}^3$
㉣ $3 \times 2.5 \times 0.9 = 6.75 \, (\text{m}^3)$

17 만들 수 있는 가장 큰 정육면체의 한 모서리의 길이는 직육면체의 가장 짧은 모서리의 길이인 15 cm입니다. 따라서 정육면체의 부피는
$15 \times 15 \times 15 = 3375 \, (\text{cm}^3)$입니다.

18 채점 기준

정육면체의 부피를 바르게 구한 경우	30 %
직육면체의 밑면의 넓이를 바르게 구한 경우	20 %
직육면체의 높이를 바르게 구한 경우	50 %

19 정육면체 상자의 한 모서리의 길이가 2 cm이므로 6 cm에 3개, 10 cm에 5개, 8 cm에 4개 놓을 수 있습니다. 따라서 필요한 정육면체 상자의 개수는
$3 \times 5 \times 4 = 60$(개)입니다.

20 직육면체의 가로를 □ cm라 하면 밑면의 넓이는 □×6=42입니다.
따라서 □=7입니다. 직육면체의 겉넓이는
(한 꼭짓점에서 만나는 세 면의 넓이의 합)×2이므로
$(7 \times 6 + 7 \times 5 + 6 \times 5) \times 2 = 214 \, (\text{cm}^2)$입니다.

수학으로 세상보기 152쪽

(1) 136 cm² (2) 112 cm² (3) 96 cm² (4) 지민

(1) 넓이가 $2 \times 2 = 4 \, (\text{cm}^2)$인 면이 $8 \times 4 + 2 = 34$(개) 있으므로 겉넓이는 $34 \times 4 = 136 \, (\text{cm}^2)$입니다.

(2) 넓이가 $2 \times 2 = 4 \, (\text{cm}^2)$인 면이 $4 \times 6 + 4 = 28$(개) 있으므로 겉넓이는 $28 \times 4 = 112 \, (\text{cm}^2)$입니다.

(3) 넓이가 $2 \times 2 = 4 \, (\text{cm}^2)$인 면이 $4 \times 6 = 24$(개) 있으므로 겉넓이는 $24 \times 4 = 96 \, (\text{cm}^2)$입니다.

1단원 쪽지 시험
5쪽

01 풀이 참조, $\dfrac{1}{9}$ 02 풀이 참조, $\dfrac{4}{5}$

03 $\dfrac{1}{3}$ / 5 / $\dfrac{5}{3}$, $1\dfrac{2}{3}$ 04 1, 1, 1 / 3, 1, 13

05 12, 2   06 30, 30, 6

07 $\dfrac{1}{3}$, $\dfrac{2}{15}$ 08 $\dfrac{15}{16}$

09 35, 35, $\dfrac{5}{9}$ 10 17, 5, $\dfrac{17}{30}$

01 (예)

0   1

02 (예)

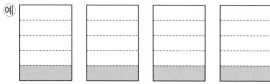

08 $\dfrac{15}{8} \div 2 = \dfrac{15}{8} \times \dfrac{1}{2} = \dfrac{15}{16}$

6~8쪽

학교 시험 만점왕 ❶회   1. 분수의 나눗셈

01 풀이 참조, $\dfrac{2}{3}$ 02 5

03 $\dfrac{5}{8}$, $2\dfrac{2}{7}\left(=\dfrac{16}{7}\right)$ 04 $\dfrac{8}{9}$ L

05 ⑤   06 풀이 참조, 주황색

07 $4\dfrac{1}{2}\left(=\dfrac{9}{2}\right)$ 08 (1) $\dfrac{3}{10}$ (2) $\dfrac{5}{63}$

09 $\dfrac{2}{11}$, $\dfrac{2}{55}$

10 $\dfrac{17}{9} \div 3 = \dfrac{17}{9} \times \dfrac{1}{3} = \dfrac{17}{27}$

11 $4\dfrac{1}{5}\left(=\dfrac{21}{5}\right)$kg   12 ㉢, ㉣, ㉡, ㉠

13 $4\dfrac{4}{9} \div 5 = \dfrac{40}{9} \div 5 = \dfrac{40 \div 5}{9} = \dfrac{8}{9}$

14 (선 연결)   15 <

16 풀이 참조, $3\dfrac{3}{5}\left(=\dfrac{18}{5}\right)$km

17 5   18 $3\dfrac{1}{12}\left(=\dfrac{37}{12}\right)$

19 $\dfrac{1}{4}$ m   20 $4\dfrac{4}{7}\left(=\dfrac{32}{7}\right)$cm

01 (예)

02 (자연수)÷(자연수)의 몫은 나누어지는 수를 분자, 나누는 수를 분모로 하는 분수로 나타낼 수 있습니다.

➡ ■ ÷ ★ = $\dfrac{■}{★}$

03 $5 \div 8 = \dfrac{5}{8}$

$16 \div 7 = \dfrac{16}{7} = 2\dfrac{2}{7}$

04 $8 \div 9 = \dfrac{8}{9}$(L)

05 (삼각형의 넓이)

= (밑변의 길이) × (높이) ÷ 2

= $9 \times 7 \div 2 = 63 \div 2 = \dfrac{63}{2}$(cm²)

06 (예) 하늘색 테이프 한 도막의 길이는 $5 \div 7 = \dfrac{5}{7}$(m)이고,

주황색 테이프 한 도막의 길이는 $3 \div 4 = \dfrac{3}{4}$(m)입니다.

$\dfrac{5}{7}\left(=\dfrac{20}{28}\right) < \dfrac{3}{4}\left(=\dfrac{21}{28}\right)$이므로 주황색 테이프의 한 도막의 길이가 더 깁니다.

채점 기준

채점 기준	배점
하늘색 테이프 한 도막의 길이를 바르게 구한 경우	40 %
주황색 테이프 한 도막의 길이를 바르게 구한 경우	40 %
어느 색 테이프 한 도막의 길이가 더 긴지 바르게 구한 경우	20 %

07 $\dfrac{8}{9} \div 4 = \dfrac{8 \div 4}{9} = \dfrac{2}{9}$ 이므로 ㉠$=9$, ㉡$=2$입니다.

따라서 ㉠$\div$㉡$= 9 \div 2 = \dfrac{9}{2} = 4\dfrac{1}{2}$ 입니다.

08 (1) $\dfrac{9}{10} \div 3 = \dfrac{9 \div 3}{10} = \dfrac{3}{10}$

(2) $\dfrac{5}{7} \div 9 = \dfrac{5}{7} \times \dfrac{1}{9} = \dfrac{5}{63}$

09 $\dfrac{8}{11} \div 4 = \dfrac{8 \div 4}{11} = \dfrac{2}{11}$

$\dfrac{2}{11} \div 5 = \dfrac{2}{11} \times \dfrac{1}{5} = \dfrac{2}{55}$

10 (분수)$\div$(자연수)를 (분수)$\times \dfrac{1}{(자연수)}$로 바꾸어 계산할 수 있습니다.

➡ $\dfrac{17}{9} \div 3 = \dfrac{17}{9} \times \dfrac{1}{3} = \dfrac{17}{27}$

11 (소영이네 집 고양이의 무게)

$=$(영진이네 집 강아지의 무게)$\div 4$

$= 16\dfrac{4}{5} \div 4 = \dfrac{84}{5} \div 4$

$= \dfrac{84 \div 4}{5} = \dfrac{21}{5} = 4\dfrac{1}{5}$ (kg)

12 ㉠ $\dfrac{9}{2} \div 3 = \dfrac{9 \div 3}{2} = \dfrac{3}{2} = 1\dfrac{1}{2}$

㉡ $\dfrac{7}{3} \div 2 = \dfrac{7}{3} \times \dfrac{1}{2} = \dfrac{7}{6} = 1\dfrac{1}{6}$

㉢ $\dfrac{13}{4} \div 6 = \dfrac{13}{4} \times \dfrac{1}{6} = \dfrac{13}{24}$

㉣ $\dfrac{21}{5} \div 7 = \dfrac{21 \div 7}{5} = \dfrac{3}{5}$

$1\dfrac{1}{2} = 1\dfrac{60}{120}$, $1\dfrac{1}{6} = 1\dfrac{20}{120}$,

$\dfrac{13}{24} = \dfrac{65}{120}$, $\dfrac{3}{5} = \dfrac{72}{120}$

➡ $\dfrac{13}{24} < \dfrac{3}{5} < 1\dfrac{1}{6} < 1\dfrac{1}{2}$

따라서 몫이 작은 것부터 차례로 기호를 쓰면 ㉢, ㉣, ㉡, ㉠입니다.

13 대분수를 가분수로 바꾼 후 분자를 자연수로 나누어 계산한 것입니다.

14 $3\dfrac{4}{5} \div 6 = \dfrac{19}{5} \times \dfrac{1}{6} = \dfrac{19}{30}$

$7\dfrac{2}{8} \div 8 = \dfrac{58}{8} \times \dfrac{1}{8} = \dfrac{58}{64} = \dfrac{29}{32}$

$6\dfrac{3}{4} \div 9 = \dfrac{27}{4} \div 9 = \dfrac{27 \div 9}{4} = \dfrac{3}{4}$

15 $3\dfrac{5}{9} \div 4 = \dfrac{32}{9} \div 4 = \dfrac{32 \div 4}{9} = \dfrac{8}{9}$

$2\dfrac{2}{3} \div 2 = \dfrac{8}{3} \div 2 = \dfrac{8 \div 2}{3} = \dfrac{4}{3} = 1\dfrac{1}{3}$

$\dfrac{8}{9} < 1\dfrac{1}{3}$ 이므로 $3\dfrac{5}{9} \div 4 < 2\dfrac{2}{3} \div 2$ 입니다.

16 예 하루 동안 걷는 거리는

(걸은 거리)$\div$(걸은 날수)

$= 4\dfrac{4}{5} \div 4 = \dfrac{24}{5} \div 4$

$= \dfrac{24 \div 4}{5} = \dfrac{6}{5} = 1\dfrac{1}{5}$ (km)입니다.

따라서 3일 동안 걸을 거리는

$1\dfrac{1}{5} \times 3 = \dfrac{6}{5} \times 3 = \dfrac{18}{5} = 3\dfrac{3}{5}$ (km)입니다.

채점 기준

하루 동안 걷는 거리를 바르게 구한 경우	70 %
앞으로 3일 동안 걸을 거리를 바르게 구한 경우	30 %

17 $8\dfrac{2}{3} \div 2 = \dfrac{26}{3} \div 2$

$= \dfrac{26 \div 2}{3} = \dfrac{13}{3} = 4\dfrac{1}{3}$

$4\dfrac{1}{3} < \square$ 이므로 $\square$ 안에 들어갈 수 있는 자연수 중에서 가장 작은 수는 5입니다.

18 $3 < 5 < 5\dfrac{2}{3} < 9\dfrac{1}{4}$ 이므로 가장 큰 수는 $9\dfrac{1}{4}$이고 가장 작은 수는 3입니다.

따라서 가장 큰 수를 가장 작은 수로 나눈 몫은

$9\dfrac{1}{4} \div 3 = \dfrac{37}{4} \div 3 = \dfrac{37}{4} \times \dfrac{1}{3} = \dfrac{37}{12} = 3\dfrac{1}{12}$ 입니다.

19 (정오각형 한 변의 길이)

$= 2\dfrac{1}{4} \div 9 = \dfrac{9}{4} \div 9$

$= \dfrac{9 \div 9}{4} = \dfrac{1}{4}$ (m)

20 (마름모의 넓이)＝(한 대각선의 길이)×(다른 대각선의 길이)÷2이므로 (다른 대각선의 길이)＝(마름모의 넓이)×2÷(한 대각선의 길이)입니다.

(다른 대각선의 길이)

$$=9\frac{1}{7}\times2\div4=\frac{64}{7}\times2\div4=\frac{128}{7}\div4$$

$$=\frac{128\div4}{7}=\frac{32}{7}=4\frac{4}{7}\text{(cm)}$$

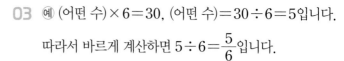

학교 시험 만점왕 ②회 1. 분수의 나눗셈

01 풀이 참조, $\frac{5}{8}$

02 (1) $\frac{7}{12}$ (2) $\frac{11}{13}$

03 풀이 참조, $\frac{5}{6}$

04 ①

05 (1) $1\frac{5}{8}\left(=\frac{13}{8}\right)$ (2) $1\frac{5}{9}\left(=\frac{14}{9}\right)$

06 $1\frac{3}{7}\left(=\frac{10}{7}\right)$ kg

07 민호

08 >

09 $\frac{7}{24}$ m

10 $\frac{5}{7}$

11 $\frac{3}{7}\div8\left(\text{또는 }\frac{3}{8}\div7\right),\frac{3}{56}$

12 10, 11

13 ③, ④

14 방법1 예) $5\frac{1}{11}\div8=\frac{56}{11}\div8=\frac{56\div8}{11}=\frac{7}{11}$

방법2 예) $5\frac{1}{11}\div8=\frac{56}{11}\div8=\frac{56}{11}\times\frac{1}{8}=\frac{56}{88}=\frac{7}{11}$

15 $3\frac{5}{6}\div5=\frac{23}{6}\times\frac{1}{5}=\frac{23}{30}$

16 $1\frac{1}{7}\left(=\frac{8}{7}\right)$ m²

17 5배

18 $\frac{5}{16}$ L

19 풀이 참조, $\frac{2}{5}$ kg

20 $3\frac{1}{5}\left(=\frac{16}{5}\right)$ m

01 예)

03 예) (어떤 수)×6＝30, (어떤 수)＝30÷6＝5입니다.

따라서 바르게 계산하면 $5\div6=\frac{5}{6}$입니다.

채점 기준

어떤 수를 바르게 구한 경우	50 %
바르게 계산한 결과를 바르게 구한 경우	50 %

04 ① $3\div2=\frac{3}{2}=1\frac{1}{2}$ ② $4\div5=\frac{4}{5}$

③ $8\div7=\frac{8}{7}=1\frac{1}{7}$

④ $8\div9=\frac{8}{9}$

⑤ $5\div11=\frac{5}{11}$

$1\frac{1}{2}\left(=1\frac{7}{14}\right)>1\frac{1}{7}\left(=1\frac{2}{14}\right)$이므로 나눗셈의 몫이 가장 큰 것은 ①입니다.

05 (1) $13\div8=\frac{13}{8}=1\frac{5}{8}$

(2) $14\div9=\frac{14}{9}=1\frac{5}{9}$

06 $10\div7=\frac{10}{7}=1\frac{3}{7}\text{(kg)}$

07 지윤: $\frac{8}{15}\div5=\frac{8}{15}\times\frac{1}{5}=\frac{8}{75}$

민호: $\frac{8}{15}\div4=\frac{8\div4}{15}=\frac{2}{15}$

따라서 나눗셈의 몫을 바르게 구한 친구는 민호입니다.

08 $\frac{7}{9}\div2=\frac{7}{9}\times\frac{1}{2}=\frac{7}{18}$

$\frac{9}{10}\div6=\frac{9}{10}\times\frac{1}{6}=\frac{9}{60}=\frac{3}{20}$

➡ $\frac{7}{18}\left(=\frac{70}{180}\right)>\frac{3}{20}\left(=\frac{27}{180}\right)$

09 (직사각형 모양의 텃밭의 넓이)

＝(텃밭의 가로)×(텃밭의 세로)이므로

(텃밭의 가로)

＝(직사각형 모양의 텃밭의 넓이)÷(텃밭의 세로)

$=\frac{7}{8}\div3=\frac{7}{8}\times\frac{1}{3}=\frac{7}{24}\text{(m)}$입니다.

10 $\dfrac{30}{7}=4\dfrac{2}{7}$이므로 $\dfrac{30}{7}<6$입니다.

작은 수를 큰 수로 나눈 몫은 $\dfrac{30}{7}\div6=\dfrac{30\div6}{7}=\dfrac{5}{7}$

입니다.

11 몫이 가장 작으려면 나누는 수가 가장 크거나 나누어지는 분수의 분모가 가장 커야 합니다.

$3<7<8$이므로 몫이 가장 작은 나눗셈식은 $\dfrac{3}{7}\div8$

또는 $\dfrac{3}{8}\div7$입니다.

$\dfrac{3}{7}\div8=\dfrac{3}{7}\times\dfrac{1}{8}=\dfrac{3}{56}$

$\dfrac{3}{8}\div7=\dfrac{3}{8}\times\dfrac{1}{7}=\dfrac{3}{56}$

12 $\dfrac{9}{11}\div3=\dfrac{9\div3}{11}=\dfrac{3}{11}$, $\dfrac{8}{11}\div2=\dfrac{8\div2}{11}=\dfrac{4}{11}$

$\dfrac{3}{11}=\dfrac{9}{33}$, $\dfrac{4}{11}=\dfrac{12}{33}$이므로

$\dfrac{9}{33}<\dfrac{\square}{33}<\dfrac{12}{33}$입니다.

따라서 □ 안에 들어갈 수 있는 자연수는 9보다 크고 12보다 작은 수이므로 10, 11입니다.

13 나누어지는 수가 나누는 수보다 크면 몫이 1보다 큽니다.

따라서 나눗셈의 몫이 1보다 큰 것은 ③, ④입니다.

15 대분수는 가분수로 고쳐서 계산해야 합니다.

16 색칠한 부분은 5칸 중에서 1칸입니다.

(색칠한 부분의 넓이)=(정오각형의 넓이)÷5

$=5\dfrac{5}{7}\div5=\dfrac{40}{7}\div5$

$=\dfrac{40\div5}{7}=\dfrac{8}{7}=1\dfrac{1}{7}\,(\text{m}^2)$

17 ㉠$=\dfrac{5}{6}\div2=\dfrac{5}{6}\times\dfrac{1}{2}=\dfrac{5}{12}$

㉡$=8\dfrac{1}{3}\div4=\dfrac{25}{3}\div4=\dfrac{25}{3}\times\dfrac{1}{4}=\dfrac{25}{12}$

➡ $\dfrac{25}{12}$는 $\dfrac{5}{12}$의 5배입니다.

18 (전체 탄산음료의 양)

$=1\dfrac{1}{4}\times2=\dfrac{5}{\overset{2}{4}}\times\overset{1}{2}=\dfrac{5}{2}=2\dfrac{1}{2}\,(\text{L})$

(한 명이 마실 수 있는 탄산음료의 양)

$=2\dfrac{1}{2}\div8=\dfrac{5}{2}\div8=\dfrac{5}{2}\times\dfrac{1}{8}=\dfrac{5}{16}\,(\text{L})$

19 ⑩ 복숭아 7개의 무게는

$3\dfrac{3}{10}-\dfrac{1}{2}=2\dfrac{4}{5}\,(\text{kg})$입니다.

따라서 복숭아 한 개의 무게는

$2\dfrac{4}{5}\div7=\dfrac{14}{5}\div7=\dfrac{14\div7}{5}=\dfrac{2}{5}\,(\text{kg})$입니다.

채점 기준

복숭아 7개의 무게를 바르게 구한 경우	40 %
복숭아 1개의 무게를 바르게 구한 경우	60 %

20 (사다리꼴의 넓이)

=((윗변의 길이)+(아랫변의 길이))×(높이)÷2

$\left(3\dfrac{1}{4}+5\dfrac{3}{4}\right)\times(\text{높이})\div2=14\dfrac{2}{5}$

$9\times(\text{높이})\div2=14\dfrac{2}{5}$

$(\text{높이})=14\dfrac{2}{5}\times2\div9$

$=\dfrac{72}{5}\times2\div9=\dfrac{144}{5}\div9$

$=\dfrac{144\div9}{5}=\dfrac{16}{5}=3\dfrac{1}{5}\,(\text{m})$

1단원 서술형·논술형 평가   12~13쪽

01 풀이 참조, $\dfrac{5}{6}$배   **02** 풀이 참조, $\dfrac{6}{7}$ L

03 풀이 참조, $\dfrac{1}{8}$ m   **04** 풀이 참조, $\dfrac{9}{50}$ L

05 풀이 참조, $\dfrac{2}{35}$ **06** 풀이 참조, 수박, $1\dfrac{23}{28}$ kg

07 풀이 참조, $\dfrac{1}{8}$ **08** 풀이 참조, $\dfrac{3}{14}\left(=\dfrac{9}{42}\right)$ m

09 풀이 참조, 2, 3, 4, 5, 6   **10** 풀이 참조, $\dfrac{29}{35}$배

01 예 미경이가 캔 조개의 무게를 제민이가 캔 조개의 무게로 나누면 $5 \div 6$입니다.

따라서 미경이가 캔 조개의 무게는 제민이가 캔 조개의 무게의 $5 \div 6 = \dfrac{5}{6}$(배)입니다.

채점 기준	
나눗셈식을 바르게 세운 경우	50 %
미경이가 캔 조개의 무게가 제민이가 캔 조개의 무게의 몇 배인지 바르게 구한 경우	50 %

02 예 전체 오렌지 주스의 양은 $1\dfrac{1}{2} \times 4 = 6$ (L)입니다.

따라서 소영이네 가족이 하루에 마신 주스는 $6 \div 7 = \dfrac{6}{7}$ (L)입니다.

채점 기준	
전체 오렌지 주스의 양을 바르게 구한 경우	30 %
소영이네 가족이 하루에 마신 주스의 양을 바르게 구한 경우	70 %

03 예 정칠각형의 일곱 변의 길이는 모두 같습니다.

따라서 정칠각형의 한 변의 길이는 $\dfrac{7}{8} \div 7 = \dfrac{7 \div 7}{8} = \dfrac{1}{8}$ (m)입니다.

채점 기준	
정칠각형의 일곱 변의 길이가 모두 같음을 알고 있는 경우	30 %
정칠각형의 한 변의 길이를 바르게 구한 경우	70 %

04 예 컵 한 개에 담은 우유의 양은 전체 우유의 양 $\dfrac{9}{10}$ L를 5로 나누어 구합니다. 따라서 컵 한 개에 담은 우유는 $\dfrac{9}{10} \div 5 = \dfrac{9}{10} \times \dfrac{1}{5} = \dfrac{9}{50}$ (L)입니다.

채점 기준	
우유의 양을 바르게 구한 경우	50 %
컵 한 개에 담은 우유의 양을 바르게 구한 경우	50 %

05 예 (어떤 수) $\times 5 = 1\dfrac{5}{7}$이므로

(어떤 수) $= 1\dfrac{5}{7} \div 5 = \dfrac{12}{7} \times \dfrac{1}{5} = \dfrac{12}{35}$

따라서 어떤 수를 6으로 나눈 몫은

$\dfrac{12}{35} \div 6 = \dfrac{12 \div 6}{35} = \dfrac{2}{35}$입니다.

채점 기준	
어떤 수를 바르게 구한 경우	50 %
어떤 수를 6으로 나눈 몫을 바르게 구한 경우	50 %

06 예 멜론은 $4 \times 4 = 16$(통)이므로 멜론 한 통의 무게는

$38\dfrac{6}{7} \div 16 = \dfrac{272}{7} \div 16 = \dfrac{17}{7} = 2\dfrac{3}{7}$ (kg)입니다.

수박 한 통의 무게는

$21\dfrac{1}{4} \div 5 = \dfrac{85}{4} \div 5 = \dfrac{17}{4} = 4\dfrac{1}{4}$ (kg)입니다.

따라서 $2\dfrac{3}{7} < 4\dfrac{1}{4}$이므로 수박이

$4\dfrac{1}{4} - 2\dfrac{3}{7} = 4\dfrac{7}{28} - 2\dfrac{12}{28} = 3\dfrac{35}{28} - 2\dfrac{12}{28} = 1\dfrac{23}{28}$ (kg) 더 무겁습니다.

채점 기준	
멜론 한 통의 무게를 바르게 구한 경우	30 %
수박 한 통의 무게를 바르게 구한 경우	30 %
어느 것이 몇 kg 더 무거운지 바르게 구한 경우	40 %

07 예 (어떤 분수) $\times 9 = 10\dfrac{1}{8}$이므로

(어떤 분수) $= 10\dfrac{1}{8} \div 9 = \dfrac{81}{8} \div 9 = \dfrac{9}{8}$입니다.

따라서 바르게 계산하면 $\dfrac{9}{8} \div 9 = \dfrac{9 \div 9}{8} = \dfrac{1}{8}$입니다.

채점 기준	
어떤 분수를 바르게 구한 경우	50 %
바르게 계산한 값을 바르게 구한 경우	50 %

08 예 철사 $3\dfrac{6}{7}$ m로 크기가 똑같은 정육각형 모양을 3개 만들었으므로 정육각형 모양 1개를 만드는 데 사용한 철사는 $3\dfrac{6}{7} \div 3 = \dfrac{27}{7} \div 3 = \dfrac{27 \div 3}{7} = \dfrac{9}{7}$ (m)입니다.

정육각형은 여섯 변의 길이가 모두 같으므로 정육각형의 한 변의 길이는

$\dfrac{9}{7} \div 6 = \dfrac{9}{7} \times \dfrac{1}{6} = \dfrac{9}{42} = \dfrac{3}{14}$ (m)입니다.

정육각형 모양 한 개를 만든 철사의 길이를 바르게 구한 경우	50 %
정육각형의 한 변의 길이를 바르게 구한 경우	50 %

09 예 ㉠ $\times 8 = 9\frac{3}{5}$ 이므로

$㉠ = 9\frac{3}{5} \div 8 = \frac{48}{5} \div 8$

$= \frac{48 \div 8}{5} = \frac{6}{5} = 1\frac{1}{5}$ 입니다.

$31\frac{1}{4} \div ㉡ = 5$ 이므로

$㉡ = 31\frac{1}{4} \div 5 = \frac{125}{4} \div 5$

$= \frac{125 \div 5}{4} = \frac{25}{4} = 6\frac{1}{4}$ 입니다.

따라서 $1\frac{1}{5}$ 과 $6\frac{1}{4}$ 사이에 있는 자연수는 2, 3, 4, 5, 6입니다.

채점 기준	
㉠의 값을 바르게 구한 경우	40 %
㉡의 값을 바르게 구한 경우	40 %
㉠과 ㉡ 사이에 있는 자연수를 모두 바르게 구한 경우	20 %

10 예 (평행사변형의 넓이)=(밑변의 길이)×(높이)입니다. 평행사변형의 밑변의 길이는

$20\frac{5}{7} \div 5 = \frac{145}{7} \div 5 = \frac{29}{7}$ (cm)입니다.

따라서 평행사변형의 밑변의 길이는 높이의

$\frac{29}{7} \div 5 = \frac{29}{7} \times \frac{1}{5} = \frac{29}{35}$ (배)입니다.

채점 기준	
평행사변형의 밑변의 길이를 바르게 구한 경우	50 %
밑변의 길이는 높이의 몇 배인지 바르게 구한 경우	50 %

01 나
02 2개
03 5개
04 오각기둥
05 18개, 12개
06 4개
07 사각기둥
08 다
09 1개, 5개
10 10개, 6개

02 각기둥의 밑면은 항상 2개입니다.

03 각기둥의 옆면의 수는 밑면의 변의 수와 같습니다.

04 밑면이 오각형이므로 오각기둥입니다.

05 육각기둥에서 면과 면이 만나는 선분인 모서리는 18개이고, 모서리와 모서리가 만나는 점인 꼭짓점은 12개입니다.

06 면 라와 수직으로 만나는 면은 면 가, 면 다, 면 마, 면 바로 4개입니다.

09 각뿔의 밑면은 항상 1개입니다. 각뿔의 옆면의 수는 밑면의 변의 수와 같습니다.

10 오각뿔에서 면과 면이 만나는 선분인 모서리는 10개이고, 모서리와 모서리가 만나는 점인 꼭짓점은 6개입니다.

학교 시험 만점왕 ❶회   2. 각기둥과 각뿔

01 ①, ⑤
02 풀이 참조
03 6개
04 사각기둥
05 꼭짓점, 모서리, 높이
06 7 cm
07 풀이 참조, 9개
08 삼각형, 직사각형, 삼각기둥
09 칠각형, 9개
10 풀이 참조, 25개
11 점 ㄴ, 점 ㅂ
12 48 cm
13 풀이 참조
14 나, 라
15 1개, 7개
16 칠각뿔
17 26개
18 풀이 참조
19 $\frac{4}{5}$
20 37개

02 각기둥에서 서로 평행하고 합동인 두 면을 밑면이라고 합니다.

03 각기둥에서 밑면과 수직으로 만나는 면은 옆면으로 모두 6개입니다.

04 밑면의 모양이 사각형이므로 사각기둥입니다.

05 각기둥에서 면과 면이 만나는 선분을 모서리라 하고, 모서리와 모서리가 만나는 점을 꼭짓점이라 하며, 두 밑면 사이의 거리를 높이라고 합니다.

06 각기둥에서 두 밑면 사이의 거리는 7 cm입니다.

07 ㉎ (구각기둥의 모서리의 수)
= (한 밑면의 변의 수)×3
= 9×3=27(개)
(구각기둥의 꼭짓점의 수)
= (한 밑면의 변의 수)×2
= 9×2=18(개)
따라서 구각기둥의 모서리의 수와 꼭짓점의 수의 차는 27-18=9(개)입니다.

채점 기준	
구각기둥의 모서리의 수를 바르게 구한 경우	40 %
구각기둥의 꼭짓점의 수를 바르게 구한 경우	40 %
구각기둥의 모서리의 수와 꼭짓점의 수의 차를 바르게 구한 경우	20 %

08 옆면이 직사각형이므로 각기둥이고, 밑면이 삼각형이므로 삼각기둥입니다.

09 옆면이 7개이므로 각기둥의 밑면의 모양은 변이 7개인 칠각형입니다. 각기둥은 칠각기둥이고 면의 수는 (한 밑면의 변의 수)+2=7+2=9(개)입니다.

10 ㉎ 밑면인 오각형이 2개이고, 옆면이 직사각형 5개이므로 오각기둥의 전개도입니다.
(오각기둥의 모서리의 수)
= (한 밑면의 변의 수)×3=5×3
= 15(개)

(오각기둥의 꼭짓점의 수)=(한 밑면의 변의 수)×2
= 5×2=10(개)
따라서 오각기둥의 모서리의 수와 꼭짓점의 수의 합은 15+10=25(개)입니다.

채점 기준	
오각기둥의 모서리의 수를 바르게 구한 경우	40 %
오각기둥의 꼭짓점의 수를 바르게 구한 경우	40 %
오각기둥의 모서리의 수와 꼭짓점의 수의 합을 바르게 구한 경우	20 %

11 전개도를 접으면 점 ㄹ과 만나는 점은 점 ㄴ, 점 ㅂ입니다.

12 삼각기둥의 밑면의 둘레는 4+3+5=12 (cm)입니다. 삼각기둥의 모든 모서리의 길이의 합은
(밑면의 둘레)×2
+(높이를 나타내는 모든 모서리의 길이의 합)
= 12×2+8×3=24+24=48 (cm)입니다.

13 ㉎
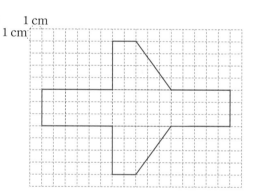
밑면인 사각형의 변의 길이가 2 cm, 5 cm, 5 cm, 4 cm이고, 높이가 3 cm인 사각기둥입니다. 밑면을 2개, 옆면을 4개 그립니다.

15 각뿔의 밑면은 1개이고, 칠각뿔이므로 옆면은 7개입니다.

17 (육각뿔의 면의 수)=(밑면의 변의 수)+1
= 6+1=7(개)
(육각뿔의 모서리의 수)=(밑면의 변의 수)×2
= 6×2=12(개)
(육각뿔의 꼭짓점의 수)=(밑면의 변의 수)+1
= 6+1=7(개)
따라서 육각뿔의 면의 수와 모서리의 수와 꼭짓점의 수

의 합은 $7+12+7=26$(개)입니다.

18 예 밑면이 다각형이 아닙니다.
   예 옆면이 삼각형이 아닙니다.

19 변의 수가 가장 적은 다각형은 삼각형입니다. 밑면의 모양이 삼각형인 각기둥은 삼각기둥이고 삼각기둥의 면은 5개이므로 ㉠에 알맞은 수는 5입니다.
   밑면의 모양이 삼각형인 각뿔은 삼각뿔이고 삼각뿔의 면은 4개이므로 ㉡에 알맞은 수는 4입니다.
   따라서 ㉡÷㉠$=4÷5=\dfrac{4}{5}$입니다.

20 밑면이 다각형이고 옆면이 삼각형 12개로 이루어진 입체도형은 십이각뿔입니다.
   (십이각뿔의 모서리의 수)$=$(밑면의 변의 수)$×2$
   $\qquad\qquad\qquad\qquad\quad =12×2=24$(개)
   (십이각뿔의 꼭짓점의 수)$=$(밑면의 변의 수)$+1$
   $\qquad\qquad\qquad\qquad\quad =12+1=13$(개)
   따라서 십이각뿔의 모서리와 꼭짓점은 모두
   $24+13=37$(개)입니다.

19~21쪽

학교 시험 만점왕 ②회 2. 각기둥과 각뿔

01 나, 바
02 면 ㄱㄴㄷㄹㅁ, 면 ㅂㅅㅇㅈㅊ
03 면 ㄴㅅㅇㄷ, 면 ㄷㅇㅈㄹ, 면 ㄹㅈㅊㅁ, 면 ㅁㅊㅂㄱ, 면 ㄱㅂㅅㄴ
04 칠각형, 칠각기둥
05 6, 8, 18, 12
06 풀이 참조, 12개
07 42 cm
08 면 ㄹㄷㅂㅁ
09 선분 ㅁㄹ
10 ㉣
11 5 cm
12 풀이 참조
13 다, 육각뿔
14 6개
15 6 cm
16 ⑤
17 구각뿔
18 25개
19 풀이 참조, 14개
20 ㉡, ㉠, ㉣, ㉢

02 오각기둥에서 밑면은 2개입니다.

03 오각기둥에서 옆면은 5개입니다.

04 밑면의 모양이 칠각형이므로 각기둥의 이름은 칠각기둥입니다.

05 육각기둥의 한 밑면의 변의 수는 6개입니다.
   (육각기둥의 면의 수)$=$(한 밑면의 변의 수)$+2$
   $\qquad\qquad\qquad\qquad =6+2=8$(개)
   (육각기둥의 모서리의 수)$=$(한 밑면의 변의 수)$×3$
   $\qquad\qquad\qquad\qquad =6×3=18$(개)
   (육각기둥의 꼭짓점의 수)$=$(한 밑면의 변의 수)$×2$
   $\qquad\qquad\qquad\qquad =6×2=12$(개)

06 예 각기둥에서 면의 수는 (한 밑면의 변의 수)$+2$입니다. 한 밑면의 변의 수를 □개라 하면
   □$+2=6$, □$=4$이므로 사각기둥입니다.
   따라서 사각기둥의 모서리는 $4×3=12$(개)입니다.

채점 기준	
각기둥의 이름을 바르게 구한 경우	50 %
각기둥의 모서리의 수를 바르게 구한 경우	50 %

07 (두 밑면에 있는 모서리의 길이의 합)
   $=(3+6+6)×2=15×2=30$(cm)
   (옆면에 있는 모서리의 길이의 합)$=4×3=12$(cm)
   따라서 삼각기둥의 모든 모서리의 길이의 합은
   $30+12=42$(cm)입니다.

08 전개도를 접었을 때 면 ㄱㄴㅍㅎ과 평행한 면은 면 ㄹㄷㅂㅁ이고, 다른 면들과는 모두 수직으로 만납니다.

09 전개도를 접었을 때 점 ㅅ은 점 ㅁ과, 점 ㅇ은 점 ㄹ과 만납니다. 따라서 선분 ㅅㅇ과 맞닿는 선분은 선분 ㅁㄹ입니다.

10 ㉠은 밑면이 합동이 아닙니다.
   ㉡은 접었을 때 겹치는 면이 있습니다.
   ㉢은 면의 수가 1개 적습니다.

11 높이를 나타내는 모서리 6개의 길이의 합은
   $6×6=36$(cm)이므로 밑면에 있는 모서리의 길이의

합은 96－36＝60 (cm)입니다.

각기둥의 옆면은 모두 합동이므로 밑면에 있는 12개의 모서리의 길이는 모두 같습니다. 따라서 밑면의 한 변의 길이는 60÷12＝5 (cm)입니다.

12 예
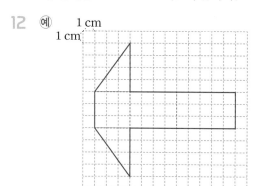

13 각뿔은 밑면이 육각형이고 옆면의 모양이 삼각형인 다이고, 이름은 육각뿔입니다.

14 밑면의 모양이 오각형이고 옆면의 모양이 삼각형이므로 오각뿔입니다. 오각뿔의 면의 수는 (밑면의 변의 수)＋1＝5＋1＝6(개)입니다.

15 각뿔의 높이는 각뿔의 꼭짓점에서 밑면에 수직으로 그은 선분의 길이이므로 6 cm입니다.

16 ① 밑면은 1개입니다.
② 밑면은 다각형으로 각뿔에 따라 다릅니다.
③ 옆면은 모두 삼각형입니다.
④ 밑면과 옆면이 수직으로 만나는 것은 각기둥입니다.

17 각뿔에서 밑면의 변의 수를 □개라 하면 □×2＝18, □＝9입니다. 밑면의 변의 수가 9개인 각뿔은 구각뿔입니다.

18 변이 8개인 다각형은 팔각형입니다. 밑면의 모양이 팔각형이므로 두 도형은 팔각기둥과 팔각뿔입니다. 팔각기둥의 꼭짓점은 8×2＝16(개), 팔각뿔의 꼭짓점은 8＋1＝9(개)입니다. 따라서 팔각기둥과 팔각뿔의 꼭짓점의 수의 합은 16＋9＝25(개)입니다.

19 예 밑면은 1개이고, 옆면은 삼각형이므로 각뿔입니다. 밑면의 변의 수를 □개라 하면 □＋1＝8, □＝7이므로 칠각뿔입니다.

따라서 칠각뿔의 모서리는 7×2＝14(개)입니다.

채점 기준

입체도형의 이름을 바르게 구한 경우	50 %
입체도형의 모서리의 수를 바르게 구한 경우	50 %

20 ㉠ 십각뿔의 면의 수: 10＋1＝11(개)
㉡ 구각뿔의 꼭짓점의 수: 9＋1＝10(개)
㉢ 팔각뿔의 모서리의 수: 8×2＝16(개)
㉣ 칠각기둥의 꼭짓점의 수: 7×2＝14(개)
10＜11＜14＜16이므로 수의 크기를 비교하여 수가 작은 것부터 차례로 기호를 쓰면 ㉡, ㉠, ㉣, ㉢입니다.

2단원 서술형·논술형 평가 *22~23쪽*

01 풀이 참조   02 풀이 참조
03 풀이 참조, 1 cm   04 풀이 참조, 십각기둥
05 풀이 참조, 42개   06 풀이 참조, 육각뿔
07 풀이 참조, 12개   08 풀이 참조, 138 cm
09 풀이 참조, 33개   10 풀이 참조, 420 cm²

01 예 서로 평행한 두 면이 합동이 아닙니다.
옆면이 직사각형이 아닙니다.

채점 기준

각기둥이 아닌 이유를 바르게 쓴 경우	100 %

02 공통점 예 밑면의 모양이 사각형입니다. / 밑면의 변의 수가 같습니다. / 옆면의 수가 같습니다.

차이점 예 사각기둥의 밑면은 2개, 사각뿔의 밑면은 1개입니다. / 사각기둥의 옆면은 직사각형, 사각뿔의 옆면은 삼각형입니다.

채점 기준

공통점을 바르게 쓴 경우	50 %
차이점을 바르게 쓴 경우	50 %

03 예 삼각기둥의 높이는 7 cm이고, 삼각뿔의 높이는 8 cm입니다. 따라서 두 입체도형의 높이의 차는 8－7＝1 (cm)입니다.

채점 기준	
삼각기둥의 높이를 바르게 구한 경우	40 %
삼각뿔의 높이를 바르게 구한 경우	40 %
두 입체도형의 높이의 차를 바르게 구한 경우	20 %

04 ⑩ 서로 평행한 두 면이 합동인 다각형이므로 각기둥입니다. 옆면이 직사각형 10개로 이루어져 있으므로 이 입체도형의 밑면의 모양은 십각형이고 입체도형의 이름은 십각기둥입니다.

채점 기준	
각기둥임을 아는 경우	50 %
입체도형의 이름을 바르게 구한 경우	50 %

05 ⑩ (십각뿔의 면의 수)=(밑면의 변의 수)+1
=10+1=11(개)
(십각뿔의 꼭짓점의 수)=(밑면의 변의 수)+1
=10+1=11(개)
(십각뿔의 모서리의 수)=(밑면의 변의 수)×2
=10×2=20(개)
따라서 십각뿔의 면의 수, 꼭짓점의 수, 모서리의 수의 합은 11+11+20=42(개)입니다.

채점 기준	
십각뿔의 면의 수를 바르게 구한 경우	30 %
십각뿔의 꼭짓점의 수를 바르게 구한 경우	30 %
십각뿔의 모서리의 수를 바르게 구한 경우	30 %
십각뿔의 면의 수, 꼭짓점의 수, 모서리의 수의 합을 바르게 구한 경우	10 %

06 ⑩ 각뿔에서 모서리의 수는 (밑면의 변의 수)×2이므로 밑면의 변의 수를 □개라 하면 □×2=12, □=6입니다. 변이 6개인 다각형은 육각형이므로 각뿔의 이름은 육각뿔입니다.

채점 기준	
밑면의 변의 수를 바르게 구한 경우	50 %
육각뿔의 이름을 바르게 구한 경우	50 %

07 ⑩ 밑면인 육각형이 2개, 옆면인 직사각형이 6개이므로 육각기둥의 전개도입니다. 육각기둥의 꼭짓점은 6×2=12(개)입니다.

채점 기준	
전개도를 접었을 때 만들어지는 입체도형을 바르게 구한 경우	50 %
만들어지는 입체도형의 꼭짓점의 수를 바르게 구한 경우	50 %

08 ⑩ 밑면의 모양이 정육각형이고 옆면이 삼각형이므로 육각뿔입니다. 육각뿔의 밑면의 둘레는 8×6=48(cm)이고, 옆면의 모서리의 길이의 합은 15×6=90(cm)입니다. 따라서 육각뿔의 모든 모서리의 길이의 합은 48+90=138(cm)입니다.

채점 기준	
육각뿔의 밑면의 둘레를 바르게 구한 경우	40 %
육각뿔의 옆면의 모서리의 길이의 합을 바르게 구한 경우	40 %
육각뿔의 모든 모서리의 길이의 합을 바르게 구한 경우	20 %

09 ⑩ 각기둥의 밑면의 변의 수를 □개라 하면 꼭짓점이 10개이므로 □×2=10, □=5에서 오각기둥입니다. 각뿔의 밑면의 변의 수를 △개라 하면 꼭짓점이 10개이므로 △+1=10, △=9에서 구각뿔입니다. 오각기둥의 모서리는 5×3=15(개)이고, 구각뿔의 모서리는 9×2=18(개)입니다. 따라서 오각기둥과 구각뿔의 모서리의 수의 합은 15+18=33(개)입니다.

채점 기준	
오각기둥과 구각뿔의 이름을 바르게 구한 경우	40 %
오각기둥과 구각뿔의 모서리의 수를 각각 바르게 구한 경우	40 %
오각기둥과 구각뿔의 모서리의 수의 합을 바르게 구한 경우	20 %

10 ⑩ 밑면의 모양이 정오각형이므로 오각기둥의 옆면 5개는 모두 합동인 직사각형입니다. 오각기둥의 옆면 1개의 넓이는 6×14=84(cm²)입니다. 오각기둥의 옆면 5개의 넓이는 84×5=420(cm²)입니다. 따라서 오각기둥의 모든 옆면의 넓이의 합은 420 cm²입니다.

채점 기준	
오각기둥의 옆면 1개의 넓이를 바르게 구한 경우	50 %
오각기둥의 모든 옆면의 넓이의 합을 바르게 구한 경우	50 %

다른 풀이 밑면의 모양이 정오각형이므로 옆면의 가로의 합은 $6 \times 5 = 30$ (cm)이고, 옆면의 세로는 14 cm입니다. 따라서 오각기둥의 모든 옆면의 넓이의 합은 $30 \times 14 = 420$ (cm²)입니다.

채점 기준	
옆면의 가로의 합을 바르게 구한 경우	30 %
옆면의 세로의 길이를 바르게 구한 경우	20 %
모든 옆면의 넓이의 합을 바르게 구한 경우	50 %

3단원 쪽지 시험
25쪽

01 (위에서부터) $\frac{1}{10}$, 43.2, 4.32

02 8.26
03 496, 496, 124, 12.4

04 3.16
05 1, 5, 4, 6, 30, 24

06 0.64
07 0.55

08 (1) 1.35 (2) 1.03
09 2.4, 0.28

10 (1) 5□2·3 (2) 3·□0□5

06 $2.56 \div 4 = 0.64$

07 나누어지는 수가 330에서 3.3으로 $\frac{1}{100}$배가 되었으므로 몫도 55의 $\frac{1}{100}$배인 0.55가 됩니다.

08 (1)
```
    1.3 5
 4)5.4
    4
    1 4
    1 2
      2 0
      2 0
        0
```
(2)
```
    1.0 3
 4)4.1 2
    4
    1 2
    1 2
      0
```

09 $12 \div 5 = 2.4$
$7 \div 25 = 0.28$

10 (1) $261.5 \div 5$는 $260 \div 5$로 어림셈 할 수 있으므로 몫의 소수점 위치는 2와 3 사이입니다.
(2) $12.2 \div 4$는 $12 \div 4$로 어림셈 할 수 있으므로 몫의 소수점 위치는 3과 0 사이입니다.

26~28쪽

학교 시험 만점왕 ❶회 3. 소수의 나눗셈

01 41, 41, 0.41
02 31.2, 3.12

03 12.1 L
04 (1) 6.2 (2) 1.29

05 >
06 9.53 cm

07 풀이 참조, 4.32
08 ㉡, ㉢

09 520, 520, 104, 1.04
10 ㉢, ㉡, ㉠

11 풀이 참조, ㉡
12 5.25, 1.05

13 3.75 cm
14 (교차)

15 3, 4, 5, 6
16 12.3

17 4□5□2
18 2.44

19 7, 8, 9
20 25.5 cm

02 나누어지는 수가 936 ➡ 93.6 ➡ 9.36으로 $\frac{1}{10}$배, $\frac{1}{100}$배가 되면 몫도 312 ➡ 31.2 ➡ 3.12로 $\frac{1}{10}$배, $\frac{1}{100}$배가 됩니다.

03 음료수를 일주일 동안 똑같이 나누어 마시므로 하루에 마시는 양은 $84.7 \div 7 = 12.1$ (L)입니다.

04 (1)
```
    6.2
 4)2 4.8
    2 4
      8
      8
      0
```
(2)
```
    1.2 9
 6)7.7 4
    6
    1 7
    1 2
      5 4
      5 4
        0
```

05 $5.28 \div 4 = 1.32$, $6.25 \div 5 = 1.25$이므로 $5.28 \div 4 > 6.25 \div 5$입니다.

06 정오각형은 똑같은 길이의 변이 5개 있으므로
한 변의 길이는 $47.65 \div 5 = 9.53$ (cm)입니다.

07 **예** (어떤 수)$\div 4 = 8.64$이므로
(어떤 수)$= 8.64 \times 4 = 34.56$입니다.
따라서 $34.56 \div 8 = 4.32$입니다.

채점 기준	
어떤 수를 바르게 구한 경우	50 %
어떤 수를 8로 나눈 수를 바르게 구한 경우	50 %

08 (나누어지는 수)<(나누는 수)일 때 몫이 1보다 작습니
다. 따라서 계산 결과가 1보다 작은 것은 ⓒ $6.64 \div 8$,
ⓒ $5.52 \div 6$입니다.

09 $5.2 \div 5 = \dfrac{520}{100} \div 5 = \dfrac{520 \div 5}{100}$
$= \dfrac{104}{100} = 1.04$

10 ㉠ $8.32 \div 4 = 2.08$
ⓒ $10.8 \div 5 = 2.16$
ⓒ $13.5 \div 6 = 2.25$
몫이 큰 순서대로 쓰면 ⓒ, ⓒ, ㉠입니다.

11 **예** ⓒ 넓이가 12.24 cm², 높이가 6 cm인 삼각형의
밑변의 길이를 □ cm라고 하면 □$\times 6 \div 2 = 12.24$
➡ □$= 12.24 \times 2 \div 6 = 4.08$
3<4.08이므로 ⓒ의 밑변의 길이가 더 깁니다.

채점 기준	
ⓒ의 밑변의 길이를 바르게 구한 경우	70 %
두 삼각형의 밑변의 길이를 바르게 비교한 경우	30 %

12 $31.5 \div 6 = 5.25$, $5.25 \div 5 = 1.05$

13 직사각형의 세로를 □ cm라 하면
$30 =$ □$\times 8$, □$= 30 \div 8 = 3.75$입니다.

14 $15 \div 4 = 3.75$, $8 \div 5 = 1.6$

15 $6.12 \div 3 = 2.04$, $34 \div 5 = 6.8$이므로
$2.04 <$ □< 6.8인 자연수는 3, 4, 5, 6입니다.

16 $73.8 \div$ □$= 6$이므로 □$= 73.8 \div 6 = 12.3$입니다.

17 $22.6 \div 5$는 $22 \div 5$로 어림셈 할 수 있으므로 몫의 소
수점 위치는 4와 5 사이입니다.

18 몫이 가장 크게 되려면 나누어지는 수가 가장 크고, 나
누는 수가 가장 작아야 합니다.
➡ $9.76 \div 4 = 2.44$

19 $38.7 \div 5 = 7.74$
$7.74 < 7.$□5가 되려면
□ 안에 들어갈 수 있는 수는 7, 8, 9입니다.

20 (마름모의 넓이)$= 7 \times 10 \div 2 = 35$ (cm²)
직사각형의 넓이와 마름모의 넓이가 같으므로
직사각형의 세로를 □ cm라고 하면
$35 =$ (직사각형의 가로)$\times$ (직사각형의 세로)
$= 4 \times$ □이고 □$= 8.75$입니다.
직사각형의 둘레는 ((가로)$+$(세로))$\times 2$이므로
$(4 + 8.75) \times 2 = 25.5$ (cm)입니다.

학교 시험 만점왕 ❷회   3. 소수의 나눗셈

01 1.21
02 (앞에서부터) 48.4, 24.2, $\dfrac{1}{10}$
03 325, 325, 65, 6.5
04 12.3 kg
05 (1) 24.3 (2) 3.59
06 <
07 2.22 L
08 풀이 참조, 1.45 kg
09 ⓒ, ⓒ
10 풀이 참조, 9.09
11 9.55
12 풀이 참조, 12.24 cm
13 9
14 ⓒ, 0.65
15 6.8 cm
16 1.3
17 0.4 kg
18 ✕
19 ⓒ
20 13.07 cm

01 나누어지는 수가 847에서 8.47로 $\dfrac{1}{100}$배가 되었으므
로 몫도 121의 $\dfrac{1}{100}$인 1.21이 됩니다.

02 나누어지는 수를 $\dfrac{1}{10}$배 하면 48.4가 되고, 몫도 242의

$\dfrac{1}{10}$배인 24.2가 됩니다.

03 $32.5 \div 5 = \dfrac{325}{10} \div 5 = \dfrac{325 \div 5}{10}$

$= \dfrac{65}{10} = 6.5$

04 $49.2 \div 4 = 12.3\,(\text{kg})$

05 (1)
$$\begin{array}{r} 2\,4.3 \\ 4\,)\overline{9\,7.2} \\ \underline{8} \\ 1\,7 \\ \underline{1\,6} \\ 1\,2 \\ \underline{1\,2} \\ 0 \end{array}$$

(2)
$$\begin{array}{r} 3.5\,9 \\ 6\,)\overline{2\,1.5\,4} \\ \underline{1\,8} \\ 3\,5 \\ \underline{3\,0} \\ 5\,4 \\ \underline{5\,4} \\ 0 \end{array}$$

06 $37.92 \div 6 = 6.32$, $45.29 \div 7 = 6.47$

➡ $6.32 < 6.47$

07 정사각형 모양의 벽의 넓이는 $3 \times 3 = 9\,(\text{m}^2)$입니다.
$1\,\text{m}^2$의 벽을 칠하는 데 사용한 페인트는
$19.98 \div 9 = 2.22\,(\text{L})$입니다.

08 ㉘ 상자의 무게를 제외한 책 7권만의 무게는
$10.5 - 0.35 = 10.15\,(\text{kg})$입니다.
책 1권의 무게는 $10.15 \div 7 = 1.45\,(\text{kg})$입니다.

채점 기준	
상자의 무게를 제외한 책 7권만의 무게를 바르게 구한 경우	50 %
책 1권의 무게를 바르게 구한 경우	50 %

09 ㉠ $7.2 \div 6 = 1.2$ ㉡ $16.72 \div 8 = 2.09$
㉢ $21.35 \div 7 = 3.05$ ㉣ $20.16 \div 9 = 2.24$
따라서 소수 첫째 자리에 0이 있는 나눗셈은 ㉡, ㉢입니다.

10
$$\begin{array}{r} 9.0\,9 \\ 4\,)\overline{3\,6.3\,6} \\ \underline{3\,6} \\ 3\,6 \\ \underline{3\,6} \\ 0 \end{array}$$

11 $38.2 \div 4 = 9.55$

12 ㉘ $28.56 \div 7 = 4.08\,(\text{cm})$
색칠한 도막은 7등분한 것 중 3도막이므로
$4.08 \times 3 = 12.24\,(\text{cm})$입니다.

채점 기준	
종이 테이프를 7등분한 도막의 길이를 바르게 구한 경우	50 %
색칠한 도막의 길이를 바르게 구한 경우	50 %

13 $66 \div 8 = 8.25$이므로
$8.25 < \square$를 만족하는 가장 작은 자연수는 9입니다.

14 (나누어지는 수) < (나누는 수)일 때 몫이 1보다 작으므로 몫이 1보다 작은 것은 ㉡이고 몫은 0.65입니다.

15 (마름모의 둘레의 길이)$= 8.5 \times 4 = 34\,(\text{cm})$
정오각형과 마름모의 둘레의 길이가 같으므로 정오각형의 한 변의 길이는 $34 \div 5 = 6.8\,(\text{cm})$입니다.

16 어떤 수를 $\square$라고 하면
$\square \times 4 = 20.8$이므로 $\square = 20.8 \div 4 = 5.2$입니다.
➡ $5.2 \div 4 = 1.3$

17 자두 5봉지의 무게가 $18\,\text{kg}$이므로 1봉지의 무게는
$18 \div 5 = 3.6\,(\text{kg})$입니다. 1봉지에 자두는 9개씩 들어 있으므로 자두 1개의 무게는 $3.6 \div 9 = 0.4\,(\text{kg})$입니다.

18 $21.1 \div 5$ ➡ $21 \div 5$ ➡ 약 4
$44.52 \div 6$ ➡ $45 \div 6$ ➡ 약 7
$40.56 \div 8$ ➡ $41 \div 8$ ➡ 약 5

19 $86.24 \div 7$은 $86 \div 7$로 어림할 수 있으므로
$86.24 \div 7$의 몫은 12.32입니다.

20 삼각뿔의 모서리의 수는 6개이므로 한 모서리의 길이는 $78.42 \div 6 = 13.07\,(\text{cm})$입니다.

01 ⒠ 전체 설탕의 양을 4로 나누면 되므로 $54.52 \div 4$를 계산합니다. 따라서 한 봉지에 담는 설탕의 양은 $54.52 \div 4 = 13.63 \, (\text{kg})$입니다.

채점 기준	
나눗셈식을 바르게 세운 경우	50 %
한 봉지에 몇 kg씩 담아야 하는지 바르게 구한 경우	50 %

02 ⒠ 색 테이프 3개의 길이의 합은 $26 \times 3 = 78 \, (\text{cm})$입니다. 겹쳐진 두 부분의 길이의 합은 $78 - 74.8 = 3.2 \, (\text{cm})$입니다. 따라서 $3.2 \div 2 = 1.6 \, (\text{cm})$씩 겹쳤습니다.

채점 기준	
색 테이프 3개의 길이의 합을 바르게 구한 경우	20 %
겹쳐진 두 부분의 길이의 합을 바르게 구한 경우	20 %
몇 cm씩 겹쳤는지 바르게 구한 경우	60 %

03 ⒠ 어떤 수는 $2.32 \times 7 = 16.24$입니다. 따라서 어떤 수를 4로 나눈 몫은 $16.24 \div 4 = 4.06$입니다.

채점 기준	
어떤 수를 바르게 구한 경우	50 %
어떤 수를 4로 나눈 몫을 바르게 구한 경우	50 %

04 ⒠ 책 15권만의 무게는 $36.95 - 0.5 = 36.45 \, (\text{kg})$이므로 책 1권의 무게는 $36.45 \div 15 = 2.43 \, (\text{kg})$입니다.

채점 기준	
책 15권만의 무게를 바르게 구한 경우	50 %
책 1권의 무게를 바르게 구한 경우	50 %

05 ⒠ 삼각형의 넓이는 $3.6 \times 5.4 \div 2 = 9.72 \, (\text{cm}^2)$입니다. 삼각형과 직사각형의 넓이가 같으므로 직사각형의 넓이는 $9.72 \, \text{cm}^2 = 6 \times$ (직사각형의 세로)입니다. 따라서 (직사각형의 세로)$= 9.72 \div 6 = 1.62 \, (\text{cm})$입니다.

채점 기준	
삼각형의 넓이를 바르게 구한 경우	50 %
직사각형의 세로를 바르게 구한 경우	50 %

06 ⒠ 승호가 하루 동안 마신 물의 양은 $10.8 \div 9 = 1.2 \, (\text{L})$, 아준이가 하루 동안 마신 물의 양은 $5.48 \div 5 = 1.096 \, (\text{L})$입니다. 따라서 하루 동안 마신 물의 양이 더 많은 사람은 승호이고, $1.2 - 1.096 = 0.104 \, (\text{L})$ 더 마셨습니다.

채점 기준	
승호가 하루 동안 마신 물의 양을 바르게 구한 경우	40 %
아준이가 하루 동안 마신 물의 양을 바르게 구한 경우	40 %
누가 얼마나 더 많이 마셨는지 바르게 구한 경우	20 %

07 ⒠ 리본 테이프를 3번 자르면 테이프 도막의 개수는 4개가 됩니다. 리본 테이프를 같은 길이로 4등분 한 것과 같으므로 자른 한 도막의 길이는 $50.68 \div 4 = 12.67 \, (\text{cm})$입니다.

채점 기준	
리본 테이프의 도막 수를 바르게 구한 경우	50 %
리본 테이프의 한 도막 길이를 바르게 구한 경우	50 %

08 ⒠ 밑면의 모양이 삼각형인 기둥은 삼각기둥입니다. 삼각기둥의 모서리는 총 9개이고, 모서리의 길이가 모두 같으므로 한 모서리의 길이는 $76.86 \div 9 = 8.54 \, (\text{cm})$입니다.

채점 기준	
각기둥의 모서리의 수를 바르게 구한 경우	50 %
각기둥의 한 모서리의 길이를 바르게 구한 경우	50 %

09 ⒠ 몫이 가장 클 때의 나눗셈은 나누어지는 수가 가장 크고, 나누는 수가 가장 작아야 하므로 $86.4 \div 2 = 43.2$입니다. 그리고 몫이 가장 작게 될 때의 나눗셈은 나누어지는 수가 가장 작고, 나누는 수가 가장 커야 하므로

24.6÷8＝3.075입니다.

따라서 두 몫의 차는 43.2－3.075＝40.125입니다.

채점 기준

나눗셈의 몫이 가장 크게 될 때의 몫을 바르게 구한 경우	30 %
나눗셈의 몫이 가장 작게 될 때의 몫을 바르게 구한 경우	30 %
두 몫의 차를 바르게 구한 경우	40 %

10 예 연비는 (달린 거리)÷(사용한 연료의 양)입니다.

따라서 자동차의 연비는

㉠ 자동차의 경우 $78.56÷8＝9.82\,(\text{km/L})$,

㉡ 자동차의 경우 $62.4÷6＝10.4\,(\text{km/L})$,

㉢ 자동차의 경우 $35÷4＝8.75\,(\text{km/L})$입니다.

따라서 연비가 가장 좋은 자동차는 ㉡ 자동차입니다.

채점 기준

각 자동차의 연비를 바르게 구한 경우	70 %
연비가 가장 좋은 자동차를 바르게 구한 경우	30 %

4단원 쪽지 시험   35쪽

01 6, 3, 2, 2	**02** (1) 7, 10 (2) 8, 5
03 7, 11	**04** 7, 5
05 $\frac{3}{4}$, 0.75	**06** 90
07 7500	**08** 100, %, 퍼센트
09 (1) 25, 25 (2) 100, 57	**10** 1600원

03 (여학생 수)＝18－11＝7(명)이므로

(여학생 수) : (남학생 수)＝7 : 11입니다.

05 $\frac{3}{4}＝\frac{75}{100}＝0.75$

06 $\frac{270}{3}＝90$

07 $\frac{480000}{64}＝7500$

10 할인 가격은 $2000×\frac{20}{100}＝400$(원)이므로 판매 가격

은 $2000－400＝1600$(원)입니다.

학교 시험 만점왕 ❶회   **4. 비와 비율**

01 예 모둠 수에 따라 캐스터네츠 수는 탬버린 수보다 3, 6, 9, 12개 더 많습니다. / 예 캐스터네츠 수는 탬버린 수의 2배입니다.

02 5 : 9

03 ✕ (선 연결)

04 풀이 참조

05 (1) 7, 6 (2) 6, 7

06 $\frac{2}{5}$, 0.4 / $\frac{1}{4}$, 0.25

07 0.2

08 $\frac{6}{10}\left(＝\frac{3}{5}\right)$, 0.6

09 ㉡

10 992

11 풀이 참조, 가 자동차

12 54 %

13 <

14 서영

15 40 %

16 5 %

17 20 %

18 70 %

19 풀이 참조, 1200원

20 현우

04 예

06 2 : 5 의 비율 ➡ $\frac{2}{5}＝\frac{4}{10}＝0.4$

4에 대한 1의 비의 비율 ➡ $\frac{1}{4}＝\frac{25}{100}＝0.25$

07 가로에 대한 세로의 비 ➡ 6 : 30이므로

비율은 $\frac{6}{30}＝\frac{2}{10}＝0.2$입니다.

08 자두 수에 대한 복숭아 수의 비 ➡ 6 : 10이므로

비율은 $\frac{6}{10}\left(＝\frac{3}{5}\right)＝0.6$입니다.

09 ㉠ 꿀물 양에 대한 꿀 양의 비율

➡ $\frac{50}{200}＝\frac{25}{100}＝0.25$

㉡ 꿀물 양에 대한 꿀 양의 비율 ➡ 0.3

따라서 ㉡ 꿀물이 더 진합니다.

10 (넓이에 대한 인구 수의 비율)

$=\dfrac{(\text{인구 수})}{(\text{넓이})}=\dfrac{19840}{20}=992$

11 예 가 자동차의 걸린 시간에 대한 간 거리의 비율

➡ $\dfrac{180}{2}=90$

나 자동차의 걸린 시간에 대한 간 거리의 비율

➡ $\dfrac{267}{3}=89$

$90>89$이므로 가 자동차가 더 빠릅니다.

채점 기준	
가 자동차의 걸린 시간에 대한 간 거리의 비율을 바르게 구한 경우	40 %
나 자동차의 걸린 시간에 대한 간 거리의 비율을 바르게 구한 경우	40 %
더 빠른 자동차를 바르게 구한 경우	20 %

12 전체 50칸 중 27칸이 색칠되어 있으므로

$\dfrac{27}{50}\times100=54\,(\%)$입니다.

13 $\dfrac{12}{30}\times100=40\,(\%)$이므로 $35\%<\dfrac{12}{30}$입니다.

14 민우의 설탕물 양에 대한 설탕 양의 비율:

$\dfrac{50}{250}\times100=20\,(\%)$

서영이의 설탕물 양에 대한 설탕 양의 비율:

$\dfrac{70}{280}\times100=25\,(\%)$

$20<25$이므로 서영이의 설탕물이 더 진합니다.

15 (전체 공 수)$=20+15+15=50$(개)

(전체 공 수에 대한 배구공 수의 비율)

$=\dfrac{20}{50}\times100=40\,(\%)$

16 (구매 금액에 대한 포인트 적립 비율)

$=\dfrac{750}{15000}\times100=5\,(\%)$

17 (할인 금액)$=8000-6400=1600$(원)

(할인율)$=\dfrac{1600}{8000}\times100=20\,(\%)$

18 (안경을 쓰지 않은 학생 수)$=30-9=21$(명)

(전체 학생 수에 대한 안경을 쓰지 않은 학생 수의 비율)

$=\dfrac{21}{30}\times100=70\,(\%)$

19 예 (구매 금액에 대한 적립 금액의 비율)

$=\dfrac{700}{7000}\times100=10\,(\%)$

(빵 구매 금액이 12000원일 때 구매 금액에 대한 적립 금액(□)의 비율)

$=\dfrac{\square}{12000}\times100=10\,(\%)$

$\dfrac{\square}{12000}=\dfrac{10}{100}=\dfrac{1}{10}$이므로

$\dfrac{\square}{12000}=\dfrac{1\times1200}{10\times1200}=\dfrac{1200}{12000}$입니다.

따라서 적립 금액은 1200원입니다.

채점 기준	
구매 금액에 대한 적립 금액의 비율을 바르게 구한 경우	50 %
같은 비율일 때 12000원에 대한 적립 금액을 바르게 구한 경우	50 %

20 (혜연이의 득표율)$=\dfrac{18}{30}\times100=60\,(\%)$

(현우의 득표율)$=\dfrac{20}{32}\times100=62.5\,(\%)$

(유진이의 득표율)$=52\,\%$

따라서 득표율이 가장 높은 사람은 현우입니다.

39~41쪽

학교 시험 만점왕 ❷회   4. 비와 비율

01 12, 16

02 예 동화책 수는 가방 수의 4배입니다.

03 풀이 참조   04 ×, ○, ○

05 ㉡, ㉢   06 12 : 15

07 $\dfrac{12}{27}\left(=\dfrac{4}{9}\right)$ 08 ②, ④

09 ㉡   10 (1) 0.8 (2) 0.75

11 $\dfrac{20}{100}\left(=\dfrac{1}{5}=0.2\right)$, $\dfrac{30}{120}\left(=\dfrac{1}{4}=0.25\right)$

12 ㉡   13 ✕ ⎯

14 풀이 참조　　　　　15 ㉠, ㉡, ㉢

16 풀이 참조, 30　　　17 바지

18 36 %　　　　　　　19 풀이 참조, 25 %

20 120 cm^2

03 예

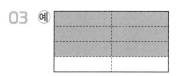

04 17 : 23

➡ ┌ 17 대 23
　├ 17과 23의 비
　├ 23에 대한 17의 비
　└ 17의 23에 대한 비

05 ㉠ 3 대 5 ➡ 3 : 5

㉡ 11과 4의 비 ➡ 11 : 4

㉢ 6에 대한 7의 비 ➡ 7 : 6

㉣ 2의 9에 대한 비 ➡ 2 : 9

비교하는 양이 기준량보다 큰 것은 ㉡, ㉢입니다.

06 (여학생 수) : (남학생 수) = 12 : 15

07 (도훈이네 반 전체 학생 수) = 12 + 15 = 27(명)이므로
도훈이네 반 전체 학생 수에 대한 여학생 수의 비율은
$\dfrac{12}{27}\left(=\dfrac{4}{9}\right)$입니다.

08 6의 8에 대한 비의 비율은 $\dfrac{6}{8}\left(=\dfrac{3}{4}=0.75\right)$입니다.

09 20에 대한 8의 비 ➡ 8 : 20 ➡ $\dfrac{8}{20}=0.4$

㉠ 기준량은 20이고, 비교하는 양은 8입니다.

㉡ 비율을 소수로 나타내면 0.4입니다.

10 (1) 5에 대한 4의 비 ➡ $\dfrac{4}{5}=\dfrac{8}{10}=0.8$

(2) 3 대 4 ➡ $\dfrac{3}{4}=\dfrac{75}{100}=0.75$

11 ㉠의 비율 ➡ $\dfrac{20}{100}\left(=\dfrac{1}{5}=0.2\right)$

㉡의 비율 ➡ $\dfrac{30}{120}\left(=\dfrac{1}{4}=0.25\right)$

12 $\dfrac{1}{4}>\dfrac{1}{5}$이므로 ㉡이 더 진합니다.

13 5에 대한 2의 비 ➡ 2 : 5 ➡ $\dfrac{2}{5}=0.4$
　　　　　　　➡ 0.4 × 100 = 40 (%)

7과 20의 비 ➡ 7 : 20 ➡ $\dfrac{7}{20}=0.35$
　　　　　　➡ 0.35 × 100 = 35 (%)

14 예

15 ㉠ $\dfrac{4}{25}=\dfrac{16}{100}=16\,\%$

㉡ $0.25=\dfrac{25}{100}=25\,\%$

㉢ 40 %

비율이 작은 것부터 기호를 쓰면 ㉠, ㉡, ㉢입니다.

16 예 (마트에 있는 전체 우유 수)
　= 25 + 10 + 15 = 50(개)

전체 우유 수에 대한 초코 우유 수의 비율:
$\dfrac{25}{50}\times100=50\,(\%)$

전체 우유 수에 대한 딸기 우유 수의 비율:
$\dfrac{10}{50}\times100=20\,(\%)$

따라서 ㉠ = 50, ㉡ = 20이므로 ㉠ − ㉡ = 30입니다.

채점 기준

전체 우유 수에 대한 초코 우유 수의 백분율을 바르게 구한 경우	40 %
전체 우유 수에 대한 딸기 우유 수의 백분율을 바르게 구한 경우	40 %
㉠과 ㉡의 차를 바르게 구한 경우	20 %

17 (모자의 할인 금액) = 20000 − 17000 = 3000(원)

(모자의 할인율) = $\dfrac{3000}{20000}\times100=15\,(\%)$

(바지의 할인 금액) = 32000 − 25600 = 6400(원)

(바지의 할인율)$=\dfrac{6400}{32000}\times100=20\,(\%)$

따라서 바지의 할인율이 더 높습니다.

18 (농구를 좋아하는 남학생 수)$=15\times\dfrac{60}{100}=9\,(명)$

(전체 학생 수에 대한 농구를 좋아하는 남학생 수의 백분율)$=\dfrac{9}{25}\times100=36\,(\%)$

19 예 (지난달 음료수 1개의 가격)$=4000\div5=800\,(원)$

(이번 달 음료수 1개의 가격)$=3000\div3=1000\,(원)$

이번 달 음료수 1개의 가격은 지난달 가격보다

$1000-800=200\,(원)$ 올랐으므로

$\dfrac{200}{800}\times100=25\,(\%)$ 올랐습니다.

채점 기준

지난달 음료수 1개의 가격을 바르게 구한 경우	20 %
이번 달 음료수 1개의 가격을 바르게 구한 경우	20 %
지난달 금액을 기준으로 음료수 가격의 인상률을 바르게 구한 경우	60 %

20 삼각형의 높이를 □cm라고 하면

(밑변의 길이에 대한 높이의 비율)$=\dfrac{3}{5}=\dfrac{□}{20}$입니다.

$\dfrac{3\times4}{5\times4}=\dfrac{□}{20}$이므로 $□=3\times4=12$입니다.

따라서 삼각형의 넓이는 $20\times12\div2=120\,(\mathrm{cm}^2)$입니다.

4단원 서술형·논술형 평가 *42~43쪽*

01 풀이 참조, 4 : 7 02 풀이 참조, 0.5

03 풀이 참조, 45 cm 04 풀이 참조, B 마을

05 풀이 참조, $\dfrac{7}{20}$, 39 %, $\dfrac{2}{5}$, 0.42

06 풀이 참조, A 가게 07 풀이 참조, 5 %

08 풀이 참조, 25 % 09 풀이 참조, 1반

10 풀이 참조, 최고 은행

---

01 예 혈액형이 AB형인 학생은 $21-7-5-5=4\,(명)$입니다. 따라서 혈액형이 A형인 학생 수에 대한 AB

형인 학생 수의 비는 4 : 7입니다.

채점 기준

AB형인 학생 수를 바르게 구한 경우	50 %
비를 바르게 구한 경우	50 %

02 예 마름모의 둘레의 길이는 $12\times4=48\,(\mathrm{cm})$이고, 정삼각형의 둘레의 길이는 $8\times3=24\,(\mathrm{cm})$입니다. 따라서 마름모의 둘레의 길이에 대한 정삼각형의 둘레의 길이의 비율은 $\dfrac{24}{48}=\dfrac{1}{2}=0.5$입니다.

채점 기준

마름모의 둘레의 길이를 바르게 구한 경우	20 %
정삼각형의 둘레의 길이를 바르게 구한 경우	20 %
비율을 소수로 바르게 구한 경우	60 %

03 예 액자의 세로를 □cm라고 하면 가로에 대한 세로의 비율은 $\dfrac{3}{4}=\dfrac{□}{60}$입니다.

$\dfrac{3\times15}{4\times15}=\dfrac{□}{60}$이므로 $□=3\times15=45\,(\mathrm{cm})$입니다.

채점 기준

액자의 가로에 대한 세로의 비율을 구하는 식을 바르게 세운 경우	50 %
액자의 세로를 바르게 구한 경우	50 %

04 예 넓이에 대한 인구 수의 비율을 각 마을별로 구해 보면

A 마을 ➡ $\dfrac{30000}{12}=2500$

B 마을 ➡ $\dfrac{45900}{17}=2700$

C 마을 ➡ $\dfrac{35250}{15}=2350$이므로

인구가 가장 밀집한 지역은 B 마을입니다.

채점 기준

A 마을의 넓이에 대한 인구 수의 비율을 바르게 구한 경우	30 %
B 마을의 넓이에 대한 인구 수의 비율을 바르게 구한 경우	30 %
C 마을의 넓이에 대한 인구 수의 비율을 바르게 구한 경우	30 %
인구가 가장 밀집한 지역을 바르게 구한 경우	10 %

05 예 $\dfrac{7}{20}=\dfrac{35}{100}=35\,\%$

$0.42=\dfrac{42}{100}=42\,\%$

$\dfrac{2}{5}=\dfrac{40}{100}=40\,\%$이므로 비율이 작은 것부터 차례

로 쓰면 $\dfrac{7}{20}$, 39 %, $\dfrac{2}{5}$, 0.42입니다.

06 예 A 가게의 할인율: 15 %

B 가게의 할인율: $\dfrac{2400}{20000}\times100=12\,(\%)$이므로

A 가게의 할인율이 더 높습니다.

07 예 구입 금액에 대한 적립금의 비율은

$\dfrac{1500}{30000}=\dfrac{5}{100}=5\,\%$입니다.

08 예 (새로 만든 꿀물 양)

$=180+35+25=240\,(mL)$

(새로 만든 꿀물의 꿀 양)$=35+25=60\,(mL)$이므로

(새로 만든 꿀물 양에 대한 꿀 양의 백분율)

$=\dfrac{60}{240}\times100=25\,(\%)$입니다.

09 예 학급 전체 학생 수에 대한 찬성하는 학생 수의 비율을 각 반별로 구해 보면

1반 ➡ $\dfrac{15}{25}=\dfrac{3}{5}=\dfrac{6}{10}$

2반 ➡ $\dfrac{14}{28}=\dfrac{1}{2}=\dfrac{5}{10}$

3반 ➡ $\dfrac{12}{30}=\dfrac{4}{10}$입니다.

따라서 찬성률이 가장 높은 반은 1반입니다.

10 예 예금한 돈에 대한 이자의 비율을 각 은행별로 구해 보면

으뜸 은행 ➡ $\dfrac{960}{32000}=\dfrac{3}{100}$

최고 은행 ➡ $\dfrac{720}{18000}=\dfrac{4}{100}$이므로 최고 은행의 이

자율이 더 높습니다.

5단원 **쪽지 시험** 45쪽

01 나	02 280 kg
03 나, 가, 다	04 35 %
05 3배	06 35명
07 AB형	08 A형, B형, O형, AB형
09 96명	10 ㉢, ㉡, ㉠, ㉣

02 ⬭이 2개, ⬬이 8개이므로 280 kg입니다.

03 가 농장은 350 kg, 나 농장은 510 kg, 다 농장은 280 kg이므로 생산량이 많은 순서대로 쓰면 나, 가,

다입니다.

05 국어를 좋아하는 학생 수는 30 %, 사회를 좋아하는 학생 수는 10 %이므로 30÷10=3(배)입니다.

06 $140 \times \frac{25}{100} = 35$(명)

08 백분율이 높으면 학생 수가 많습니다. 백분율이 높은 순서대로 혈액형을 쓰면 A형, B형, O형, AB형입니다.

09 A형인 학생 수는 AB형인 학생 수의 4배이므로 24×4=96(명)입니다.

학교 시험 만점왕 ❶회 5. 여러 가지 그래프

01 100 kg, 10 kg
02 플라스틱류
03 90 kg
04 3100, 2700, 4000, 2400
05 풀이 참조
06 라
07 ㉠, ㉢
08 24 %
09 280명
10 ㉠, ㉢
11 태국
12 40 %
13 4배
14 풀이 참조, 325명
15 84, 35, 30
16 풀이 참조
17 2배
18 풀이 참조, 7 cm, 4 cm
19 60, 200 / 40, 15, 30
20 풀이 참조

02 종이류는 320 kg, 병류는 330 kg, 캔류는 240 kg, 플라스틱류는 500 kg이므로 가장 많이 배출한 재활용품은 플라스틱류입니다.

03 330−240=90(kg)

05

도시	버스 수
가	🚌🚌🚌🚌
나	🚌🚌🚌🚌🚌🚌
다	🚌🚌🚌🚌
라	🚌🚌🚌🚌🚌🚌

🚌1000대 🚌100대

07 ㉢ 두 번째로 많은 외국인이 좋아하는 음식은 불고기입니다.

09 비빔밥을 좋아하는 외국인 수는 치킨을 좋아하는 외국인 수의 $\frac{1}{2}$입니다. 따라서 $560 \times \frac{1}{2} = 280$(명)입니다.

10 ㉢ 키의 변화를 나타내기에 알맞은 그래프는 꺾은선그래프입니다.

11 필리핀과 태국은 15 %로 백분율이 같습니다.

12 100−20−15−15−10=40(%)

13 중국에 가고 싶어 하는 학생 수는 전체의 40 %이고, 베트남에 가고 싶어 하는 학생 수는 전체의 10 %이므로 중국에 가고 싶어 하는 학생 수는 베트남에 가고 싶어 하는 학생 수의 40÷10=4(배)입니다.

14 ㉠ 일본에 가고 싶어 하는 학생 수의 백분율은 20 %이므로 전체 학생 수는 일본에 가고 싶어 하는 학생 수의 5배입니다.
따라서 전체 학생 수는 65×5=325(명)입니다.

채점 기준	
전체 학생 수가 일본에 가고 싶어 하는 학생 수의 몇 배인지 바르게 구한 경우	50 %
전체 학생 수를 바르게 구한 경우	50 %

15 ㉠ 420−147−126−63=84(명)
   ㉢ $\frac{147}{420} \times 100 = 35$(%)
   ㉢ $\frac{126}{420} \times 100 = 30$(%)

16
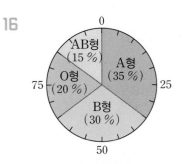

17 B형인 학생 수는 전체의 30 %, AB형인 학생 수는 전체의 15 %이므로 B형인 학생 수는 AB형인 학생 수의 2배입니다.

18 예 전체 띠의 길이에 각각의 비율을 곱하면

A형: $20 \times \dfrac{35}{100} = 7\,(\text{cm})$

O형: $20 \times \dfrac{20}{100} = 4\,(\text{cm})$입니다.

채점 기준	
A형인 학생 수의 비율은 몇 cm로 나타내야 하는지 바르게 구한 경우	50 %
O형인 학생 수의 비율은 몇 cm로 나타내야 하는지 바르게 구한 경우	50 %

19 여름: $\dfrac{80}{200} \times 100 = 40\,(\%)$

가을: $\dfrac{30}{200} \times 100 = 15\,(\%)$

겨울: $\dfrac{60}{200} \times 100 = 30\,(\%)$

20

0 10 20 30 40 50 60 70 80 90 100 (%)			
봄 (15 %)	여름 (40 %)	가을 (15 %)	겨울 (30 %)

49~51쪽

학교 시험 만점왕 ②회   5. 여러 가지 그래프

01 340000, 330000, 400000

02 풀이 참조   03 (1) ○ (2) × (3) ○

04 250회   05 목요일

06 목, 화, 수, 월   07 띠그래프

08 20 %   09 2배

10 18 %   11 파

12 풀이 참조, 16 m²   13 ㉠, ㉣, ㉢, ㉡

14 20000원   15 20000 / 40, 25, 20, 10, 5

16 풀이 참조   17 40명

18 25 %, 10명   19 ㉠, ㉢

20 풀이 참조

02

가	나	다

🟦 10만 kg 🟩 1만 kg

03 (2) 쌀 생산량이 가장 많은 마을은 다 마을입니다.

04 $1100 - 230 - 300 - 320 = 250$(회)

06 월요일은 230회, 화요일은 300회, 수요일은 250회, 목요일은 320회이므로 횟수가 많은 요일부터 순서대로 쓰면 목요일, 화요일, 수요일, 월요일입니다.

08 $100 - 42 - 21 - 14 - 3 = 20\,(\%)$

09 수영을 하고 싶은 학생 수는 전체의 42 %, 캠핑을 하고 싶은 학생 수는 전체의 21 %이므로 수영을 하고 싶은 학생 수는 캠핑을 하고 싶은 학생 수의
$42 \div 21 = 2$(배)입니다.

10 $100 - 28 - 15 - 20 - 10 - 5 - 4 = 18\,(\%)$

11 백분율이 10 %인 것은 파입니다.

12 예 전체 텃밭의 넓이가 200 m²이므로 전체 넓이에 상추와 호박이 차지하는 비율을 곱하여 각각의 넓이를 구할 수 있습니다.

상추: $200 \times \dfrac{28}{100} = 56\,(\text{m}^2)$

호박: $200 \times \dfrac{20}{100} = 40\,(\text{m}^2)$

두 텃밭의 넓이의 차를 구하면
$56 - 40 = 16\,(\text{m}^2)$입니다.

채점 기준	
상추가 차지하는 텃밭의 넓이를 바르게 구한 경우	40 %
호박이 차지하는 텃밭의 넓이를 바르게 구한 경우	40 %
두 텃밭의 넓이의 차를 바르게 구한 경우	20 %

14 $8000 + 5000 + 4000 + 2000 + 1000 = 20000$(원)

15 학용품: $\dfrac{8000}{20000} \times 100 = 40\,(\%)$

저금: $\dfrac{5000}{20000} \times 100 = 25\,(\%)$

간식: $\dfrac{4000}{20000} \times 100 = 20\,(\%)$

교통비: $\dfrac{2000}{20000} \times 100 = 10\,(\%)$

기타: $\dfrac{1000}{20000} \times 100 = 5\,(\%)$

16

```
0  10  20  30  40  50  60  70  80  90  100 (%)
학용품          저금        간식              기타
(40 %)        (25 %)     (20 %)           (5 %)
                                교통비
                                (10 %)
```

17 햄스터가 차지하는 비율이 20 %이므로 전체 학생 수는 햄스터를 기르는 학생 수의 5배인 $8 \times 5 = 40$(명)입니다.

18 고양이 또는 앵무새를 기르는 학생 수의 비율은 $100 - 30 - 20 = 50$(%)입니다. 고양이를 키우는 학생 수와 앵무새를 키우는 학생 수가 같으므로 백분율도 $50 \div 2 = 25$(%)로 같습니다. 따라서 고양이를 키우는 학생 수는 $40 \times \dfrac{25}{100} = 10$(명)입니다.

19 ㉡ 토마토 키의 변화나 ㉣ 월별 평균 줄넘기 횟수를 나타내기에 알맞은 그래프는 꺾은선그래프입니다.

20 예 [내용1] 가 제품과 나 제품이 차지하는 비율은 점점 늘어납니다.

[내용2] 2022년에 가 제품과 다 제품의 판매량은 같습니다.

채점 기준	
알 수 있는 한 가지 내용을 바르게 쓴 경우	50 %
알 수 있는 또 다른 내용을 바르게 쓴 경우	50 %

5단원 서술형·논술형 평가 52~53쪽

01 풀이 참조, 240 kg **02** 풀이 참조, 230 kg
03 풀이 참조, 220 kg **04** 풀이 참조, 40명
05 풀이 참조, 45 %, 25 %, 20 %
06 풀이 참조 **07** 풀이 참조, 45 %
08 풀이 참조, 204명 **09** 풀이 참조, 포도, 복숭아
10 풀이 참조

01 예 🧅이 2개, 🧅이 4개이므로 240 kg입니다.

채점 기준	
가 마을의 양파 생산량을 바르게 구한 경우	100 %

02 예 가 마을이 240 kg, 나 마을이 180 kg, 다 마을이 400 kg, 전체 생산량이 1050 kg이므로 라 마을의 생산량은 $1050 - 240 - 180 - 400 = 230$ (kg)입니다.

채점 기준	
각 마을의 생산량을 바르게 구한 경우	50 %
라 마을의 생산량을 바르게 구한 경우	50 %

03 예 다 마을의 생산량은 400 kg이고 나 마을의 생산량은 180 kg이므로 두 마을의 생산량의 차는 $400 - 180 = 220$ (kg)입니다.

채점 기준	
두 마을의 양파 생산량의 차를 바르게 구한 경우	100 %

04 예 전체 학생 수가 200명이므로 동물원에 가고 싶은 학생 수는 $200 - 90 - 50 - 20 = 40$(명)입니다.

채점 기준	
동물원에 가고 싶은 학생 수를 구하는 식을 바르게 세운 경우	50 %
동물원에 가고 싶은 학생 수를 바르게 구한 경우	50 %

05 예 전체 학생 수가 200명이므로 놀이공원, 과학관, 동물원에 가고 싶은 학생 수의 백분율을 구하면

놀이공원: $\dfrac{90}{200} \times 100 = 45$ (%)

과학관: $\dfrac{50}{200} \times 100 = 25$ (%)

동물원: $\dfrac{40}{200} \times 100 = 20$ (%)입니다.

채점 기준	
놀이공원에 가고 싶은 학생 수의 백분율을 바르게 구한 경우	30 %
과학관에 가고 싶은 학생 수의 백분율을 바르게 구한 경우	30 %
동물원에 가고 싶은 학생 수의 백분율을 바르게 구한 경우	40 %

06

| 0 | 10 | 20 | 30 | 40 | 50 | 60 | 70 | 80 | 90 | 100 (%) |

| 놀이공원 (45 %) | 과학관 (25 %) | 동물원 (20 %) | 기타 (10 %) |

채점 기준

각 항목이 차지하는 백분율의 크기만큼 선을 그어 띠를 바르게 나눈 경우	50 %
나눈 부분에 각 항목의 내용과 백분율을 바르게 쓴 경우	50 %

07 ㉔ 백분율의 합은 100 %이므로 휴대전화 사용 시간이 2시간 이상 3시간 미만인 학생의 백분율은 $100 - 4 - 17 - 27 - 7 = 45\,(\%)$입니다.

채점 기준

해당 항목의 백분율을 구하는 식을 바르게 세운 경우	30 %
해당 항목의 백분율을 바르게 구한 경우	70 %

08 ㉔ 휴대전화 사용 시간이 3시간 이상인 학생 수의 백분율은 $27 + 7 = 34\,(\%)$입니다. 전체 학생은 600명이므로 휴대전화 사용 시간이 3시간 이상인 학생은 $600 \times \dfrac{34}{100} = 204$(명)입니다.

채점 기준

휴대전화 사용 시간이 3시간 이상인 학생 수의 백분율을 바르게 구한 경우	30 %
휴대전화 사용 시간이 3시간 이상인 학생 수를 바르게 구한 경우	70 %

09 ㉔ 2010년에 비해 2020년이 차지하는 비율이 늘어난 과일은 포도($23\% \rightarrow 30\,\%$)와 복숭아($20\,\% \rightarrow 26\,\%$)입니다.

채점 기준

2010년과 2020년 과일이 차지하는 비율을 바르게 비교한 경우	50 %
차지하는 비율이 늘어난 과일을 모두 바르게 찾은 경우	50 %

10 ㉔ [내용1] 2020년에 수박이 차지하는 비율은 2010년에 비해 낮아졌습니다.

[내용2] 2020년에 포도가 차지하는 비율은 2010년에 비해 높아졌습니다.

채점 기준

알 수 있는 한 가지 내용을 바르게 쓴 경우	50 %
알 수 있는 또 다른 내용을 바르게 쓴 경우	50 %

6단원 쪽지 시험   55쪽

01 가	02 $16\,cm^3$
03 cm^3, m^3	04 $56\,cm^3$
05 $64\,cm^3$	06 1000000
07 $27\,m^3$	08 >
09 2, 4, 2, 3, 52	10 $24\,cm^2$

01 두 직육면체의 가로와 세로가 같으므로 높이가 더 긴 가의 부피가 더 큽니다.

02 쌓기나무의 수는 $4 \times 2 \times 2 = 16$(개)이므로 직육면체의 부피는 $16\,cm^3$입니다.

04 (직육면체의 부피)=(가로)×(세로)×(높이)
$$= 7 \times 4 \times 2 = 56\,(cm^3)$$

05 (정육면체의 부피)
=(한 모서리의 길이)×(한 모서리의 길이)
　×(한 모서리의 길이)
$$= 4 \times 4 \times 4 = 64\,(cm^3)$$

07 (정육면체의 부피)
=(한 모서리의 길이)×(한 모서리의 길이)
　×(한 모서리의 길이)
$$= 3 \times 3 \times 3 = 27\,(m^3)$$

08 $30000000\,cm^3 = 30\,m^3$이므로
$30000000\,cm^3 > 3\,m^3$입니다.

10 (정육면체의 겉넓이)=(한 면의 넓이)×6
$$= (2 \times 2) \times 6 = 24\,(cm^2)$$

학교 시험 만점왕 ❶회　　**6. 직육면체의 부피와 겉넓이**

01 ⑤	02 27개, 16개
03 >	04 40 cm³
05 144 m³	06 6, 6, 6, 216
07 (1) 3700000 (2) 0.5	08 750 cm³
09 12, 18, 2, 108(또는 18, 12, 2, 108)	
10 ⓒ, ㉠, ⓒ	
11 342 cm²	12 1728 cm³
13 64 cm³	14 풀이 참조, 6 cm
15 214 cm²	16 1.08 m³
17 190 cm²	18 풀이 참조, 12 cm³
19 343 cm³	20 80 cm²

02 가의 쌓기나무의 수는 $3 \times 3 \times 3 = 27$(개)이고 나의 쌓기나무의 수는 $4 \times 2 \times 2 = 16$(개)입니다.

03 가의 쌓기나무의 수는 27개이고 나의 쌓기나무의 수는 16개이므로 (가의 부피) > (나의 부피)입니다.

04 쌓기나무의 수는 $4 \times 2 \times 5 = 40$(개)입니다. 쌓기나무 1개의 부피가 1 cm^3이므로 직육면체의 부피는 40 cm^3입니다.

05 (직육면체의 부피) = (가로) × (세로) × (높이)
　　　　　　　　$= 8 \times 3 \times 6 = 144 \text{ (m}^3)$

08 (직육면체의 부피) = (가로) × (세로) × (높이)
　　　　　　　　$= 10 \times 15 \times 5 = 750 \text{ (cm}^3)$

10 ㉠ $2 \times 2 \times 2 = 8 \text{ (m}^3)$
　　ⓒ $2.7 \times 3 = 8.1 \text{ (m}^3)$
　　ⓒ $900000 \text{ cm}^3 = 0.9 \text{ m}^3$

11 (직육면체의 겉넓이)
　　$= (3 \times 9 + 9 \times 8 + 3 \times 8) \times 2 = 246 \text{ (cm}^2)$
　　(정육면체의 겉넓이) = $(4 \times 4) \times 6 = 96 \text{ (cm}^2)$
　　(직육면체의 겉넓이) + (정육면체의 겉넓이)
　　$= 246 + 96 = 342 \text{ (cm}^2)$

12 만들 수 있는 가장 큰 정육면체의 한 모서리의 길이는 직육면체의 가장 짧은 모서리의 길이인 12 cm입니다. 따라서 정육면체의 부피는
$12 \times 12 \times 12 = 1728 \text{ (cm}^3)$입니다.

13 정육면체의 모서리의 수는 12개이고 모서리의 길이가 모두 같으므로 한 모서리의 길이는
$48 \div 12 = 4 \text{ (cm)}$입니다. 따라서 정육면체의 부피는
$4 \times 4 \times 4 = 64 \text{ (cm}^3)$입니다.

14 예 직육면체의 겉넓이는 (한 밑면의 넓이) × 2 + (옆면의 넓이)로 구할 수 있습니다. 직육면체의 높이를 □cm라 하면 $(4 \times 7) \times 2 + (4 + 7 + 4 + 7) \times □ = 188$입니다. 따라서 □ = 6입니다.

채점 기준

직육면체의 겉넓이를 구하는 식을 바르게 세운 경우	50 %
직육면체의 높이를 바르게 구한 경우	50 %

15 세로를 □ cm라 하면 $7 \times □ = 35$이므로 □ = 5입니다.
(직육면체의 겉넓이)
= (한 꼭짓점에서 만나는 세 면의 넓이의 합) × 2
$= (7 \times 5 + 5 \times 6 + 7 \times 6) \times 2$
$= (35 + 30 + 42) \times 2 = 214 \text{ (cm}^2)$입니다.

16 상자의 가로, 세로, 높이를 m로 나타내면 각각 0.8m, 1.5 m, 0.9 m입니다.
직육면체의 부피는 (가로) × (세로) × (높이)이므로
상자의 부피는 $0.8 \times 1.5 \times 0.9 = 1.08 \text{ (m}^3)$입니다.

17 직육면체의 가로, 세로, 높이는 각각 5 cm, 5 cm, 7 cm입니다. 따라서 직육면체의 겉넓이를 구해 보면
(직육면체의 겉넓이)
= (한 꼭짓점에서 만나는 세 면의 넓이의 합) × 2
$= (5 \times 5 + 5 \times 7 + 5 \times 7) \times 2$
$= (25 + 35 + 35) \times 2 = 190 \text{ (cm}^2)$입니다.

18 예 가의 쌓기나무의 수는 $4 \times 3 \times 7 = 84$(개)입니다. 쌓기나무 1개의 부피가 1 cm^3이므로 가의 부피는

84 cm^3입니다.

나의 쌓기나무의 수는 $3 \times 2 \times 2 = 12$(개)입니다.

쌓기나무 1개의 부피가 8 cm^3이므로 나의 부피는 $8 \times 12 = 96 \,(\text{cm}^3)$입니다.

따라서 두 직육면체 부피의 차는 $96 - 84 = 12 \,(\text{cm}^3)$입니다.

채점 기준

직육면체 가의 부피를 바르게 구한 경우	40 %
직육면체 나의 부피를 바르게 구한 경우	40 %
두 직육면체의 부피의 차를 바르게 구한 경우	20 %

19 정육면체의 한 면의 넓이는 $294 \div 6 = 49 \,(\text{cm}^2)$이므로 한 모서리의 길이는 7 cm입니다. 정육면체의 부피는 $7 \times 7 \times 7 = 343 \,(\text{cm}^3)$입니다.

20 겉넓이가 가장 작게 되도록 두 직육면체를 붙이려면 가장 넓은 면끼리 붙여야 합니다. 가로 3 cm, 세로 4 cm인 면을 서로 맞닿게 붙이면 가로 3 cm, 세로 4 cm, 높이 4 cm인 직육면체가 됩니다. 이 직육면체의 겉넓이는 $(3 \times 4 + 4 \times 4 + 3 \times 4) \times 2 = 80 \,(\text{cm}^2)$입니다.

59~61쪽

학교 시험 만점왕 ❷회　6. 직육면체의 부피와 겉넓이

01 나, 가, 다	**02** 40개, 36개
03 나	**04** 가, 10
05 3, 4, 96	**06** 520 cm^3
07 9, 9, 6, 486	**08** 150 cm^2
09 1530 cm^3	**10** 6 cm
11 1.8 m^3	**12** 3 m^3, 2.4 m^3
13 침대	**14** 729 cm^3
15 풀이 참조, 1.2 m^3	**16** 600 cm^2
17 9 cm	**18** ⓒ, ⓔ, ⓖ
19 100개	**20** 풀이 참조, 2 cm^2

01 가와 나는 세로와 높이가 같지만 나의 가로가 더 길고, 나와 다는 세로가 같지만 나의 가로와 높이가 더 깁니

다. 따라서 나의 부피가 가장 큽니다. 가와 다는 가로와 세로가 같지만 가의 높이가 더 깁니다. 따라서 다보다 가의 부피가 더 큽니다.

02 가에 담을 수 있는 쌓기나무의 수는 $5 \times 2 \times 4 = 40$(개)이고, 나에 담을 수 있는 쌓기나무의 수는 $4 \times 3 \times 3 = 36$(개)입니다.

03 $40 > 36$이므로 나의 부피가 더 작습니다.

04 가의 부피는 $4 \times 5 \times 5 = 100 \,(\text{cm}^3)$이고, 나의 부피는 $6 \times 3 \times 5 = 90 \,(\text{cm}^3)$입니다. 따라서 가의 부피가 나의 부피보다 10 cm^3만큼 더 큽니다.

06 (직육면체의 부피)=(가로)×(세로)×(높이)이므로 $13 \times 10 \times 4 = 520 \,(\text{cm}^3)$입니다.

08 정육면체의 모서리의 수는 12개이고 길이가 모두 같으므로 한 모서리의 길이는 $60 \div 12 = 5 \,(\text{cm})$입니다. (정육면체의 겉넓이)=(한 면의 넓이)×6이므로 $(5 \times 5) \times 6 = 150 \,(\text{cm}^2)$입니다.

09 (두부의 부피)=(가로)×(세로)×(높이)이므로 $15 \times 17 \times 6 = 1530 \,(\text{cm}^3)$입니다.

10 정육면체의 부피는 $12 \times 12 \times 12 = 1728 \,(\text{cm}^3)$입니다. 직육면체의 높이를 $\square$ cm라 하면 $18 \times 16 \times \square = 1728$이므로 $\square = 6$입니다.

11 직육면체의 가로, 세로, 높이를 m로 나타내면 각각 1.5 m, 0.6 m, 2 m입니다. (직육면체의 부피)=(가로)×(세로)×(높이)이므로 $1.5 \times 0.6 \times 2 = 1.8 \,(\text{m}^3)$입니다.

12 $1000000 \text{ cm}^3 = 1 \text{ m}^3$이므로 $3000000 \text{ cm}^3 = 3 \text{ m}^3$이고 $2400000 \text{ cm}^3 = 2.4 \text{ m}^3$입니다.

14 정육면체의 세 모서리의 길이의 합이 27 cm이므로 한 모서리의 길이는 $27 \div 3 = 9 \,(\text{cm})$입니다. 따라서 상자의 부피는 $9 \times 9 \times 9 = 729 \,(\text{cm}^3)$입니다.

15 ⓔ 벽돌 1개의 부피는 $20 \times 10 \times 5 = 1000 \,(\text{cm}^3)$입

니다. 벽돌 더미의 벽돌의 개수는

$15 \times 8 \times 10 = 1200$(개)입니다.

따라서 벽돌 더미의 부피는

$1000 \times 1200 = 1200000\,(cm^3)$입니다.

$1000000\,cm^3 = 1\,m^3$이므로

$1200000\,cm^3 = 1.2\,m^3$입니다.

16 케이크를 2조각으로 자르면 자른 면의 넓이만큼 겉넓이가 늘어납니다.

따라서 $(20 \times 15) \times 2 = 600\,(cm^2)$ 더 늘어났습니다.

17 나의 부피는 $6 \times 6 \times 6 = 216\,(cm^3)$입니다.

가의 높이를 □ cm라 하면 $12 \times 2 \times □ = 216$이므로
□=9입니다.

18 ㉠ $72 \times 2 + 204 = 348\,(cm^2)$

㉡ 밑면의 한 변의 길이는 9 cm입니다.

$81 \times 2 + (9+9+9+9) \times 7 = 414\,(cm^2)$

㉢ $(8 \times 8) \times 6 = 384\,(cm^2)$

19 4, 5, 4의 최소공배수는 20이므로 만들 수 있는 가장 작은 정육면체는 한 모서리의 길이가 20 cm인 정육면체입니다. 따라서 직육면체 모양의 상자를 가로에 5개, 세로에 4개, 높이로 5층을 쌓아야 하므로
필요한 상자의 수는 $5 \times 4 \times 5 = 100$(개)입니다.

20 ⓔ 두 직육면체의 옆면의 넓이가 같으므로 직육면체 나의 밑면의 둘레는 $6+4+6+4 = 20\,(cm)$입니다. 직육면체 나의 밑면의 모양이 정사각형이므로 한 변의 길이가 $20 \div 4 = 5\,(cm)$입니다. 두 직육면체의 옆면의 넓이가 같으므로 겉넓이의 차는 두 밑면의 넓이의 차와 같습니다.

가의 두 밑면의 넓이는

$(6 \times 4) \times 2 = 48\,(cm^2)$이고,

나의 두 밑면의 넓이는

$(5 \times 5) \times 2 = 50\,(cm^2)$입니다.

따라서 두 직육면체의 겉넓이의 차는

$50 - 48 = 2\,(cm^2)$입니다.

6단원 서술형·논술형 평가 62~63쪽

01 풀이 참조, 가와 나

02 풀이 참조, 연필꽂이, $40\,cm^3$

03 풀이 참조, 5 cm   04 풀이 참조, $216\,cm^3$

05 풀이 참조, $2197\,cm^3$ 06 풀이 참조, $9.6\,m^3$

07 풀이 참조   08 풀이 참조, $384\,cm^2$

09 풀이 참조, $32\,cm^2$ 10 풀이 참조, 140개

01 ⓔ 직접 맞대어 비교하려면 가로, 세로, 높이 중에서 두 종류 이상의 길이가 같아야 합니다. 가와 나는 같은 길이가 한 모서리뿐이므로 직접 맞대어 비교할 수 없습니다.

02 ⓔ 연필꽂이의 부피는 $10 \times 10 \times 10 = 1000\,(cm^3)$이고 필통의 부피는 $20 \times 12 \times 4 = 960\,(cm^3)$입니다.

따라서 연필꽂이의 부피가 $1000 - 960 = 40\,(cm^3)$ 더 큽니다.

03 **예** 높이를 ☐ cm라고 하면 $4 \times 7 \times ☐ = 140$입니다. 따라서 ☐$= 5$입니다.

채점 기준	
☐를 사용하여 식을 바르게 세운 경우	40 %
높이를 바르게 구한 경우	60 %

04 **예** 정육면체의 모서리는 모두 12개이고, 그 길이가 모두 같습니다. 따라서 한 모서리의 길이는 $72 \div 12 = 6$ (cm)입니다. 한 모서리의 길이가 6 cm인 정육면체의 부피는 $6 \times 6 \times 6 = 216$ (cm³)입니다.

채점 기준	
정육면체의 한 모서리의 길이를 바르게 구한 경우	40 %
정육면체의 부피를 바르게 구한 경우	60 %

05 **예** 빵을 잘라 가장 큰 정육면체를 만들려면 한 모서리의 길이를 가장 짧은 모서리의 길이인 13 cm로 해야 합니다. 따라서 가장 큰 정육면체의 부피는 $13 \times 13 \times 13 = 2197$ (cm³)입니다.

채점 기준	
정육면체의 한 모서리의 길이를 바르게 구한 경우	40 %
정육면체의 부피를 바르게 구한 경우	60 %

06 **예** 직육면체의 가로, 세로, 높이를 m로 나타내면 각각 1.5 m, 2 m, 3.2 m입니다.
직육면체의 부피는 $1.5 \times 2 \times 3.2 = 9.6$ (m³)입니다.

채점 기준	
직육면체의 가로, 세로, 높이를 m로 바르게 나타낸 경우	40 %
직육면체의 부피는 몇 m³인지 바르게 구한 경우	60 %

07 **예** **방법 1** (한 꼭짓점에서 만나는 세 면의 넓이의 합)$\times 2$
$= (4 \times 3 + 3 \times 6 + 4 \times 6) \times 2$
$= (12 + 18 + 24) \times 2 = 108$ (cm²)

방법 2 (한 밑면의 넓이)$\times 2 +$(옆면의 넓이)
$= (4 \times 3) \times 2 + (4 + 3 + 4 + 3) \times 6$
$= 12 \times 2 + 14 \times 6 = 24 + 84 = 108$ (cm²)

08 **예** 정육면체의 세 모서리의 길이의 합이 24 cm이므로 한 모서리의 길이는 $24 \div 3 = 8$ (cm)입니다. 정육면체의 겉넓이는 $8 \times 8 \times 6 = 384$ (cm²)입니다.

채점 기준	
정육면체의 한 모서리의 길이를 바르게 구한 경우	40 %
정육면체의 겉넓이를 바르게 구한 경우	60 %

09 **예** 두 직육면체의 옆면의 넓이와 높이가 같으므로 두 직육면체의 밑면의 둘레가 같습니다. 가의 밑면의 둘레는 $12 + 4 + 12 + 4 = 32$ (cm)이므로 나의 밑면의 둘레도 32 cm입니다. 나의 밑면의 모양이 정사각형이므로 밑면의 한 변의 길이는 $32 \div 4 = 8$ (cm)입니다. 두 직육면체의 옆면의 넓이가 같으므로 겉넓이의 차는 두 밑면의 넓이의 차와 같습니다. 가의 두 밑면의 넓이는 $(12 \times 4) \times 2 = 96$ (cm²)이고, 나의 두 밑면의 넓이는 $(8 \times 8) \times 2 = 128$ (cm²)입니다. 따라서 두 직육면체의 겉넓이의 차는 $128 - 96 = 32$ (cm²)입니다.

채점 기준	
나의 밑면의 한 변의 길이를 바르게 구한 경우	30 %
겉넓이의 차가 두 밑면의 넓이의 차와 같음을 찾은 경우	30 %
겉넓이의 차를 바르게 구한 경우	40 %

10 **예** 1 m에는 50 cm를 2개 놓을 수 있습니다. 따라서 50 cm 정육면체 상자를 2 m에 4개, 3.5 m에 7개, 250 cm에 5개 놓을 수 있습니다. 따라서 창고에 쌓을 수 있는 상자는 최대 $4 \times 7 \times 5 = 140$ (개)입니다.

채점 기준	
가로, 세로, 높이에 놓을 수 있는 상자의 수를 각각 바르게 구한 경우	50 %
쌓을 수 있는 상자의 개수를 바르게 구한 경우	50 %

Book 1 개념책

1 단원
분수의 나눗셈

문제를 풀며 이해해요   9쪽

1 (1) $\frac{1}{8}$, 3 / $\frac{3}{8}$ (2) $\frac{1}{5}$, 7 / 7, $1\frac{2}{5}$

2 2, 2, 2 / 3, 2, 17

교과서 내용 학습   10~11쪽

01 (예) 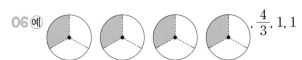 , $\frac{1}{7}$

02 $\frac{1}{9}$ / 3, $\frac{3}{9}$

03 (1) $\frac{1}{3}$ (2) $\frac{3}{4}$ (3) $\frac{5}{8}$ (4) $\frac{9}{13}$

04 (위에서부터) $\frac{3}{10}$, $\frac{7}{12}$ 05 $\frac{5}{6}$ m

06 (예) ◐◐◐◐ , $\frac{4}{3}$, 1, 1

07 (1) $\frac{8}{5}$, $1\frac{3}{5}$ (2) $\frac{15}{8}$, $1\frac{7}{8}$ (3) $\frac{23}{9}$, $2\frac{5}{9}$

08 ④   09 (1) - ㉠ (2) - ㉢

10 미경이네 모둠

문제해결 접근하기

11 풀이 참조

문제를 풀며 이해해요   13쪽

1 (예)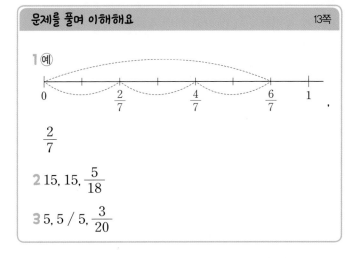

$\frac{2}{7}$

2 15, 15, $\frac{5}{18}$

3 5, 5 / 5, $\frac{3}{20}$

교과서 내용 학습   14~15쪽

01 (예) 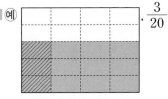 , $\frac{3}{20}$

02 (1) 9, 3   (2) 40, 40, 8   03 $\frac{5}{42}$, $\frac{3}{16}$

04 6, 6 / 6, $\frac{7}{78}$

05 (1) $\frac{1}{2}$, $\frac{5}{18}$ (2) $\frac{1}{4}$, 52, 2   (3) $\frac{1}{9}$, $\frac{13}{72}$

06 $\frac{13}{10} \div 5 = \frac{13}{10} \times \frac{1}{5} = \frac{13}{50}$

07 27   08 <

09 $\frac{9}{10} \div 4 = \frac{9}{40}$ / $\frac{9}{40}$ L

10 ① $\frac{9}{2}$, 5, $\frac{9}{10}$ ② $\frac{9}{5}$, 2, $\frac{9}{10}$

문제해결 접근하기

11 풀이 참조

1 방법 1 $10, 10, \dfrac{5}{7}$ 방법 2 $10, 10, 10, 5$

2 방법 1 $14, 14, 42, \dfrac{14}{15}$ 방법 2 $14, 14, \dfrac{14}{15}$

3 (1) $32, 32, \dfrac{8}{9}$ (2) $13, 13, 2, \dfrac{13}{6}, 2\dfrac{1}{6}$

교과서 내용 학습   18~19쪽

01 $8\dfrac{2}{5} \div 6 = \dfrac{42}{5} \div 6 = \dfrac{42 \div 6}{5} = \dfrac{7}{5} = 1\dfrac{2}{5}$

02 2

03 (1) $\dfrac{21}{32}$ (2) $1\dfrac{1}{8}\left(=\dfrac{9}{8}\right)$

04 방법 1 예 $2\dfrac{2}{5} \div 3 = \dfrac{12}{5} \div 3 = \dfrac{12 \div 3}{5} = \dfrac{4}{5}$

   방법 2 예 $2\dfrac{2}{5} \div 3 = \dfrac{12}{5} \div 3$

   $= \dfrac{12}{5} \times \dfrac{1}{3} = \dfrac{4}{5}\left(=\dfrac{12}{15}\right)$

05 (1) $\dfrac{3}{4}$ (2) $1\dfrac{7}{40}\left(=\dfrac{47}{40}\right)$

06 $6\dfrac{7}{9} \div 7 = \dfrac{61}{9} \div 7 = \dfrac{61}{9} \times \dfrac{1}{7} = \dfrac{61}{63}$

07 $<$

08 $1\dfrac{2}{11}\left(=\dfrac{13}{11}\right), \dfrac{13}{77}$

09 7개

10 $\dfrac{11}{35}$

문제해결 접근하기

11 풀이 참조

01 (1) 예 $\dfrac{1}{4}$

(2) 예 $\dfrac{3}{4}$

02 (1) (위에서부터) $\dfrac{7}{9}, \dfrac{7}{13}$ (2) (위에서부터) $\dfrac{9}{11}, \dfrac{9}{14}$

03 ㉡, ㉣   04 $20, 20, 5$

05 $\dfrac{11}{15} \div 6 = \dfrac{11}{15} \times \dfrac{1}{6} = \dfrac{11}{90}$

06 ㉢   07 ③

08 (1) $>$ (2) $<$

09 (1) $\dfrac{7}{72}$ (2) $\dfrac{7}{72}, \dfrac{1}{72}$ / $\dfrac{1}{72}\left(=\dfrac{7}{504}\right)$

10 $\dfrac{1}{18}$ m   11 $\dfrac{4}{5}, \dfrac{1}{10}\left(=\dfrac{4}{40}\right)$

12 방법 1 예 $5\dfrac{2}{8} \div 6 = \dfrac{42}{8} \div 6 = \dfrac{42 \div 6}{8} = \dfrac{7}{8}$

   방법 2 예 $5\dfrac{2}{8} \div 6 = \dfrac{42}{8} \div 6 = \dfrac{42}{8} \times \dfrac{1}{6} = \dfrac{42}{48}$

   $= \dfrac{7}{8}$

13 (1) $1\dfrac{1}{12}\left(=\dfrac{13}{12}\right)$ (2) $1\dfrac{3}{5}\left(=\dfrac{8}{5}\right)$

14 $2\dfrac{1}{8}\left(=\dfrac{17}{8}\right)$ m²   15 $3\dfrac{5}{6} \div 8 = \dfrac{23}{48}$

16 $\dfrac{2}{7}$ 17 색연필

18 $2\dfrac{4}{9}\left(=\dfrac{22}{9}\right)$ cm

19 (1) $1\dfrac{1}{4}\left(=\dfrac{5}{4}\right)$ (2) $1\dfrac{1}{4}\left(=\dfrac{5}{4}\right), 7, \dfrac{5}{28}$ / $\dfrac{5}{28}$ kg

20 $3, 4$

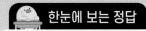

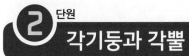 단원
각기둥과 각뿔

문제를 풀며 이해해요   29쪽

1 (1) 가, 다 (2) 나, 라, 마, 바 (3) 나, 라 (4) 각기둥

2 (1) 밑면 (2) 옆면

교과서 내용 학습   30~31쪽

01 가, 나, 다, 라, 바   **02** 가, 나, 라

03 ⑤   **04**

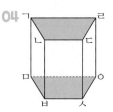

05 4개

06 면 ㄱㅁㅂㄴ, 면 ㄴㅂㅅㄷ, 면 ㄷㅅㅇㄹ, 면 ㄹㅇㅁㄱ

07 ①   **08** 직사각형

09 2개, 5개

10 제민 / ⑩ 두 밑면은 서로 평행해.

문제해결 접근하기
11 풀이 참조

문제를 풀며 이해해요   33쪽

1 (위에서부터) 삼각형, 사각형, 오각형, 육각형 / 직사각형,
직사각형, 직사각형, 직사각형 / 삼각기둥, 사각기둥, 오각
기둥, 육각기둥

2 (위에서부터) 꼭짓점, 모서리, 높이

교과서 내용 학습   34~35쪽

01 육각기둥   **02** 칠각기둥

03 ⓒ, ⓒ   **04** 10개

05 15개   **06** 5개

07 사각기둥

08 (위에서부터) 3, 4, 6 / 5, 6, 8 / 9, 12, 18 / 6, 8, 12

09 (1) ◯ (2) × (3) ◯   **10** 14개

문제해결 접근하기
11 풀이 참조

문제를 풀며 이해해요   37쪽

1 (1) 전개도 (2) 사각기둥 (3) ㅈㅇ (4) ㅂㅁ

2 ⑩

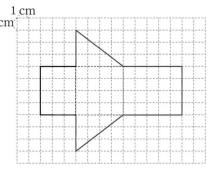

교과서 내용 학습   38~39쪽

01 면 가, 면 아

02 면 나, 면 다, 면 라, 면 마, 면 바, 면 사

03 육각기둥   **04** 선분 ㅇㅅ

05 면 ㅈㅇㅅㅊ   **06** 4개

07 (왼쪽에서부터) 4, 7, 4

08 ⑩

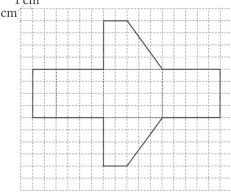

09 오각형   **10** 6 cm

문제해결 접근하기
11 풀이 참조

문제를 풀여 이해해요
41쪽

1 (1) 가, 다, 라, 마, 바 (2) 가, 다, 바 (3) 가, 다, 바 (4) 각뿔
2 (1) 밑면 (2) 옆면

 ## 교과서 내용 학습
42~43쪽

01 가, 나, 라, 마, 바   02 가, 마, 바
03 ④   04

05 4개   06 면 ㄴㄷㄹㅁㅂㅅ
07 면 ㄱㄴㄷ, 면 ㄱㄷㄹ, 면 ㄱㄹㅁ, 면 ㄱㅁㅂ, 면 ㄱㅂㅅ, 면 ㄱㅅㄴ
08 1개, 8개   09 ③, ⑤
10 3개

문제해결 접근하기

11 풀이 참조

문제를 풀여 이해해요
45쪽

1 (위에서부터) 삼각형, 사각형, 오각형, 육각형 / 삼각형, 삼각형, 삼각형, 삼각형 / 삼각뿔, 사각뿔, 오각뿔, 육각뿔
2 (위에서부터) 각뿔의 꼭짓점, 모서리, 높이, 꼭짓점

 ## 교과서 내용 학습
46~47쪽

01 칠각뿔   02 팔각뿔
03 ㉠, ㉡   04 7개
05 12개   06 7개
07 ㉡, ㉣
08 (위에서부터) 3, 4, 5 / 4, 5, 6 / 6, 8, 10 / 4, 5, 6
09 (1) ○ (2) × (3) ○   10 18개

문제해결 접근하기

11 풀이 참조

 ## 단원 확인 평가
48~51쪽

01 나, 라, 바
02 예 밑면이 다각형이 아닙니다.
03 육각기둥   04 면 ㄱㄴㄷ, 면 ㄹㅁㅂ
05 면 ㄱㄹㅁㄴ, 면 ㄴㅁㅂㄷ, 면 ㄷㅂㄹㄱ
06 12 cm   07 14개
08 (1) 2, 9 (2) 구각형, 구각기둥 (3) 3, 9, 3, 27 / 27개
09 면 ㅊㅈㅇㅅ   10 선분 ㄹㅁ
11 (위에서부터) 6, 16, 10
12 예
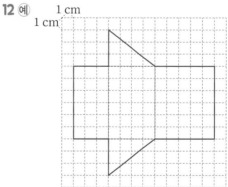
13 (1) 육각형, 직사각형, 육각기둥 (2) 6, 6, 2, 12 / 12개
14 ②, ⑤   15 ㉤, ㉣
16 십각뿔   17 ③
18 ②, ④   19 28개
20 ㉣, ㉢, ㉠, ㉡

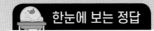

 **3단원 소수의 나눗셈**

문제를 풀며 이해해요 57쪽

1 132, 132, 13.2 / 132, 13.2
2 124, 124, 1.24 / 124, 1.24

교과서 내용 학습 58~59쪽

01 예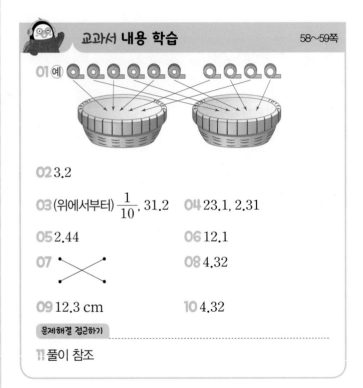

02 3.2
03 (위에서부터) $\frac{1}{10}$, 31.2   04 23.1, 2.31
05 2.44   06 12.1
07 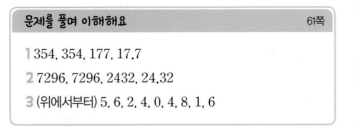   08 4.32
09 12.3 cm   10 4.32

문제해결 접근하기
11 풀이 참조

문제를 풀며 이해해요 61쪽

1 354, 354, 177, 17.7
2 7296, 7296, 2432, 24.32
3 (위에서부터) 5, 6, 2, 4, 0, 4, 8, 1, 6

교과서 내용 학습 62~63쪽

01 234, 234, 117, 11.7   02 2076, 2076, 346, 3.46
03 (1) 3.59 (2) 4.48   04 4.69
05 15.6   06 ㉠, ㉢
07 <   08 23.42 cm
09 채린, 0.06 L   10 2.41

문제해결 접근하기
11 풀이 참조

문제를 풀며 이해해요 65쪽

1 234, 234, 78, 0.78
2 174, 174, 87, 0.87
3 45, 0.45

교과서 내용 학습 66~67쪽

01 332, 332, 83, 0.83   02 138, 138, 23, 0.23
03 풀이 참조, 0.49   04 (1) 0.92 (2) 0.83
05 2.07   06 1.44÷6에 ○표
07 ㉢, ㉡, ㉠   08 >
09 0.42 kg   10 1.9 m²

문제해결 접근하기
11 풀이 참조

문제를 풀며 이해해요 69쪽

1 78, 780, 780, 195, 1.95
2 93, 930, 930, 155, 1.55
3 (위에서부터) 0, 4, 5, 2, 0, 2, 0
4 (위에서부터) 0, 3, 0, 5, 1, 8, 3, 0, 3, 0

01 2.24

02 1.28

03 풀이 참조, 1.09

04 (1) 4.15 (2) 2.88

05 102, 1020, 1020, 204, 2.04

06 4, 0, 6, 1, 6, 2, 4

07 ╳

08 >

09 1.05 kg

10 3.05 kg

문제해결 접근하기

11 풀이 참조

문제를 풀며 이해해요 73쪽

1 11, 22, 2.2

2 15, 375, 3.75

3 21

4 26

교과서 내용 학습 74~75쪽

01 25, 325, 3.25

02 4.5

03 1, 4, 5, 2, 0, 2, 0

04 (1) 3.5 (2) 3.8

05 예 25, 8, 3, 3.09

06 18.78÷6=3.13에 ○표

07 16.2÷5에 ○표

08 ㉠, ㉢

09 1.6

10 2.2

문제해결 접근하기

11 해설 참조

---

01 21.1, 2.11

02 69.3, 6.93

03 (위에서부터) 1, 5, 8, 3, 1, 5, 2, 4

04 (1) < (2) >

05 11.3

06 (위에서부터) 5, 6, 2, 4, 0, 4, 8, 1, 6

07 ㉠

08 1.26÷3, 2.95÷5, 5.76÷6에 색칠

09 (1) 4.5, 2, 9 (2) 18.63, 9, 2.07 / 2.07 L

10 2, 3, 4, 5

11 1.85 cm

12

÷		
13	5	2.6
20	25	0.8
0.65	0.2	

13 ㉢

14 5.05

15 ㉢

16 (1) □×8=99.2 (2) 12.4 (3) 1.55 / 1.55

17 12.28÷4, 12.24÷3에 색칠

18 0.49 m

19 2.46 kg

20 12.4 cm

수학으로 세상보기 80~81쪽

1 (1) 1.05 km

(2) 79층

(3) 풀이 참조

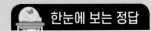

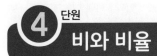

4단원
비와 비율

문제를 풀며 이해해요   85쪽

1 (1) 18, 24 / 9, 12   (2) 9, 12   (3) 2, 2, 2
2 (1) 5, 6   (2) 6, 5   (3) 5, 6

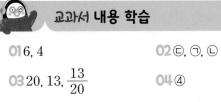 ### 교과서 내용 학습   86~87쪽

01 민영   02 서준
03 6, 8 / 12, 16 / 2   04 (1) 3, 6   (2) 3, 4   (3) 7, 9
05 우민, 민준   06 10 : 8
07 ③   08 예)

09 5 : 8   10 ㉠, ㉢

문제해결 접근하기

11 풀이 참조

문제를 풀며 이해해요   89쪽

1 9, 4
2 (1) 2, 5   (2) $\frac{2}{5}$ (3) 0.4
3 60

교과서 내용 학습   90~91쪽

01 6, 4   02 ㉢, ㉠, ㉡
03 20, 13, $\frac{13}{20}$ 04 ④
05

06 4, 6   07 아준
08 $\frac{50}{250}\left(=\frac{1}{5}\right)$, 0.2   09 태연이네 가족
10 17500, 30000, 평화시

문제해결 접근하기

11 풀이 참조

문제를 풀며 이해해요   93쪽

1 (1) 32퍼센트   (2) 65퍼센트   (3) 70 %   (4) 97 %
2 5, 5
3 64, 64
4 (1) 100, 25   (2) 100, 24

교과서 내용 학습   94~95쪽

01 백분율, %, 퍼센트   02 (1) 100, 60   (2) 100, 68
03 $\frac{57}{100}$, 0.57   04 ㉡
05 예)   06 ㉢, ㉡, ㉠

07 35 %   08 64 %
09 틀립니다에 ○표, 예) 백분율로 나타내면 20 %입니다.
10 영훈, 50 %

문제해결 접근하기

11 풀이 참조

문제를 풀며 이해해요
97쪽

1 20, 10

2 52 %

3 3 %

교과서 **내용 학습**
98~99쪽

01 30 %   **02** ③

03 (1) 250, 20 (2) 20, 100, 8

04 ㉢   **05** 50, 20, 30

06 25 %   **07** 10000원

08 15표   **09** 22경기

10 48.4 cm²

문제해결 접근하기

11 풀이 참조

단원확인 **평가**
100~103쪽

01 9, 12 / 3, 4   **02** 3

03 (1) 4, 5 (2) 5, 4 (3) 4, 5

04 다릅니다에 ○표, 3, 4   **05** 예

06 $\dfrac{1}{4}$, 0.25   **07**

08 0.6

09 (1) $\dfrac{42}{56}\left(=\dfrac{6}{8}=\dfrac{3}{4}\right)$ (2) $\dfrac{40}{64}\left(=\dfrac{5}{8}\right)$ (3) 국어 / 국어

10 $\dfrac{15}{2}\left(=7\dfrac{1}{2}\right)$, 7.5   **11** 40 %

12 >   **13** (위에서부터) 27, 30, 5

14 84 %

15 (1) 81 (2) $\dfrac{81}{180}\left(=\dfrac{9}{20}=0.45\right)$

　　(3) $\dfrac{81}{180}\left(=\dfrac{9}{20}=0.45\right)$, 45 / 45 %

16 (위에서부터) 60, 50, 20   **17** 800원

18 옷   **19** 수지

20 18경기

수학으로 **세상보기**
105쪽

2 (1) 3 %에 ○표

　　(2) 5 %에 ○표

　　(3) B 은행에 ○표

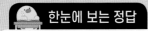

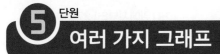
5 단원
여러 가지 그래프

1 (1) 370, 420, 300, 410

(2)
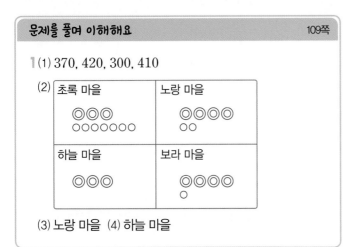

초록 마을	노랑 마을
◎◎◎ ◦◦◦◦◦◦◦	◎◎◎◎ ◦◦
하늘 마을	보라 마을
◎◎◎	◎◎◎◎ ◦

(3) 노랑 마을   (4) 하늘 마을

01 10만, 1만   02 15만 톤

03 광주 · 전라   04 강원

05 나, 다

06 3400, 4200, 2700, 3100

07 (선 연결)   08 40000권

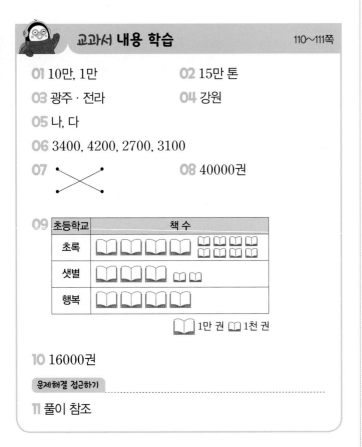

09
초등학교	책 수
초록	📖📖📖📖📖 📖📖📖📖
샛별	📖📖📖 📖📖
행복	📖📖📖📖

📖1만 권 📖1천 권

10 16000권

11 풀이 참조

1 (1) 25, 20, 15, 10   (2) 25, 20, 15, 10, 100

(3) 25, 20, 15, 10, 100

(4)

```
0  10  20  30  40  50  60  70  80  90  100 (%)
```

| 국어
(30 %) | 수학
(25 %) | 과학
(20 %) | 체육
(15 %) | →기타
(10 %) |

01 띠그래프   02 개

03 2배   04 (1) ◯ (2) × (3) ◯

05 20명   06 7, 35, 5, 25

07
```
0  10  20  30  40  50  60  70  80  90  100 (%)
```

| 떡볶이
(40 %) | 피자
(35 %) | 햄버거
(25 %) |

08 200명   09 ㉠, ㉢

10
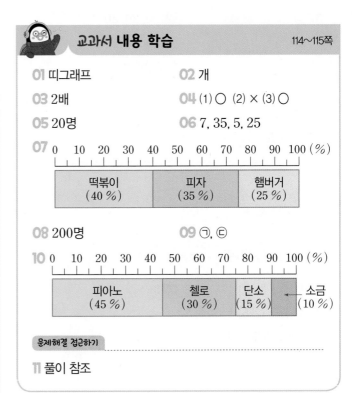
```
0  10  20  30  40  50  60  70  80  90  100 (%)
```

| 피아노
(45 %) | 첼로
(30 %) | 단소
(15 %) | →소금
(10 %) |

11 풀이 참조

1 (1) 30, 20, 10　(2) 30, 20, 10, 100　(3) 30, 20, 10, 100
(4)

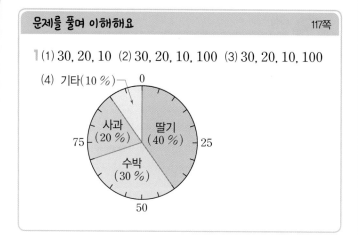

교과서 내용 학습　　　118~119쪽

01 원그래프　　　　　　02 축구

03 25, 20　　　　　　04 2배

05 500개　　　　　06 500 / 35, 15, 10, 100

07

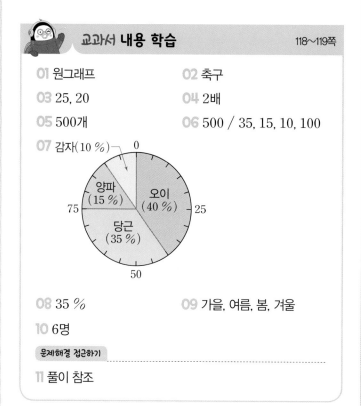

08 35 %　　　　　09 가을, 여름, 봄, 겨울

10 6명

11 풀이 참조

1 (1) 장미　(2) 백합　(3) 국화　(4) 3

2

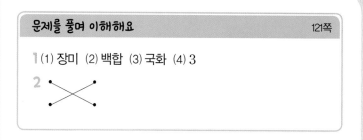

교과서 내용 학습　　　122~123쪽

01 만화책　　　　　　02 3배

03 60권

04

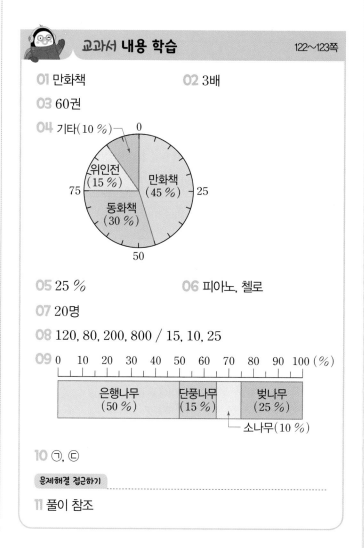

05 25 %　　　　　　06 피아노, 첼로

07 20명

08 120, 80, 200, 800 / 15, 10, 25

09
```
0   10  20  30  40  50  60  70  80  90  100 (%)
```
은행나무 (50 %)　단풍나무 (15 %)　벚나무 (25 %)
└ 소나무(10 %)

10 ㉠, ㉢

11 풀이 참조

단원 확인 평가 124~127쪽

01 100 kg, 10 kg **02** 340 kg

03 160 kg

04 2100, 1700, 3000, 2400

05

지역	초등학교 수
가	◎◎ ○
나	◎ ○○○○○○○
다	◎◎◎
라	◎◎ ○○○○

◎ 1000개 ○ 100개

06 나 **07** 햄버거

08 2배

09 (1) 33, 132 (2) 400, 20, 80 (3) 132, 80, 52 / 52명

10 8명 **11** 8 / 40, 30, 20, 10, 100

12
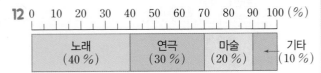

13 (1) 32 (2) 4 **14** 3배

15 ㉠ 144 ㉡ 45 ㉢ 10

16
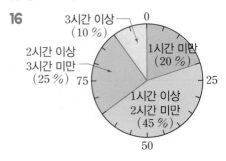

17 42 %, 28 % **18** 자동차, 블록

19 40, 30, 15, 100

20 (1) 40, 30 (2) 40, 16 (3) 40, 30, 12
/ 16 cm, 12 cm

---

⑥ 단원 직육면체의 부피와 겉넓이

문제를 풀며 이해해요 133쪽

1 (1) 가 (2) 다

2 (1) 8개, 9개 (2) 나

교과서 내용 학습 134~135쪽

01 가 **02** 풀이 참조

03 가 **04** 풀이 참조

05 나 **06** 다, 가, 나

07 가, 다 **08** 24개, 24개

09 = **10** 가

문제해결 접근하기

11 풀이 참조

문제를 풀며 이해해요 137쪽

1 (1) 16, 16 (2) 27, 27

2 (1) 5, 3, 4, 60 (2) 2, 2, 2, 8

교과서 내용 학습 138~139쪽

01 ㉢ **02** 지호, 풀이 참조

03 24 cm³ **04** 280 cm³

05 512 cm³ **06** ④

07 지윤 **08** 9

09 (1) × (2) ○ **10** 4층

문제해결 접근하기

11 풀이 참조

문제를 풀여 이해해요
141쪽

1 (1) 1 m³, 1 세제곱미터, 1000000
2 (1) 3, 4, 2, 24 (2) 200, 200, 8000000, 8

교과서 내용 학습
142~143쪽

01 3 m, 2 m, 4 m　　02 24 m³
03 (1) 4000000 (2) 2
04　●─────●
　　╲　　╱
　　　╳
　　╱　　╲
　　●　　　●
05 120 m³
06 27 m³　　07 (1) m³ (2) cm³ (3) m³
08 24 m³　　09 ㉢, ㉠, ㉡
10 192개
문제해결 접근하기
11 풀이 참조

문제를 풀여 이해해요
145쪽

1 (1) 15, 20, 12, 94 (2) 12, 15, 20, 94 (3) 4, 4, 3, 94
2 3, 3, 54

교과서 내용 학습
146~147쪽

01 40, 56, 2, 262　　02 126 cm²
03 96 cm²　　04 76 cm²
05 166 m²　　06 150 cm²
07 384 cm²　　08 ㉡, ㉠, ㉢
09 14 cm²　　10 7
문제해결 접근하기
11 풀이 참조

단원 확인 평가

148~151쪽

01 다, 가, 나　　02 가
03 32, 32　　04 18개, 32개
05 나　　06 168 cm³
07 2100 cm³　　08 (1) 2500000 (2) 0.7
09 5 cm³　　10 27 m³
11 162 cm²　　12 726 cm²
13 5 cm　　14 80 cm²
15 (1) 3, 2, 1.5 (2) 3×2×1.5=9 (3) 9 / 9 m³
16 ㉢, ㉡, ㉠, ㉣　　17 3375 cm³
18 (1) 216 (2) 24 (3) 216, 24, 9 / 9 cm
19 60개　　20 214 cm²

수학으로 세상보기
152쪽

(1) 136 cm² (2) 112 cm² (3) 96 cm² (4) 지민

Book 2 실전책

5쪽

1단원 쪽지 시험

01 예 , $\dfrac{1}{9}$

02 예 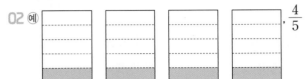, $\dfrac{4}{5}$

03 $\dfrac{1}{3}$ / 5 / $\dfrac{5}{3}$, $1\dfrac{2}{3}$

04 1, 1, 1 / 3, 1, 13

05 12, 2

06 30, 30, 6

07 $\dfrac{1}{3}$, $\dfrac{2}{15}$

08 $\dfrac{15}{16}$

09 35, 35, $\dfrac{5}{9}$

10 17, 5, $\dfrac{17}{30}$

6~8쪽

학교 시험 만점왕 ❶회 1. 분수의 나눗셈

01 예 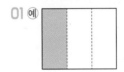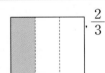, $\dfrac{2}{3}$

02 5

03 $\dfrac{5}{8}$, $2\dfrac{2}{7}\left(=\dfrac{16}{7}\right)$

04 $\dfrac{8}{9}$ L

05 ⑤

06 풀이 참조, 주황색

07 $4\dfrac{1}{2}\left(=\dfrac{9}{2}\right)$

08 (1) $\dfrac{3}{10}$ (2) $\dfrac{5}{63}$

09 $\dfrac{2}{11}$, $\dfrac{2}{55}$

10 $\dfrac{17}{9}\div3=\dfrac{17}{9}\times\dfrac{1}{3}=\dfrac{17}{27}$

11 $4\dfrac{1}{5}\left(=\dfrac{21}{5}\right)$ kg

12 ㉢, ㉣, ㉡, ㉠

13 $4\dfrac{4}{9}\div5=\dfrac{40}{9}\div5=\dfrac{40\div5}{9}=\dfrac{8}{9}$

14 ✕

15 <

16 풀이 참조, $3\dfrac{3}{5}\left(=\dfrac{18}{5}\right)$ km

17 5

18 $3\dfrac{1}{12}\left(=\dfrac{37}{12}\right)$

19 $\dfrac{1}{4}$ m

20 $4\dfrac{4}{7}\left(=\dfrac{32}{7}\right)$ cm

9~11쪽

학교 시험 만점왕 ❷회 1. 분수의 나눗셈

01 풀이 참조, $\dfrac{5}{8}$

02 (1) $\dfrac{7}{12}$ (2) $\dfrac{11}{13}$

03 풀이 참조, $\dfrac{5}{6}$

04 ①

05 (1) $1\dfrac{5}{8}\left(=\dfrac{13}{8}\right)$ (2) $1\dfrac{5}{9}\left(=\dfrac{14}{9}\right)$

06 $1\dfrac{3}{7}\left(=\dfrac{10}{7}\right)$ kg

07 민호

08 >

09 $\dfrac{7}{24}$ m

10 $\dfrac{5}{7}$

11 $\dfrac{3}{7}\div8\left(또는\ \dfrac{3}{8}\div7\right)$, $\dfrac{3}{56}$

12 10, 11

13 ③, ④

14 방법 1 예 $5\dfrac{1}{11}\div8=\dfrac{56}{11}\div8=\dfrac{56\div8}{11}=\dfrac{7}{11}$

방법 2 예 $5\dfrac{1}{11}\div8=\dfrac{56}{11}\div8=\dfrac{56}{11}\times\dfrac{1}{8}=\dfrac{56}{88}=\dfrac{7}{11}$

15 $3\dfrac{5}{6}\div5=\dfrac{23}{6}\times\dfrac{1}{5}=\dfrac{23}{30}$

16 $1\dfrac{1}{7}\left(=\dfrac{8}{7}\right)$ m²

17 5배

18 $\dfrac{5}{16}$ L

19 풀이 참조, $\dfrac{2}{5}$ kg

20 $3\dfrac{1}{5}\left(=\dfrac{16}{5}\right)$ m

1단원 서술형·논술형 평가

12~13쪽

01 풀이 참조, $\dfrac{5}{6}$배

02 풀이 참조, $\dfrac{6}{7}$ L

03 풀이 참조, $\dfrac{1}{8}$ m

04 풀이 참조, $\dfrac{9}{50}$ L

05 풀이 참조, $\dfrac{2}{35}$

06 풀이 참조, 수박, $1\dfrac{23}{28}$ kg

07 풀이 참조, $\dfrac{1}{8}$

08 풀이 참조, $\dfrac{3}{14}\left(=\dfrac{9}{42}\right)$ m

09 풀이 참조, 2, 3, 4, 5, 6

10 풀이 참조, $\dfrac{29}{35}$배

2단원 쪽지 시험   15쪽

01 나
02 2개
03 5개
04 오각기둥
05 18개, 12개
06 4개
07 사각기둥
08 다
09 1개, 5개
10 10개, 6개

학교 시험 만점왕 ❶회   2. 각기둥과 각뿔   16~18쪽

01 ①, ⑤
02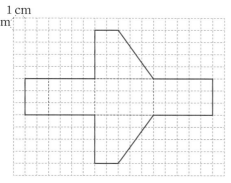
03 6개
04 사각기둥
05 꼭짓점, 모서리, 높이
06 7 cm
07 풀이 참조, 9개
08 삼각형, 직사각형, 삼각기둥
09 칠각형, 9개
10 풀이 참조, 25개
11 점 ㄴ, 점 ㅂ
12 48 cm

13 예
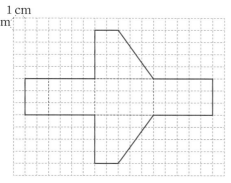

14 나, 라
15 1개, 7개
16 칠각뿔
17 26개
18 풀이 참조
19 $\frac{4}{5}$
20 37개

학교 시험 만점왕 ❷회   2. 각기둥과 각뿔   19~21쪽

01 나, 바
02 면 ㄱㄴㄷㄹㅁ, 면 ㅂㅅㅇㅈㅊ
03 면 ㄴㅅㅇㄷ, 면 ㄷㅇㅈㄹ, 면 ㄹㅈㅊㅁ, 면 ㅁㅊㅂㄱ, 면 ㄱㅂㅅㄴ
04 칠각형, 칠각기둥
05 6, 8, 18, 12
06 풀이 참조, 12개
07 42 cm
08 면 ㄹㄷㅂㅁ
09 선분 ㅁㄹ
10 ㉣
11 5 cm

12 예
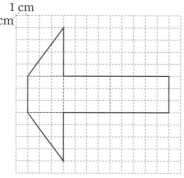

13 다, 육각뿔
14 6개
15 6 cm
16 ⑤
17 구각뿔
18 25개
19 풀이 참조, 14개
20 ㉡, ㉠, ㉢, ㉢

2단원 서술형·논술형 평가   22~23쪽

01 풀이 참조
02 풀이 참조
03 풀이 참조, 1 cm
04 풀이 참조, 십각기둥
05 풀이 참조, 42개
06 풀이 참조, 육각뿔
07 풀이 참조, 12개
08 풀이 참조, 138 cm
09 풀이 참조, 33개
10 풀이 참조, 420 cm²

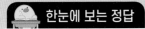
한눈에 보는 정답

3단원 쪽지 시험 25쪽

01 (위에서부터) $\frac{1}{10}$, 43.2, 4.32

02 8.26
03 496, 496, 124, 12.4

04 3.16
05 1, 5, 4, 6, 30, 24

06 0.64
07 0.55

08 (1) 1.35 (2) 1.03
09 2.4, 0.28

10 (1) 5□2.3 (2) 3.□0□5

11 9.55
12 풀이 참조, 12.24 cm

13 9
14 ㉡, 0.65

15 6.8 cm
16 1.3

17 0.4 kg
18 ✕(교차선)

19 ㉡
20 13.07 cm

26~28쪽

학교 시험 만점왕 ❶회 3. 소수의 나눗셈

01 41, 41, 0.41
02 31.2, 3.12

03 12.1 L
04 (1) 6.2 (2) 1.29

05 >
06 9.53 cm

07 풀이 참조, 4.32
08 ㉡, ㉢

09 520, 520, 104, 1.04
10 ㉢, ㉡, ㉠

11 풀이 참조, ㉡
12 5.25, 1.05

13 3.75 cm
14 ✕(교차선)

15 3, 4, 5, 6
16 12.3

17 4.□5□2
18 2.44

19 7, 8, 9
20 25.5 cm

29~31쪽

학교 시험 만점왕 ❷회 3. 소수의 나눗셈

01 1.21

02 (앞에서부터) 48.4, 24.2, $\frac{1}{10}$

03 325, 325, 65, 6.5
04 12.3 kg

05 (1) 24.3 (2) 3.59
06 <

07 2.22 L
08 풀이 참조, 1.45 kg

09 ㉡, ㉢
10 풀이 참조, 9.09

3단원 서술형·논술형 평가 32~33쪽

01 풀이 참조, 13.63 kg
02 풀이 참조, 1.6 cm

03 풀이 참조, 4.06
04 풀이 참조, 2.43 kg

05 풀이 참조, 1.62 cm
06 풀이 참조, 승호, 0.104 L

07 풀이 참조, 12.67 cm
08 풀이 참조, 8.54 cm

09 풀이 참조, 40.125
10 풀이 참조, ㉡ 자동차

4단원 쪽지 시험 35쪽

01 6, 3, 2, 2
02 (1) 7, 10 (2) 8, 5

03 7, 11
04 7, 5

05 $\frac{3}{4}$, 0.75
06 90

07 7500
08 100, %, 퍼센트

09 (1) 25, 25 (2) 100, 57
10 1600원

학교 시험 만점왕 ❶회 　4. 비와 비율

01 ⑩ 모둠 수에 따라 캐스터네츠 수는 탬버린 수보다 3, 6, 9, 12개 더 많습니다. / ⑩ 캐스터네츠 수는 탬버린 수의 2배입니다.

02 5 : 9

03

04 ⑩

05 (1) 7, 6　(2) 6, 7

06 $\frac{2}{5}$, 0.4 / $\frac{1}{4}$, 0.25　07 0.2

08 $\frac{6}{10}\left(=\frac{3}{5}\right)$, 0.6　09 ㉡

10 992　　　　　　　　11 풀이 참조, 가 자동차

12 54 %　　　　　　　13 <

14 서영　　　　　　　　15 40 %

16 5 %　　　　　　　　17 20 %

18 70 %　　　　　　　19 풀이 참조, 1200원

20 현우

학교 시험 만점왕 ❷회 　4. 비와 비율

01 12, 16

02 ⑩ 동화책 수는 가방 수의 4배입니다.

03 ⑩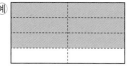

04 ×, ○, ○

05 ㉡, ㉢　　　　　　　06 12 : 15

07 $\frac{12}{27}\left(=\frac{4}{9}\right)$　　08 ②, ④

09 ㉡　　　　　　　　10 (1) 0.8　(2) 0.75

11 $\frac{20}{100}\left(=\frac{1}{5}=0.2\right)$, $\frac{30}{120}\left(=\frac{1}{4}=0.25\right)$

12 ㉡　　　　　　　13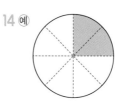

14 ⑩

16 풀이 참조, 30　　　17 바지

18 36 %　　　　　　19 풀이 참조, 25 %

20 120 cm²

4단원 서술형·논술형 평가 　

01 풀이 참조, 4 : 7　　02 풀이 참조, 0.5

03 풀이 참조, 45 cm　　04 풀이 참조, B 마을

05 풀이 참조, $\frac{7}{20}$, 39 %, $\frac{2}{5}$, 0.42

06 풀이 참조, A 가게　　07 풀이 참조, 5 %

08 풀이 참조, 25 %　　09 풀이 참조, 1반

10 풀이 참조. 최고 은행

5단원 쪽지 시험 　

01 나　　　　　　　02 280 kg

03 나, 가, 다　　　　04 35 %

05 3배　　　　　　　06 35명

07 AB형　　　　　　08 A형, B형, O형, AB형

09 96명　　　　　　10 ㉢, ㉡, ㉠, ㉣

학교 시험 만점왕 ❶회　5. 여러 가지 그래프

01 100 kg, 10 kg　　02 플라스틱류

03 90 kg

04 3100, 2700, 4000, 2400

05
도시	버스 수
가	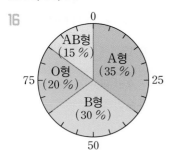
나	
다	
라	

🚌1000대 🚍100대

06 라

07 ㉠, ㉢　　08 24 %

09 280명　　10 ㉠, ㉢

11 태국　　12 40 %

13 4배　　14 풀이 참조, 325명

15 84, 35, 30

16

원그래프:
- AB형 (15 %)
- A형 (35 %)
- O형 (20 %)
- B형 (30 %)
(0, 25, 50, 75 표시)

17 2배　　18 풀이 참조, 7 cm, 4 cm

19 60, 200, 40, 15, 30

20
0　10　20　30　40　50　60　70　80　90　100 (%)
| 봄 (15 %) | 여름 (40 %) | 가을 (15 %) | 겨울 (30 %) |

학교 시험 만점왕 ❷회　5. 여러 가지 그래프

01 340000, 330000, 400000

02
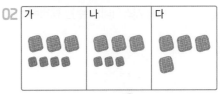
| 가 | 나 | 다 |

▦10만 kg ▩1만 kg

03 (1) ○ (2) × (3) ○

04 250회　　05 목요일

06 목, 화, 수, 월　　07 띠그래프

08 20 %　　09 2배

10 18 %　　11 파

12 풀이 참조, 16 m²　　13 ㉠, ㉣, ㉢, ㉡

14 20000원　　15 20000 / 40, 25, 20, 10, 5

16
0　10　20　30　40　50　60　70　80　90　100 (%)
| 학용품 (40 %) | 저금 (25 %) | 간식 (20 %) | | 기타 (5 %) |

교통비 (10 %)

17 40명

18 25 %, 10명　　19 ㉠, ㉢

20 풀이 참조

5단원 서술형·논술형 평가　　

01 풀이 참조, 240 kg　　02 풀이 참조, 230 kg

03 풀이 참조, 220 kg　　04 풀이 참조, 40명

05 풀이 참조, 45 %, 25 %, 20 %

06
0　10　20　30　40　50　60　70　80　90　100 (%)
| 놀이공원 (45 %) | 과학관 (25 %) | 동물원 (20 %) | 기타 (10 %) |

07 풀이 참조, 45 %

08 풀이 참조, 204명　　09 풀이 참조, 포도, 복숭아

10 풀이 참조

01 가
02 16 cm³
03 cm³, m³
04 56 cm³
05 64 cm³
06 1000000
07 27 m³
08 >
09 2, 4, 2, 3, 52
10 24 cm²

01 풀이 참조, 가와 나
02 풀이 참조, 연필꽂이, 40 cm³
03 풀이 참조, 5 cm
04 풀이 참조, 216 cm³
05 풀이 참조, 2197 cm³
06 풀이 참조, 9.6 m³
07 풀이 참조
08 풀이 참조, 384 cm²
09 풀이 참조, 32 cm²
10 풀이 참조, 140개

학교 시험 만점왕 ❶회   6. 직육면체의 부피와 겉넓이

01 ⑤
02 27개, 16개
03 >
04 40 cm³
05 144 m³
06 6, 6, 6, 216
07 (1) 3700000 (2) 0.5
08 750 cm³
09 12, 18, 2, 108(또는 18, 12, 2, 108)
10 ⓒ, ㉠, ㉢
11 342 cm²
12 1728 cm³
13 64 cm³
14 풀이 참조, 6 cm
15 214 cm²
16 1.08 m³
17 190 cm²
18 풀이 참조, 12 cm³
19 343 cm³
20 80 cm²

학교 시험 만점왕 ❷회   6. 직육면체의 부피와 겉넓이

01 나, 가, 다
02 40개, 36개
03 나
04 가, 10
05 3, 4, 96
06 520 cm³
07 9, 9, 6, 486
08 150 cm²
09 1530 cm³
10 6 cm
11 1.8 m³
12 3 m³, 2.4 m³
13 침대
14 729 cm³
15 풀이 참조, 1.2 m³
16 600 cm²
17 9 cm
18 ⓒ, ㉢, ㉠
19 100개
20 풀이 참조, 2 cm²